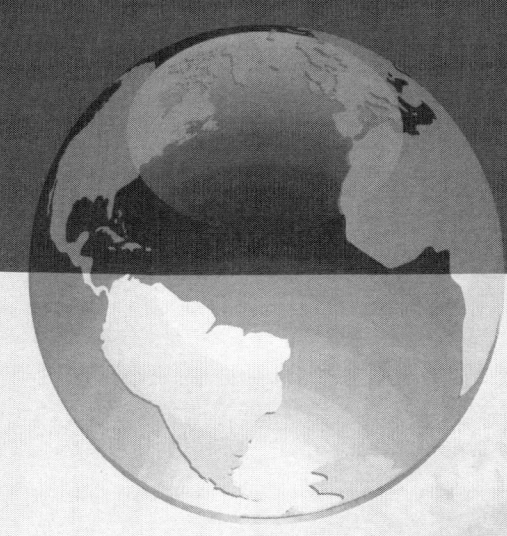

消費者行為學
（第二版）

主編 余禾

§ 崧燁文化

再版前言

在本書第一版出版6年後的今天，消費者所處的外部環境已經發生了翻天覆地的變化，而由此帶來的消費者行為的變化也是日新月異。如何緊隨快速發生著的大變化，準確解讀和把握消費者行為呈現的新特徵，成為消費者行為研究者和行銷工作者面臨的重要課題，也是所有正在參與和想參與消費市場競爭的人越發關注的問題。

我們看到，主流消費市場已進入「80后」「90后」的時代。追求快樂、享受生活的「80后」在消費中重品牌、重時尚，與互聯網一起成長起來的「90后」對商品的情感性、誇耀性及符號性價值有著極高的要求，而成長環境極為優越的「00后」也開始引起市場關注。在消費者主權的互聯網時代，面對買方市場，企業必須分析不同世代消費者在與社會、商業環境交互中的所思、所想、所要及所採用的溝通方式，從消費者出發去構建品牌的價值鏈，才能獲得發展和未來。

移動互聯網和智能手機的迅速普及改變了消費者行為，推動著企業去變革，重構生產、經營和行銷要素。隨著「大數據」（Big Data）時代的到來，面對海量的消費者行為和溝通數據，運用數據處理技術（Data Technology）去抓取、存儲、分析數據，我們可以預測每個人的個性化偏好和行為。當我們能越來越多地獲得消費者的數據，而這些數據的背後意味著巨大的商業價值時，對消費者數據的解釋變得更為關鍵。特別是在共享經濟時代，企業只有在對消費者需求進行精確識別的基礎上，才能組織柔性生產、確保準時供給，從而達到高效對接供需資源、互利共享的目的。

變革時代的每個行銷人都應努力掌握洞悉消費者行為的基礎知識和基本方法。為幫助學習者學習，本書第二版在內容體系上保持不變，仍然分為消費者決策過程、影響消費者行為的個體心理因素、影響消費者行為的環境因素三大內容，以幫助學習者迅速構建消費者行為的基本理論框架。同時，為幫助學習者更好地理解消費者行為的關鍵概念並能應對變革時代，在廣泛徵求使用者意見、總結教學經驗的基礎上，本書第二版的修訂有以下新特點：

第一，體例更為完整，內容更加精簡。在第一版體例基礎上，每章最後增補了案例分析，便於學習者及時領會所學知識。不論是章節內容還是章后的小結、關鍵概念、復習題，都做了較多的刪減，以突出重點、要點，便於學習者對知識進行梳理。

第二，以項目式學習開展實訓。本書在實訓環節，創新性地提出由學習者組建成團隊，採用項目式學習方式開展實訓，即每個團隊選定某一產品或服務類別作為項目對象，按照每章內容的推進確定每次項目內容，學生通過項目全過程的運作，瞭解並把握項目整個過程及每一個環節的基本要求。項目式學習能幫助學習者自主探索各種概念並將這些概念應用到實際中，同時也有利於培養學習者的創新、團隊精神。

第三，增補了大量豐富生動的新案例。本書的開篇故事、概念運用和案例分析部分，全部換成最新的、貼近學習者生活的案例資料。案例中既有學習者身邊的本土品牌，如絕味鴨脖、蒙牛真果粒、安踏兒童、伊利牛奶，也有耳熟能詳的國際品牌，如可口可樂、百事可樂、麥當勞、星巴克、寶馬；既有時尚品牌，如優衣庫、蓋璞（GAP），高科技品牌，如谷歌、聯想、分眾，也有互聯網品牌，如百度、唯品會；既有褚橙、大白、眾創、撒嬌節等熱門話題，也有H5行銷、App行銷、微博行銷、微信行銷等新行銷形式。通過這些案例，學習者可以強烈地感受到變革時代消費者發生著的巨大變化，以及市場中的各個企業為適應這些變化而做出的種種努力。

感謝本書所有讀者的信任和期待！感謝支持本書出版的所有專家、同仁和學生的關心和鼓勵！

編　者

前 言

本教材編寫的指導思想是：立足於一般本科院校市場行銷專業的人才培養目標，面向地方經濟建設、中小型企業，培養市場行銷專業人才，針對市場行銷專業課程的教學特點，遵循「經典、簡潔、實用」的原則，保持結構的經典性和邏輯性，對基本概念、基本原理以及基本知識結構講清、講透，並能恰當反應本學科的教學改革成果和國內外最新研究成果，富有啓發性，能指導學生獨立學習、獨立思考，著重培養學生運用理論知識解決現實問題的能力以及創新能力。

本教材的特點體現在以下三個方面：

第一，注重教材內容的新穎性，擴展學生視野。本書在保持消費者行為學經典體系的前提下，增加了介紹本學科最新的理論和實證研究成果的內容，如補充了一些新的學習理論、需要理論、態度理論、個性理論，增加了消費者意象、文化意義的傳遞、互聯網與消費者行為等新內容。本書同時結合 21 世紀的發展新趨勢對消費者行為帶來的影響，充實了跨文化行銷、網上購物、行銷倫理的相關內容。

第二，注重教材編寫體例的創新性，便於調動學生學習的積極性和主動性。本教材每章按以下結構編寫：「本章學習目標」提綱挈領地呈現每章需要掌握的學習要點，使學生有目的地學習；「引例」援引真實的行銷事例，緊扣每章主題，以激發學習興趣；「內容部分」包含每章基本概念、基本原理以及基本知識結構，簡明扼要、準確、富有邏輯性；在章節內容中選擇性地使用了一些欄目，如「小資料」，對相關知識進行補充、豐富；「行銷圖片」精心選擇真實企業的廣告、促銷等圖片，呼應正文，幫助學生直觀、準確地把握概念；「概念運用」引入真實的小案例，揭示重要概念在行銷中的運用；「最新研究」介紹一些重要概念的相關研究成果；「行銷實用技能」在重要概念後跟進行銷實用技能，迅速建立理論與實際的聯繫；「本章小結」對每章要點進行回顧，幫助學生復習所學知識；「關鍵概念」突出對概念的準確掌握；「復習討論題」通過答題、討論，幫助學生進一步掌握每章要點；「實踐活動」讓學生運用所學知識解決實際問題，鍛煉理論運用能力、創新能力。

第三，注重教材的實用性，著力提高學生分析問題、解決問題的能力。消費者行為學的應用性質，要求學生掌握基本知識后能在現實行銷活動中去運用，而消費者行

為學科學的研究方法是運用的前提。因此，本教材詳細介紹了消費者行為學的科學研究程序和方法，以實用性為原則，在每章的實踐活動中對研究方法的實際運用進行了精心設計。要求學生以個人、小組或班級為單位，運用科學研究方法分析解決實際問題，並提出研究報告，以提高學生分析問題、解決實際問題的能力，以期培養出市場行銷專業人士所必備的消費者行為的分析判斷技能。

　　本教材在編寫中參閱了國內外同仁的研究成果，在此一併致以誠摯的謝意！

　　由於時間倉促，加之水平有限，書中必定存在疏漏和不當之處，懇請讀者批評指正，以便今后修改、完善。

編者

目 錄

第一篇　導論

第一章　消費者行為學概述 …………………………………………（3）
　本章學習目標 ……………………………………………………（3）
　開篇故事 …………………………………………………………（3）
　第一節　消費者行為學的研究對象 ……………………………（5）
　第二節　消費者行為學的研究歷史和研究意義 ………………（11）
　第三節　消費者行為研究的理論來源與方法 …………………（18）
　本章小結 …………………………………………………………（29）
　關鍵概念 …………………………………………………………（30）
　復習題 ……………………………………………………………（30）
　實訓題 ……………………………………………………………（30）
　案例分析 …………………………………………………………（31）

第二篇　消費者決策過程

第二章　需要認知與信息搜尋 ………………………………………（35）
　本章學習目標 ……………………………………………………（35）
　開篇故事 …………………………………………………………（35）
　第一節　消費者決策的類型 ……………………………………（36）
　第二節　需要認知 ………………………………………………（40）
　第三節　信息搜尋 ………………………………………………（41）
　本章小結 …………………………………………………………（44）
　關鍵概念 …………………………………………………………（44）
　復習題 ……………………………………………………………（44）
　實訓題 ……………………………………………………………（45）
　案例分析 …………………………………………………………（45）

第三章　評價與購買 (46)

　　本章學習目標 (46)
　　開篇故事 (46)
　　第一節　購買前的評價 (48)
　　第二節　購買過程 (52)
　　第三節　店鋪購買 (54)
　　本章小結 (58)
　　關鍵概念 (59)
　　復習題 (59)
　　實訓題 (59)
　　案例分析 (59)

第四章　購后行為 (61)

　　本章學習目標 (61)
　　開篇故事 (61)
　　第一節　產品的使用與處置 (63)
　　第二節　消費者滿意及其行為反應 (66)
　　第三節　重複購買與品牌忠誠 (70)
　　第四節　消費者不滿及其行為反應 (72)
　　本章小結 (74)
　　關鍵概念 (75)
　　復習題 (75)
　　實訓題 (75)
　　案例分析 (76)

第三篇　影響消費者行為的個體心理因素

第五章　消費者的需要與動機 (79)

　　本章學習目標 (79)
　　開篇故事 (79)

第一節　消費者的需要與動機概述 ································· (81)

　　第二節　有關消費者動機的理論 ····································· (86)

　　第三節　動機與行銷策略 ·· (93)

　　本章小結 ··· (96)

　　關鍵概念 ··· (96)

　　復習題 ·· (96)

　　實訓題 ·· (97)

　　案例分析 ··· (97)

第六章　消費者的感覺與知覺 ·· (98)

　　本章學習目標 ·· (98)

　　開篇故事 ··· (98)

　　第一節　消費者的感覺 ·· (100)

　　第二節　消費者的知覺與理解 ····································· (103)

　　第三節　消費者的接觸與注意 ····································· (108)

　　第四節　消費者的意象 ·· (112)

　　本章小結 ··· (117)

　　關鍵概念 ··· (117)

　　復習題 ·· (117)

　　實訓題 ·· (118)

　　案例分析 ··· (118)

第七章　消費者的學習與記憶 ·· (119)

　　本章學習目標 ·· (119)

　　開篇故事 ··· (119)

　　第一節　消費者的學習 ·· (121)

　　第二節　有關消費者學習的理論 ································· (122)

　　第三節　消費者的記憶 ·· (132)

　　本章小結 ··· (139)

　　關鍵概念 ··· (140)

復習題 …………………………………………………………（140）
　　實訓題 …………………………………………………………（140）
　　案例分析 ………………………………………………………（141）

第八章　消費者的態度……………………………………………（142）
　　本章學習目標 …………………………………………………（142）
　　開篇故事 ………………………………………………………（142）
　　第一節　消費者態度概述 ………………………………………（144）
　　第二節　有關消費者態度的理論 ………………………………（151）
　　第三節　消費者態度的改變 ……………………………………（155）
　　本章小結 ………………………………………………………（163）
　　關鍵概念 ………………………………………………………（163）
　　復習題 …………………………………………………………（163）
　　實訓題 …………………………………………………………（164）
　　案例分析 ………………………………………………………（164）

第九章　消費者的個性、自我概念與生活方式 …………………（165）
　　本章學習目標 …………………………………………………（165）
　　開篇故事 ………………………………………………………（165）
　　第一節　消費者的個性 …………………………………………（166）
　　第二節　消費者的自我概念 ……………………………………（173）
　　第三節　消費者的生活方式 ……………………………………（178）
　　本章小結 ………………………………………………………（184）
　　關鍵概念 ………………………………………………………（185）
　　復習題 …………………………………………………………（185）
　　實訓題 …………………………………………………………（185）
　　案例分析 ………………………………………………………（185）

第四篇　影響消費者行為的環境因素

第十章　影響消費者行為的經濟和文化因素 ………………………（189）
　　本章學習目標 ………………………………………………………（189）
　　開篇故事 ……………………………………………………………（189）
　　第一節　影響消費者行為的經濟因素 ……………………………（191）
　　第二節　文化與消費者行為 ………………………………………（194）
　　本章小結 ……………………………………………………………（207）
　　關鍵概念 ……………………………………………………………（207）
　　復習題 ………………………………………………………………（208）
　　實訓題 ………………………………………………………………（208）
　　案例分析 ……………………………………………………………（208）

第十一章　影響消費者行為的社會因素 …………………………（210）
　　本章學習目標 ………………………………………………………（210）
　　開篇故事 ……………………………………………………………（210）
　　第一節　社會階層與消費者行為 …………………………………（212）
　　第二節　社會群體與消費者行為 …………………………………（221）
　　第三節　家庭與消費者行為 ………………………………………（229）
　　本章小結 ……………………………………………………………（234）
　　關鍵概念 ……………………………………………………………（234）
　　復習題 ………………………………………………………………（234）
　　實訓題 ………………………………………………………………（235）
　　案例分析 ……………………………………………………………（235）

第十二章　信息流、互聯網與消費者行為 ………………………（237）
　　本章學習目標 ………………………………………………………（237）
　　開篇故事 ……………………………………………………………（237）
　　第一節　信息流與消費者行為 ……………………………………（239）

第二節　互聯網與消費者行為 ………………………………………（252）
　本章小結 ……………………………………………………………（257）
　關鍵概念 ……………………………………………………………（258）
　復習題 ………………………………………………………………（258）
　實訓題 ………………………………………………………………（258）
　案例分析 ……………………………………………………………（258）

第十三章　影響消費者行為的情境與倫理因素 ……………………（260）
　本章學習目標 ………………………………………………………（260）
　開篇故事 ……………………………………………………………（260）
　第一節　影響消費者行為的情境因素 ……………………………（262）
　第二節　倫理與消費者行為 ………………………………………（265）
　本章小結 ……………………………………………………………（272）
　關鍵概念 ……………………………………………………………（273）
　復習題 ………………………………………………………………（273）
　實訓題 ………………………………………………………………（273）
　案例分析 ……………………………………………………………（273）

第一篇　導論

第一章　消費者行為學概述

本章學習目標

◆ 掌握消費者行為的含義
◆ 瞭解消費者行為的研究歷史
◆ 理解消費者行為研究的意義
◆ 掌握消費者行為的研究過程

開篇故事

女性消費者：隨意瀏覽背後的規則

　　女人的衣櫃裡永遠缺少一件衣服，愛購物是女人的天性。尤其是現在，女性身上多了「白領」「高學歷」等標籤，她們大多數也是「高消費者」。與此同時，隨著電子商務的發展，網路購物（下面簡稱網購）已經成為眾多女性消費者的優先選擇。所以，女性消費者對電子商務的重要性不言而喻。

　　2013年淘寶網用戶研究團隊，針對女性消費者的網購需求進行了定性和定量研究。研究發現，女性消費者網購時，往往是有購物的想法卻沒有明確的商品目標，她們在瀏覽購物網站的過程中，最初只是隨便逛逛，但最後卻總是「滿載而歸」。這種情況在女性消費者的購物實踐中比例超過5成。

　　在無明確商品目標的情況下，女性消費者難道只是隨便逛逛，真的就沒有什麼條件要求嗎？其實不然，女性消費者隨意瀏覽的背後依然有規律可循。

搭配：情景各異，需求明確

1. 什麼情景下逛搭配

　　研究發現，在實際的網購過程中，女性消費者需要搭配來幫助購物的情景非常多。而她們之所以有這些需要，很大程度上與她們在搭配方面的熟練程度有關：熟練程度不同，對搭配信息的需求也存在差異。

　　女裝消費者逛搭配時有三大典型情景：

　　典型情景1：「我已經買了一條連衣裙，但卻不確定什麼樣子的外套、褲子、鞋子、包包等來搭它更好，不過我的確需要買些商品來搭這條連衣裙。」在這種情景下，女性消費者往往知道自己想要的商品感覺，需要網站提供更多的信息幫助其完成挑選。此情景佔比最高。

典型情景2：「我真心不知道自己要穿搭成什麼樣子，適合什麼風格，我希望能夠找到適合自己的一套穿搭，形成自己的風格。」這種情景下的女性消費者，往往需要網站給予非常多的信息與幫助，才能更快地做出購物選擇。此情景占比第二。

典型情景3：「我非常關注時尚，希望能夠緊跟潮流不落伍，所以要不斷地關注最新潮流，說不準看到喜歡的就買了。」此情景也進入了前三甲。

2. 逛搭配時關注什麼信息

女性消費者在逛搭配的過程中，最關心的問題是「搭配所提供的商品是否適合自己」，這表明逛搭配過程受到女性消費者個人喜好、購物具體需求等多方面的影響，而這決定了女性消費者在逛搭配時對具體的信息內容需求多樣，存在差異化。

（1）整體情況

從整體來看，風格、年齡、主題、顏色、元素是女性消費者找搭配時關注的重要維度，是有效的導航分類。如：

「我25歲，偏可愛型，有時候也喜歡成熟的，有時候喜歡冷豔一點的，所以我在逛搭配的過程中，需要年齡和風格幫忙繼續找。」

「我就是粉色系，家裡全是粉色系，凡是粉色系我都愛，所以顏色對於我來說是非常重要的。」

（2）需求期望

對於好的搭配，女性消費者有具體標準和需求期望：

需求1：提供搭配的人，一定要懂搭配、有經驗，給出的東西能夠讓人信服。

「網站上不要老是說小編，誰知道小編是誰，我還說我是小編呢，所以還是要有名有姓更靠譜。」

「提供搭配的人自己要有一些經驗，內容展示中要有推薦，文字描述要深入淺出，讓人覺得他說的是對的，也可以展示下給不同人搭配的作品，這樣更有說服力。」

需求2：搭配效果真實展現，幫助女性消費者做出準確判斷。

「現在網站上的圖片，大部分都是修過的，模特P的太嚴重了，根本就沒法判斷，還是要實在一些，要真實，要實用。」

需求3：搭配中所提供的商品要方便購買。

「我記得有些網站只給了搭配的圖片，卻沒有購買連結。看上喜歡的也買不了。時尚買手就很好，不僅時尚，她們推薦的東西還可以直接購買，還有一點很重要，時尚買手推薦的東西很劃算。」

活動：信息吸引，評判細化

1. 被活動中哪些信息吸引

研究發現，女性消費者往往通過活動傳播的信息來判斷是否要進一步去查看活動詳情。女性消費者對「優惠信息」「參與活動的商品品類」「促銷/活動的規模」尤其關注。其中，對「優惠信息」的關注是人的本能。

首先，女性消費者非常關注「參與活動的商品品類」。具體的品類信息能夠喚起女性消費者的購物欲，但此類信息正是活動宣傳中經常被忽略的內容。

「有些活動太花哨了，估計他們做得也很辛苦，但是非常可惜的是，作為消費者，我根本就不知道到底是哪些東西在搞活動。總要告訴我活動是賣女裝、女鞋還是化妝品吧……」

其次，促銷/活動的規模信息。女性消費者需要提前瞭解網站商品是全場均參與活動，還是部分商品參與活動。部分商品參與活動會加大消費者在價格判斷上的成本。

「關注『雙11』、網站周年慶等活動，主要是因為規模大，非常多的商品都會參加活動，就不用我再一個個挑了。」

2．好活動應具備什麼條件

除了前面介紹的活動吸引力外，女性消費者對好的活動也有自己的評判。除了商品質量好、價格優惠外，女性消費者對賣家、物流、活動規則方面也提出了具體要求。

（1）在賣家方面，消費者要求賣家信譽好、服務好。

「參加活動的賣家一定要信譽好，如果參差不齊，那麼還是會有非常高的成本。」

「活動中很多次的諮詢都不會得到及時回覆，不過服務不光體現在活動當天的諮詢上，賣家提前幾天提供諮詢服務或者在頁面上對重要問題做出詳細的解釋，都是服務好的表現。」

（2）在物流方面，消費者要求物流配送快，如果能夠實現活動物流優先，那對於女性消費者來說絕對是大大的驚喜。

「有些大的活動的商品，如果能夠被優先發貨就再好不過了。這樣大家會越來越願意通過活動購買商品，就像有個特權一樣。」

（3）在活動規則方面，消費者要求活動規則簡單易懂。

「我們為什麼喜歡打折？因為簡單易懂，是最直接的優惠。有些規則，要看好幾遍才能看懂，比如說送紅包啊、0元購啊等，這樣的活動我們基本上就不會去參加了。」

（資料來源：尹志博，陳娜．女性消費者：隨意瀏覽背後的規則［J］．銷售與市場：評論版，2014（5）．）

第一節　消費者行為學的研究對象

一、消費及消費者

消費活動是人類社會中存在的一種普遍現象。人們從出生直到離開人世，時時刻刻離不開消費。正如馬克思所說：「人從出現在地球舞臺上的第一天起，每天都要消費，不管在他開始生產前和生產期間都是一樣。」

（一）消費的含義

所謂消費（Consume），是指人們消耗物質資料和精神產品以滿足物質和文化生活需要的過程。消費是社會再生產過程的一個環節，是人們生存的必不可少的條件，又是保證社會再生產過程得以繼續進行的前提。

消費的實質是人們為了滿足需要直接消耗各種產品和勞務。消耗產品和勞務以滿足需要的人就是消費者，是消費的主體；可供消耗的產品和勞務就是消費物，是消費的客體。消費過程就是消費者和消費物相結合的過程。

(二) 消費者的含義

狹義的消費者（Consumer）是指購買、使用各種消費品或服務的個人或家庭，廣義的消費者是指購買、使用各種消費品或服務的個人或組織。消費活動中的消費者包括兩類：個體消費者（Personal Consumer）和組織消費者（Organizational Consumer）。個體消費者購買產品或服務是為了自己的消費，為了家庭的消費，或者是作為禮物送給朋友，也即是產品的購買都是為了最終消費，也稱為最終用戶（End Users）或者最終消費者（Ultimate Consumer）。組織消費者包括營利和非營利的企業、政府機構和各種組織機構，它們也必須購買產品、設備和服務來維持組織的運轉。本書主要從狹義的消費者角度討論消費者行為，探討的是個體消費者。

消費者的消費活動是為了滿足需要。需要是人類全部消費活動的基礎，包括維持個體生存、繁衍后代的生理需要和追求享受、發展的社會性需要。基於生理需要的消費是一種本能性消費，基於享受、發展需要的消費是社會性消費，它源於但又高於本能性消費。隨著社會經濟的發展，不論是本能性消費或社會性消費，其消費對象越來越豐富多彩，由此消費者的消費活動也越繁復。

(三) 消費對象的分類

消費者消費的對象是多種多樣的產品與服務（Consumer Goods and Service）。表1.1從兩個層面對產品與服務作了分類。

表1.1　　　　　　　　消費品和服務的分類

消費對象的性質 \ 消費對象的有形性或有形程度	有形產品	混合型產品與服務	無形服務
個人用品或服務	洗護用品 飲料	餐館用餐 外出旅遊	心理諮詢 資格培訓
家庭用品或服務	家具 電視機	室內裝修 家政服務	家庭財務諮詢 家庭法律諮詢
集體用品或服務	街燈 收費橋樑	敬老院 物管服務	天氣預報 電話查詢服務

從有形性和有形程度看，消費對象可以分為有形產品、無形服務和介於兩者之間的混合產品與服務。有形產品（Tangible Product）是指洗護用品、飲料、家具等具體可見的產品；無形服務（Intangible Product）則是抽象和不可見的消費對象，如心理諮詢、電話查詢服務。有形產品常常具有無形的特徵，如珠寶的檔次、時裝的品位；而服務也可能包含或具有有形特徵，如餐館用餐、室內裝修。在很多情況下，消費者消

費的是混合型產品與服務，同時消費有形產品與無形服務，如外出旅遊。

從性質看，消費對象可以分為個人用品與服務、家庭用品與服務、集體用品與服務。個人用品與服務與個體消費者有關，家庭用品與服務則與整個家庭或家庭的每一個成員有關。而集體用品與服務一般由很多人使用或消費，可以是由政府提供的公共品如街燈、公路，也可以是由私人企業提供的物管服務等。

二、消費者行為的含義

消費者行為（Consumer Behavior）是指消費者為獲取、使用、處置產品或服務所採取的各種行動，包括先於且決定這些行動的決策過程。[①]

（一）消費者行為是一個動態發展的整體過程

消費者行為不只是消費者掏出現金或信用卡買到產品或服務那一刻所發生的行為，而是一個整體過程，包括獲取、使用、處置三個階段。

獲取（Acquiring）是指消費者產生需要、經過信息搜尋、進行購買決策評價而後獲取產品或服務的過程。獲取的方式主要是購買，其他還包括租賃、交換、借用等。

使用（Using）是指消費者對獲取的產品或服務進行耗費和體驗的過程，是消費者行為的核心。使用過程是消費者需要得以滿足的過程，對消費者具有重要的意義。使用后的評價將產生消費者滿意或不滿意兩種可能，這直接影響著消費者的下一次購買，消費體驗向他人的傳播也將影響他人的購買決策。

處置（Disposing）是指消費者對所獲取的產品或服務進行處理、放棄的過程。越來越多的消費者在購買時就會關注產品、包裝的重新使用或對環境造成的危害，而消費者對所獲取產品或服務的處置方式的選擇，也直接影響著其對新產品的需求與購買。

（二）消費者行為是一個決策過程

消費者的決策過程實際上就是解決問題的過程。這一過程包括五個主要階段，即需要認知、信息搜尋、評價與選擇、購買和購后行為。消費者意識到或認識到某一消費問題后，進行內部信息搜尋和外部信息搜尋，在此基礎上，形成產品或服務的評價標準，並根據這些標準對各種備選產品或品牌進行比較、評價、選擇，而後實施實際購買行為，購買后使用產品，產生購買后評價，並對產品或包裝進行處置。消費者的決策過程有時很複雜，決策過程的五個階段都將發生；有時則十分簡單，決策過程的某些階段可能會省略。

（三）消費者決策的內容

1. 是否消費（Whether or not）

消費者必須首先決定是否獲取、使用或處置產品或服務，要決定手上有錢時是進行消費還是儲蓄。

[①] EENGEL J F, BLACKWELL R D, MILARD P W. Consumer Behavior [M]. New York: The Dryden Press, 1995.

2. 消費什麼（What）

消費者每天都要做出購買什麼的決策，要在產品和服務的類別上做出選擇，例如手上有錢了是買部手機還是買份保險；有時需要在品牌之間做出選擇，如購買手機選擇蘋果手機還是三星手機。

3. 為什麼消費或為什麼不消費（Why or why not）

消費行為的發生可能有許多原因，其中最重要的是產品或服務能夠滿足消費者的需要、價值或目標。例如，消費者買同一款手機，有的是因為手機功能強大，有的是覺得手機外觀好看，有的是為了炫耀自己，有的則將其作為群體身分的標誌。

行銷人員更想知道為什麼消費者不想消費。如不想買保險是因為不相信壞運氣會降臨到自己頭上，還是覺得買了也沒用？

4. 如何消費（How）

消費者獲取、使用、處置產品或服務的方式，會給行銷帶來深刻的影響。消費者如何在現金、信用卡或電子支付系統間做出選擇？汽車是買的、租的、借的、換的還是別人送的？

5. 何時消費（When）

消費者對產品或服務的獲取、使用和處置隨著季節的不同而不同，冬天的時候對羽絨服、取暖器的需要會增加，而對啤酒、冰激凌的需要則會下降。一天中所處時段也會影響消費者的決策。麥當勞發現，正午時段發布的在線廣告可以促使消費者在午餐時購買更多公司所宣傳的餐點。像出生、畢業、結婚、懷孕、生子、退休這樣的生活變化，也會影響消費者對產品或服務的獲取、使用或處置。

6. 在哪裡消費（Where）

消費者的購買習慣已經發生了改變。越來越多的消費者在沃爾瑪這樣的大型超市購買雜物、服裝和許多其他產品。除了傳統的商店，消費者還可以通過郵件、電視、電話、互聯網和手機進行購物。

7. 消費多少（How Many）

消費者必須決定自己需要獲取、使用、處置的產品或服務的多少、需要的頻率以及需要的時間，如牛奶一次買多少，多久購買一次，一次喝250毫升還是500毫升，是每天喝還是隔天喝，對牛奶這個產品需要的時間有多長。產品銷售的上升有賴於消費者使用更多的產品，更頻繁地使用產品，使用更長的時間。某些消費者也存在著過度消費的情況，如頻繁地更換手機，這可能帶來許多問題。

8. 誰消費（Who）

在現實生活中，產品或服務的獲取者、使用者、處置者可能是同一個人，也可能是不同的人。如成人的手機大多數情況下是自己買、自己用、自己處置，而兒童服裝的獲取者、使用者、處置者則很可能是分離的。因此，消費者決策中需要分析出消費者扮演的各種角色（Roles）（見表1.2），但重點應放在購買者身上，因為在很多情況下購買者有權決定在何時、何地購買，並在款式、顏色、規格、功能等方面做出最終決定。

表 1.2　　　　　　　　　　不同類型的消費行為角色

角色類型	角色描述
倡議者	首先提出或有意購買某一產品或服務的人
信息收集者	主動搜尋有關產品或服務信息的人
影響者	其看法或建議對最終購買決策具有一定影響的人
決策者	在是否購買、為何買、如何買、在哪裡買等方面做出部分或全部決策的人
購買者	實際購買產品或服務的人
使用者	實際使用、體驗產品或服務的人
處置者	實際處置產品或服務的人

三、消費者行為的特點

（一）多樣性

消費者行為的多樣性，首先表現為消費者行為在獲取、使用、處置三個階段的每一個階段都包含許多不同的活動，而這些活動中既有理性購買活動，也有衝動性購買活動。其次，不同消費者在需求、偏好以及選擇產品的方式等方面各有側重、互不相同，同一消費者在不同的時期、不同的情境、不同產品的選擇上，其行為也呈現出很大的差異性，而差異性正是市場細分的前提。

（二）複雜性

消費者行為的複雜性，一方面可以通過它的多樣性、多變性表現出來，另一方面也體現在它受很多內外部因素的影響。首先，消費者行為受動機影響，每一行為後的動機往往隱蔽和複雜。同一動機可以產生多種行為，同一行為也可以由多種動機所驅使。其次，消費者行為受個體的、文化的、經濟的、社會的因素所影響。這些因素的影響有直接的、間接的，有單獨的、交叉的或交互的。正是這些影響因素的多樣性、複雜性決定了消費者行為的多樣性和複雜性。同時，每個消費者決策程序的起始時間及其所耗費的時間不同，因此決策涵蓋的活動數目以及困難程度不同，因此決策過程極其複雜。

（三）規律性

雖然消費者行為本身極其複雜、多樣，人們對影響消費者行為的因素既難識別又難把握，但消費者行為也並非完全不可捉摸。紛繁複雜的消費者行為的背後也存在一些共同的特點或特徵，那就是任何消費者行為都受人類的需要所支配，而人類的需要最終可以從生理、心理、社會等方面找到源頭。正是需要的共性決定了行為的共性。同時，消費者行為按照獲取、使用、處置三個階段按部就班地進行，次序不能顛倒，每一階段也都包含一連串有次序的活動，也呈現出一定的規律性。因此，人們通過精心研究，消費者行為是可以被理解和把握的，探詢消費者行為規律也是可能的，這也

是企業界和學術界致力於研究消費者行為的根本出發點。

(四) 可誘導性

消費行為的產生來源於需要，但消費者有時對自己的需要以及以何種方式滿足自己的需要並不十分清楚。此時，企業可以通過提供合適的產品或服務、傳遞合適的信息來激發或滿足消費者的需要。從這個意義上說，消費者的行為是能夠被影響的。企業之所以能夠影響消費者行為，是以其產品、服務能夠滿足消費者某種現實或潛在的需要，能夠給消費者帶來某種利益為前提的。同時，企業應該看到，對消費者予以誘導和施加影響，要以保持消費者的選擇自由為前提，這樣才是合乎法律和社會規範的行為。企業採用欺騙、壟斷等手段來影響消費者，必將引發嚴重的倫理甚至法律問題。

四、消費者行為學的研究對象及本書框架

(一) 消費者行為學的研究對象

消費者行為可以指消費者行為的內涵，也可以指以消費者行為為研究主題的學科。消費者行為學（Consumer Behavior）是一門以消費者行為為主要研究對象的學科，這一學科「探討消費者如何制定和執行其有關產品與服務的獲取、使用與處置決策的過程，以及研究有哪些因素會影響這些相關的決策」[1]。

消費者行為學的範疇主要是與消費行為決策相關的內在心理活動和外在行為表現。內在心理活動包括認知需要的產生、對品牌的評價、對信息的推論以及做出最終決策、使用后的感受和評價等。外在行為表現包括消費者搜尋產品信息、與銷售人員互動、實際使用產品、傳播使用信息及感受等。消費者的決策一方面受到消費者心理因素的影響，主要包括需要與動機、感覺與知覺、學習與記憶、態度、個性、價值觀、生活方式等；另一方面也要受到環境因素的影響，主要包括經濟、文化、社會、信息流、互聯網、情境、倫理等。

(二) 本書的基本框架（見圖 1.1）

本書第一篇即對消費者行為學這門學科進行簡單介紹，主要描述了消費者行為學的研究對象、作為一門學科的發展歷史、研究這門學科的意義以及這門學科的理論來源和研究方法。

第二篇重點探討消費者的決策過程。第二章探討需要認知與信息搜尋過程，第三章探討評價與購買過程，第四章探討購后行為。

第三篇集中探討作為獨立的個體，消費者本身的心理因素對消費決策和購買行為的影響。第五章探討消費者的需要與動機，第六章探討消費者的感覺與知覺，第七章探討消費者的學習與記憶，第八章探討消費者的態度，第九章探討消費者的個性、自我概念和生活方式。

---

[1] 林建煌. 消費者行為學 [M]. 北京：北京大學出版社，2004：4-5.

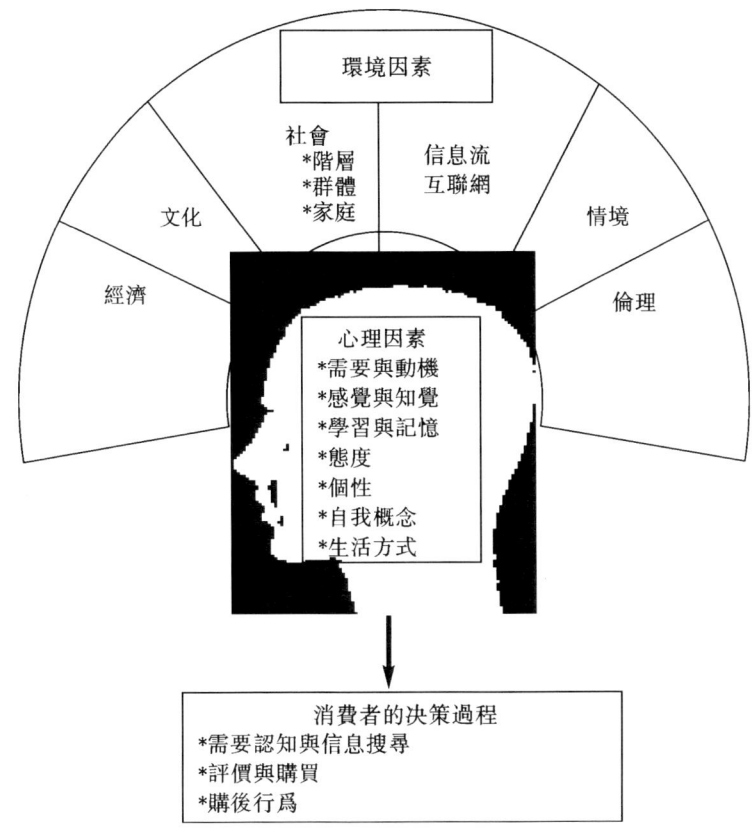

圖 1.1　本書的基本框架

　　第四篇關注的是作為社會成員的消費者，他們所處的變化的外部環境對消費決策和購買行為的影響。第十章分析影響消費者行為的經濟和文化因素，第十一章分析影響消費者行為的社會因素，包括階層、群體和家庭，第十二章分析信息流和互聯網對消費者行為的影響，第十三章則分析了影響消費者行為的情境和倫理因素。

第二節　消費者行為學的研究歷史和研究意義

一、消費者行為學的產生與發展

　　消費者行為學作為一門系統研究消費者行為的應用性學科，是在資本主義工業革命後，市場經濟充分發展，商品供過於求的矛盾日益尖銳，企業競爭日益加劇的過程中形成和發展起來的。它的形成和發展大體上可以分為以下三個時期：

（一）萌芽與初創時期（19世紀末到20世紀30年代）

　　消費者行為研究始於19世紀末20世紀初。工業革命以後，西方國家的生產力大幅

度提高，商品生產的速度超過了市場需求，市場從賣方市場開始轉變為買方市場，企業之間的競爭加劇，經營者們開始重視商品推銷與刺激需求。為適應這種需要，學者們著手研究商品的需求與銷售問題。

最早從事這項研究的是美國社會學家凡勃倫。他在1899年出版的《有閒階級論》(Theory of the Leisure Class)中提出了炫耀性消費及其社會含義，認為人們對服裝、首飾、住宅等物品的過度消費，源於對別人炫耀自己的社會心理；出於炫耀目的消費的商品，價格的變動通常很大，而且容易被別人觀察到。炫耀性消費實際上是對傳統經濟學關於消費者是「經濟人」「理性人」假設的否定，同時又提出了從非經濟層面研究消費者行為的必要性。

1895年，美國明尼蘇達大學心理實驗室H. 蓋爾率先採用問卷調查法，探索消費者對廣告及廣告商品的態度和看法。經過幾年的探究，1900年蓋爾出版了《廣告心理學》，系統論述了商品廣告中如何運用心理學原理以引起消費者的注意與興趣。

1901年12月，美國心理學家斯科特（W. D. Scott）在美國西北大學作報告時指出，心理學可以在銷售和廣告中發揮重要作用，這被認為是第一次提出了消費者行為學的問題。1903年，斯科特匯編十幾篇論文，出版了《廣告論》，廣告心理學誕生，成為消費者行為學的前身。

1908年美國社會學家E. A. 羅斯出版了《社會心理學》，著重分析了個人和群體在社會生活中的心理與行為，開闢了群體消費心理的研究領域。

1912年，主持哈佛大學心理實驗室工作的德國心理學家閔斯特伯格的《心理學與經濟生活》問世，最早研究了廣告面積、色彩、文字運用、廣告編排等因素與廣告效果的關係，並注意到了商品宣傳在銷售方面的作用。西北大學教授克倫提出，推銷員應揣度最佳的「心理時刻」進行推銷，並在所著《實用心理學》中專章討論銷售心理學問題。

1920—1930年，丹尼爾·斯塔奇出版了《斯塔奇廣告回憶指南》和《廣告學原理》，著重論述心理學在廣告中的運用，並以此在美國商業史上獲得「商業心理學教授」的美稱。

1920年，行為主義心理學之父約翰·華生進行了廣告心理的實驗研究，用刺激—反應理論揭示了消費者接收廣告刺激與產生行為反應之間的關係。

1926年，美國出版了《人員推銷中的心理學》，在研究消費者需要的同時，談到推銷人員的條件對顧客心理的影響，涉及了推銷員素質的甄選。

這一時期，還有許多學者在市場行銷學和管理學的著作中研究了消費心理與消費行為問題，從各個側面涉及消費心理與行為問題，為消費者行為學的產生奠定了基礎。總的來看，這一時期研究的重點是促進企業的產品銷售，而不是滿足消費需求；研究的範圍比較狹窄；研究方法是從經濟學或心理學中簡單地移植過來；研究主要限於理論層面，在市場行銷實踐中的應用較少，尚未引起社會和企業界的廣泛重視。

(二) 應用與發展時期（20世紀30年代到60年代末）

1929—1933年的世界性經濟危機，使得商品市場完全轉變為供過於求的市場。為

了促進銷售，企業紛紛加強了廣告、促銷等方面的力度，市場逐步成為企業關注的焦點。產業界對運用消費者行為研究成果表現出越來越濃厚的興趣。在廣告界，運用心理學原理與方法探測廣告對顧客行為的影響日益普遍，由此使廣告心理學得以繁榮。與此同時，關於顧客心理和銷售心理的各種專門研究不斷展開，為第二次世界大戰以後消費者行為研究的進一步發展奠定了基礎。

第二次世界大戰期間，商品供應不足，導致了人們對消費者行為研究興趣的暫時降低。但這一時期也有一些卓有成效的研究。例如，第二次世界大戰期間，為節約食物，美國政府鼓勵民眾多吃動物內臟，但由於傳統文化的影響，美國人基本不吃這些東西。為指導消費，心理學家K. 勒溫經過多次實驗，終於找到了改變美國人不食動物內臟這一習慣的有效途徑。

第二次世界大戰以後，市場經濟迅速走上了正軌。隨著生產力的發展和消費者收入水平的提高，消費者行為日益多樣化、個性化。瞭解消費者的需求特點，把握消費者行為的變動趨勢，成為企業贏得競爭優勢的重要前提。在此背景下，越來越多的心理學家、經濟學家、社會學家紛紛加入消費者行為研究的行列，由此推動了消費者行為研究的發展。

20世紀40年代至50年代，受弗洛伊德精神分析學說的影響，許多研究者都致力於消費者行為的動機研究，美國學者E. 迪德和J. 瓦卡瑞等人拉開了對消費者的深層動機研究的序幕，研究方法也從直接詢問法逐步轉為投射技術。最有代表性的研究是1950年由梅森·海爾（Mason Haire）主持的速溶咖啡的研究。1953年，美國廣告研究基金會公布了80多個商業機構的購買動機研究結果，引起了各方關注，從而使得消費者動機研究盛行於一時。

小資料：梅森·海爾主持的速溶咖啡研究

速溶咖啡投放市場的最初一段時間，銷路一直不暢。海爾的研究就是要找到消費者為什麼不購買的原因。當研究人員採用直接詢問法詢問消費者為何不買時，大多數人的回答是不喜歡速溶咖啡的味道，顯然這並不是真實的原因所在。

於是，海爾決定採用心理學投射技術進行研究。他設計了兩張購物單，每一張購物單上有七種商品，一張購物單為漢堡牛肉餅、麵包、胡蘿蔔、發酵粉、速溶咖啡、桃子罐頭、土豆，另一張購物單上只將速溶咖啡換成了鮮咖啡豆，其餘商品不變。然后研究人員將購物單分發給兩組進行測試，並要求被試對購物單上所示商品的家庭主婦做出描述。

結果發現，收到標有速溶咖啡購物單的被試，大多把想像中的那位家庭主婦描繪成懶惰、缺乏計劃、邋遢、沒有家庭觀念的人，而收到標有鮮咖啡豆購物單的被試，則把想像中的家庭主婦描繪成有生活經驗的、勤儉的、會安排的、有家庭觀念的人。

由此，消費者不買速溶咖啡的真實原因被揭示出來，海爾也據此提出了消費者潛在的或隱藏的購買動機理論。

（資料來源：HORTON R L. Buyer Behaviour: A Decision-Making Approach [M]. Ohio: Charles E. Merrril Publishing, 1984: 9-10.）

20世紀50年代，其他一些關於消費者行為的研究也值得注意。美國學者蓋斯特（L. Guest）和布朗（George H. Brown）於20世紀50年代初開始研究消費者對品牌的忠誠問題，以便找到促使消費者重複選擇某一品牌的有效途徑。謝里夫（M. Sherif）、凱利（Harlod H. Kelley）和謝巴托尼（Shibutoni）等人開展了對參照群體的研究。此外，馬斯洛的需求層次理論也是在20世紀50年代提出來的。

1960年，美國心理學會（APA）成立了消費者心理學分會，這是消費者行為學開始確立其學科地位的前奏。20世紀60年代中期，消費者行為學課程開始在美國一些大學出現。1968年，第一部消費者行為學教材《消費者行為學》由俄亥俄州立大學的恩格爾（James Engel）、科拉特（David Kollat）和布萊克維爾（Roger Blackwell）合作出版。1969年，美國消費者研究協會（Association for Consumer Research）正式成立。消費者行為學研究在20世紀60年代后得到蓬勃發展，這一方面是學術界對20世紀50年代起越來越多的企業逐步採用現代市場行銷觀念從事經營活動的自然反應，另一方面也得益於各種學科在研究方法和研究成果上的交融、綜合。

20世紀60年代，美國心理學家們不僅對前人的研究成果加以整理和吸收，如選編了一批論文集等，還特別注意吸收運籌學、模擬模型的理論與方法。這一時期的重要研究有：密歇根大學調查研究中心的G. 卡陶納關於消費期望和消費態度的研究；哥倫比亞大學實用社會研究所的拉吉斯費爾德和E. 卡茲關於人格的影響的研究；哈佛大學R. A. 鮑爾關於知覺到的風險（認知風險）的研究；羅杰·L. 諾蘭的新產品初步設計研究和定位研究；佩里安、卡陶納、詹姆森等人的一些調研報告。這些研究為消費者行為學體系的構建奠定了科學基礎。

這一時期，研究者對現實問題也極為關注。如20世紀60年代初，鎮靜劑反應停（Thalidomide）曾在一些國家為孕婦們所廣泛使用，服用這種藥物的婦女生下的孩子往往帶有嚴重的身體缺陷，廣泛的宣傳報導引起了人們對「人造」產品副作用的普遍懷疑，消費者懷疑主義時代開始了。萬斯·帕卡德於1954年問世的《潛在的威脅》對「虛偽」「欺騙」的商業手段作了尖銳的批評。對於環境污染問題，卡森於1962年出版的《寂靜的春天》一書抨擊了濫用殺蟲劑行為。

1962年3月15日，美國前總統肯尼迪在《關於保護消費者利益的總統特別國情咨文》中，率先提出消費者享有的四項基本權利，即安全權、知情權、選擇權和投訴權。1969年，美國前總統尼克松進而提出消費者的第五項權利：索賠權。消費者權利的提出，促進了20世紀60年代至70年代消費者運動的蓬勃發展，進而推動了消費者行為學研究的繁榮。

(三) 變革與創新時期（20世紀70年代至今）

進入20世紀70年代，消費者行為學的研究飛速發展。據美國學者恩格爾統計，1968—1972年發表的關於消費者行為研究的成果，比1968年以前所出版的全部研究成果還要多。這一強烈的對比，足以說明這一時期消費者行為學的發展速度是何等驚人。根據統計，自1967年始的十年間，美國共發表了近一萬篇有關消費者心理學的文章。刊載消費者研究成果的主要學術雜誌，有《應用心理學》《市場行銷研究》（JMR）、

《市場行銷》（JM）、《廣告研究》（JAR）等。1974年，《消費者研究》雜誌（JCR）創刊，該雜誌由十個不同組織支援，不僅發表了大量有關消費者行為方面的研究成果，而且為多個不同學科的研究團體及成員提供給了彼此交流和合作的平臺。

這一時期，有關消費者心理與行為的研究論文、調查報告、專著不僅數量上急遽增加，而且質量也越來越高。許多新興的現代學科，如計算機科學、經濟數學、行為學、社會學等被廣泛運用於消費者行為研究中。研究方法從一般的描述、定性分析發展到定性分析和定量分析相結合。探討範圍包括消費生態問題、文化消費問題、決策模式問題、消費者保護問題、消費政策問題、消費信息處理問題（程序研究）、消費心理內在結構（「臨床」研究）問題、消費信用問題、消費心理控制問題等。

20世紀70年代一些代表性研究有：羅杰斯（Everet M. Rogers）關於創新採用與擴散的研究，拉維吉（F. J. Lavidge）和斯坦勒（G. A. Steiner）關於廣告效果的研究，費希本（Matin Fishbein）等人關於態度與行為的關係研究，謝斯（J. N. Sheth）等人關於組織購買行為和關於消費者權益保護問題的研究，科克斯（Donald F. Cox）和羅斯留斯（T. Roselisus）等人關於如何應付知覺風險的研究，恩格爾（James Engel）關於消費者決策模式的研究等。

進入20世紀80年代后，除了上述研究在深度和廣度上得到進一步發展外，還出現了一些備受關注的新的研究領域或主題，如關於消費者滿意與不滿意的研究，關於發展品牌資產（Brand Equity）和建立長期顧客關係的研究，等等。

在20世紀90年代，消費者行為學研究面臨的挑戰開闢了新的研究領域。

一是數字化革命帶來市場行銷觀念的更新。數字化革命使得很多企業在降低成本和行業進入障礙的同時，能夠提供更多的產品或服務並在更廣的範圍內進行分銷。這就加快了新的競爭對手進入市場的速度，同時也加快了成功的市場細分、目標市場和定位方式的升級或更換的速度。企業要想比競爭對手做得更好，就必須改變傳統市場行銷觀念，把顧客放在組織文化的中心，貫穿於組織的各部門和組織的運行。顧客價值（Customer Value）、顧客滿意（Customer Satisfaction）、顧客維持（Customer Retention）成為消費者行為學研究的基本概念。

二是互聯網和電子商務的興起改變了消費者的傳統購買方式和決策模式。互聯網解除了傳統零售方式在時間和地點上的限制，信息的大量可獲得性、信息搜索的方便性及互聯網對消費者的信息比較評估過程所做出的幫助，對消費者網路購買決策和非網路購買決策過程都能起到更大的作用。

三是生態環境的惡化、社會責任的缺失使綠色行銷和行銷倫理備受關注。有人稱20世紀90年代為「綠色消費者的年代」，那些願意在市場選擇中承擔環保義務的人被稱為「關注環境的消費者」。綠色消費的研究主要涉及環境責任行為的不同類型及其影響因素、綠色消費態度、環境知識對綠色購買的影響、人口統計變量對綠色消費的影響。同時，行銷倫理和社會責任也成為消費者行為學中備受關注的研究內容，主要表現在消費者保護領域的研究、行銷對消費者的負面影響等。

四是世界經濟的一體化帶來消費者全球化和研究國界的突破。世界經濟的一體化使得企業可以以更快的速度、更低的價格更好地進貨，而消費者可獲得的產品和服務

的生產成本更低、價格更低。世界各地的消費者可全年使用應季產品，可以在全球範圍內選擇產品和服務，體驗各種消費文化。在跨文化的全球消費時代，消費者行為學研究的主要領域面臨新的探索：在全球消費村裡，誰會成為新產品採用的意見領導者？誰會是誰的參照群體？家庭、學校的影響力如何？消費信息如何傳遞？全球性消費文化（Global Consumer Culture）運動使得世界各地的消費者出於對品牌消費品、電影明星、名人以及休閒活動的熱愛而聯合起來，尤其是每個地方的年輕人在許多方面都是相同的，這促使消費文化的同質化研究日漸增多。人們對不同國家跨文化消費者分析（Cross-culture Consumer Analysis）的研究不斷湧現，其目的在於尋找不同國家之間消費者的相似和不同，以決定是否進入並且怎樣進入某國外市場。產品或服務的文化意義及其傳遞、符號象徵的跨文化使用也成為消費者行為學研究的熱點。

特別是進入21世紀，隨著科技的不斷進步，移動互聯網和智能手機的迅猛發展，大數據時代已經到來。在移動互聯的大數據新環境中，消費者行為呈現出與傳統消費者不同的特點，消費者行為研究也發生著變化。

一是消費者對社會化媒體的使用成為研究的焦點。社會化媒體（Social Media）是指人、社區和組織之間通過相互聯繫、相互依存的網路進行在線交流、傳達信息、整合作用增進聯繫的方式。QQ、微博、微信、易信、微聚等移動社會化媒體的應用正在不斷細分和切割，企業如何進入到移動社會化媒體的鏈條，如何通過這種關係去傳播品牌價值，成為人們關注的焦點。

二是關注移動互聯網帶來的商業模式的革新對消費者行為的影響。移動互聯網連結的發展興起的很多商業模式，比如滴滴打車、58同城、餓了麼等都是通過移動互聯網在連結人和服務。移動互聯網時代的人的聚合與群分，不再是簡單的人口學分類以及簡單的代際人群的切割，而是要根據消費者的興趣、生活方式、個性等重新思考的分類，消費者會由於興趣、內容、個性、生活方式等而重新在移動場景的不斷碎片化后重聚，這種重聚的基礎則是小眾化的亞文化，而不再是大眾化的文化，企業在移動互聯網中的商業發展就是要在亞文化的研究和挖掘中尋找創新機會。

三是大數據被廣泛運用於消費者行為研究。大數據對於企業價值的核心在於從海量數據中獲取的某些洞見，使其更加瞭解消費者的需求，貼近消費者，高效地分析信息並做出預判，從而在競爭中贏得先機。

二、研究消費者行為的現實意義

（一）消費者行為研究是行銷決策和制定行銷策略的基礎

消費者行為研究向行銷管理者提供了制定行銷戰略和戰術的關鍵信息。美國行銷學會對行銷的定義是：「行銷是一項組織職能，包括一系列為消費者創造、溝通和傳播價值的過程，以及按最有利於組織和利益相關者的方式管理客戶關係。」從這一定義可以看出，為了有效地行銷產品或服務，行銷管理者必須清楚地理解消費者行為的價值。而行銷觀念與推銷觀念的一個重要區別，就在於是否將顧客的優先性放在組織本身之上。消費者是整個行銷策略的核心，所有的行銷策略，包括市場細分策略、定位策略

與行銷組合（包含產品策略、定價策略、渠道策略和促銷策略），都必須根據其對消費者行為的正確闡釋與解讀來擬定。無數的事例表明，對消費者行為的研究，在提高行銷決策水平、增強行銷策略的有效性方面確實有著重要意義。而企業對消費者行為的漠視，是導致行銷失敗的直接原因。

概念運用：Keep App[①]

Keep 是一款專注於健身的移動健身工具 App，提供真人同步訓練視頻課程，上線 7 個月，就獲得了 600 萬用戶，完成了 3 輪融資，特別受投資人喜歡。和咕咚之類的健身 App 不一樣的是，Keep 構建的場景更富有黏性，它通過一個個健身視頻來培養用戶的健身習慣，同時用打卡分享的方式激勵用戶健身。如果說咕咚最後會成為計步工具的話，Keep 更像是一個健身教練，關係就好像是你在健身房只辦了一張卡還是找了一個健身教練的區別，後者的場景黏附力會更強。在此基礎上 Keep 做健身設備電商，做健身教練在線化教育培訓，甚至做上門健身輔導等商業探索都是可以想像的。很顯然它的場景構建就更貼合人健身的消費心理和健身習慣，在商業模式探索上就更加容易一些。

（二）消費者行為研究為政府公共政策的制定提供依據

政府機構致力於制定、執行公共政策來保護消費者免受不公平、不安全或不適當行銷行為的損害。在 20 世紀 60 年代，美國總統就宣布消費者有安全權、知情權、選擇權、投訴權和索賠權，後來政府又加上了享受乾淨和健康環境的權利和保護少數裔與窮人消費者的權利。人們通過消費者行為研究，可以從保護消費者權益的角度，向立法人員和公共政策制定者提供擬定公共政策的基礎信息。政府採取什麼樣的法律、採取何種手段保護消費者權益、政策能否更加有效，很大程度上離不開對消費者行為深入細緻的研究。同時，人們通過對消費者行為的瞭解，可以知道政府公共政策對於消費者行為可能造成的改變。

（三）消費者行為研究為消費者本身帶來利益

對消費者行為的深入研究，企業可以為消費者創造出更好的產品、服務以滿足消費者的需要，贏得消費者滿意，使消費者受益。作為消費者，如果對消費者行為的知識有所瞭解，能夠獲得消費的一些基本事實，如消費者報告之類的資料，將能夠做出更有效的決策。同時，當消費者具備了消費者行為的一些相關知識，理解了企業如何運用消費者行為的知識，就能識破企業所運用的一些不當的銷售手段和伎倆，從而使消費決策更加明智。消費者協會等社群權益團體（Advocacy Group）更能利用關於消費者行為的研究報告來推動公眾對不適當行為的警惕，通過媒體和發起抵制行動對目標企業和其他消費者施加影響。而且，對於大多數人而言，本身既是消費者，同時也必須服務於其他消費者，因此，理解消費者行為也有助於維護自身的利益和有效地執行職責。

[①] App 一般指手機軟件，Keep 為一款手機軟件。

第三節　消費者行為研究的理論來源與方法

一、消費者行為研究的理論來源

消費者行為學是一門相當年輕的學科。消費者行為學科作為行銷學領域的一門重要學科，深受行銷觀念的影響，對於消費者行為學科產生重要貢獻的學科主要是心理學、社會學、社會心理學、人類學、經濟學，其他還有人口統計學、歷史學、地理學、符號學等。這些學科分別以各自獨特的視角來檢視消費者行為，發揮對消費者行為學科的影響。

（一）心理學

心理學（Psychology）是研究人的心理現象及其規律的科學。心理學對消費者行為學的貢獻主要在於對個體心理的研究。心理學的基本概念構成消費者行為學的心理學核心，如消費者的需要、動機、感覺、知覺、學習、記憶、態度、個性、自我概念等。各心理學分支學科，如實驗心理學、生理心理學、臨床心理學、發展心理學等，都能為人們理解消費者行為提供幫助。

（二）社會心理學

社會心理學（Social Psychology）主要研究人（包括個體和群體）在與社會交互中的社會心理現象及其從屬的社會行為。社會心理學對消費者行為學的貢獻主要在於個體在群體中運作的研究，主要涉及消費者態度的形成與改變、人際互動、信息傳播、參照群體對消費者行為的影響等。

（三）社會學

社會學（Sociology）是研究社會結構及其內在關係與社會發展規律的科學，它側重於對社會組織、社會結構、社會功能、社會變遷、社會群體等的研究。社會學對消費者行為學的貢獻主要在於對社會群體的研究，主要涉及文化、亞文化、社會階層、社會群體、家庭、社會角色對消費者行為的影響。

（四）人類學

人類學（Anthropology）主要研究人類文化的起源、發展變遷的過程、世界上各民族各地區文化的差異，試圖探索人類文化的性質及演變規律。人類學對消費者行為學的主要貢獻在於關於社會對於單一個人影響的研究，涉及比較價值觀、比較態度、跨文化分析等，它在人類的婚姻家庭、親屬關係、神話宗教、傳說民俗、原始藝術等方面的研究對分析消費者行為具有直接的運用價值，幫助人們理解消費儀式、象徵等現象，理解消費的意義及其重要性。此外，人類學的研究方法，如自然探詢法、痕跡判斷法，對消費者行為學的研究也很有幫助。自然探詢法是指在日常的生活、工作和娛樂環境中，研究人員通過觀察、記錄等方式，甚至通過自身的直接參與，瞭解有關事

件和活動。痕跡判斷法是指研究人員通過觀察消費者的外顯行為，掌握事實，然后根據行為或事件的相互聯繫以及所觀察到的外顯行為，來推斷其內隱行為，如觀察消費者所遺棄的生活垃圾，就可以瞭解他們的消費情況。

小資料：消費者行為奧德賽

消費者行為奧德賽是一個研究項目，即一組頂尖級的消費者研究者組成跨學科的學術研究小組，拜訪各種各樣的消費場所。他們於1986年夏天駕駛著休閒車進行了一次環太平洋的發現之旅。他們運用的數據收集方法包括錄音訪談、靜止攝影、現場筆錄、個人旅程日記等。

研究者們去了百貨商店、宅前出售、鄉村集市和旅遊景點、戲劇表演和搖滾音樂會、野餐和婚禮，幾乎所有他們經過的消費場所他們都去了，目標就是在所到之處以一種不打擾別人的方式來觀察人們對產品和服務的購買、消費和處置行為。

他們的研究有許多有趣和重要的發現，如：機動化活動住房和非機動化活動住房擁有者或租賃者在消費經歷上的巨大差別；舊貨交易市場上買方和賣方的心理特點；參觀博物館的技術性消費者（買了門票不參觀，去了就滿足）和傳統消費者（花時間參觀博物館，以獲得教育為滿足）的區別。

（五）經濟學

經濟學（Economics）是一門研究稀缺資源配置和利用的社會科學。經濟學對消費者行為學的貢獻在於關於個體、家庭對經濟利益考慮的研究，主要涉及個人或家庭經濟資源的分配、邊際效用理論、購買決策、風險規避等。

（六）其他

人口統計學（Demographic Statistics）是關於人口屬性上的研究，有利於分析消費者行為與人口統計特徵之間的關係。歷史學（History）是關於對過去事件的研究，有助於人們理解各類消費行為、消費現象的產生與發展。地理學（Geography）的貢獻在於關於人與地理環境關係的研究，涉及商店吸引力模型（區位、可達性、商店面積等）、零售引力、空間偏好、零售環境、行銷地理系統和零售配置等。符號學（Semiotics）是關於符號在文化上的再現過程的研究，為人們理解消費活動中意義的傳遞與獲得提供幫助。

二、消費者行為研究的方法

（一）消費者行為研究的範式

範式（Paradigm）是指研究者看待研究對象的方式和視角，也就是研究者對於「研究什麼、如何研究」的基本假設。當前用以研究消費者行為的兩個不同類型的範式是實證主義和闡釋主義。

實證主義（Positivism）又稱現代主義（Modernism），研究的假設是消費者是理性的，行為的原因與影響是可以識別和分隔的，個體是能參與信息處理的問題解決者，

事物是可被客觀測量的。因此，實證主義研究的目的是預測消費者行為，採用的研究方法是定量研究（Quantitative Research），包括調查法、實驗法和觀察法，在研究中研究者與被研究者是分離的，研究的結果是描述性（Descriptive）的，如果數據收集是隨機的（如概率抽樣），結果可推廣到更大的人群。

闡釋主義（Interpretivism）又稱為后現代主義（Postmodernism），強調象徵性主觀經驗的重要性，強調了意義存在於個人精神中的觀點，也就是說，每個人根據自己特有的和共有的文化經驗來構建自己的意義，因而所有的價值觀都沒有對錯，每一個消費體驗都是獨特的。因此，闡釋主義的研究目的是瞭解消費者行為，獲得新觀點，採用的研究方法是定性研究（Qualitative Research），包括深入訪談、焦點小組、隱喻分析、拼圖研究以及投射技術等，在研究中研究者和被研究者進行互動與合作，研究的結果是主觀性的、推論性（Inferential）的，由於樣本較小，研究結果不能推廣到更大的人群。

在實際研究中，研究者通常將實證主義和闡釋主義的研究結合起來。研究者們已經發現，這兩種研究範式在本質上是互補的。與單獨使用某一種方法相比，綜合利用實證主義和闡釋主義的研究可以更好地展示消費者行為。

（二）消費者行為研究的過程

消費者行為研究主要包括以下十個步驟：

1. 界定研究問題與研究目標

消費者行為研究的第一步是清楚地界定研究問題與找出研究的目的（Objectives）。這些研究問題與目的通常是由決策者（使用消費者行為研究結果的人）與研究人員一起達成的共識。研究目標的明確可以確保研究設計的合理性。

2. 進行背景分析

研究者在界定粗略的研究問題之后，需要對該研究問題做一個背景分析。背景分析（Background Analysis）是指針對個別或是特殊的消費者研究問題，做廣泛的背景調查。背景分析包括三部分：與問題相關的組織或市場信息、二手資料以及相關的文獻探討。

首先是與問題相關的組織或市場信息的搜尋。與問題相關的組織或市場信息是指研究者應該搜尋有關公司產品、市場、行銷及競爭者的信息，得到這些信息，可以檢驗所界定的消費者研究問題與研究目的的適當性。

其次是二手資料的收集與分析。二手資料（Secondary Data）是指為了某一目的而採集的而被用於另一目的的數據，如政府可能為了徵稅而採集人口數據，消費者行為研究者可以利用政府調查的結果作為二手資料來估計市場規模。尋找二手資料被稱為間接研究（Secondary Research）。間接研究有時能對手頭上的問題提供足夠的信息，從而避免了直接研究的需要。更多的時候，它能為直接研究提供線索和方向。二手資料的來源包括內部來源和外部來源。內部來源是內部早期研究生成的資料以及公司的銷售、財務部門所收集的顧客信息，如公司盈虧報告、資產負債表、銷售數據、銷售拜訪報告等。外部來源包括商業出版的報紙、期刊、書籍、政府數據、行銷研究公司、

廣告公司、市場調查公司提供的商業數據，貿易協會、行業協會、研究機構的報告，在線數據庫等。

小資料：常用二手資料來源

商業類報紙：《中國企業報》《中國消費者報》《中國經濟時報》《中國現代企業報》

行銷類期刊：《商業經濟與管理》《成功行銷》《市場行銷導刊》《商學院》《現代廣告》《現代行銷》《品牌》《消費導刊》《商界・評論》《中國商界》《國際廣告》《銷售與市場》

政府網站：

中華人民共和國統計局 http：//www.stats.gov.cn/

中華人民共和國商務部 http：//www.mofcom.gov.cn/

行銷類網站：

中國行銷傳播網 http：//www.emkt.com.cn/

中國市場行銷網 http：//www.ecm.com.cn/

中國行銷網 http：//www.sellcn.com/

哈佛商業評論網 http：//www.hbrchina.com/

中國企業新聞網 http：//www.cenn.cn/

第一行銷網 http：//www.cmmo.cn/

環球企業家 online. http：//gemag.com.cn/

中國市場調查研究中心 http：//www.cmir.com.cn/

商業數據：

●益普索（中國）市場研究諮詢有限公司：擁有品牌與廣告研究（IPSOS－ASI）、行銷研究（IPSOS－Insight）、滿意度和忠誠度研究（IPSOS Loyalty）和預測、模型和諮詢（IPSOS FMC）4個專業品牌。

●上海 AC 尼爾森市場研究公司：擁有零售研究，研究覆蓋全國主要城市和城鎮的70多類非耐用消費品；擁有專項研究，包括一些獨創的研究工具，如預測新產品銷售量的 BASES、顧客滿意度研究、測量品牌資產的優勝品牌；擁有廣告測試服務，其提供的電視收視率數據和報刊廣告費用監測已成為媒體和廣告行業的通用指標。

●蓋洛普（中國）諮詢有限公司：自1994年起，其持續進行的兩年一度的全國消費者生活方式和態度調查，用數據準確而生動地描述了近年來中國社會和經濟生活的深刻變化。

●央視—索福瑞媒介研究有限公司：主要致力於專業的電視收視市場研究，為中國傳媒行業提供不間斷的電視觀眾調查服務，已成為中國規模最大、最具權威的收視率調查專業公司。

最后是相關文獻的探討。除了實證資料外，相關文獻也包括學者關於這一研究問題的相關理論或觀點，例如，發表在學術期刊上的文章。這些相關文獻在進一步釐清

研究問題或是在下一步的形成研究假設中都有很大的幫助。仔細而完整、詳盡的相關文獻分析可以提高研究的效率和成功概率，避免研究者走冤枉路。

3. 發展研究假設

研究假設是指研究者對於所要研究的問題的猜測或設想答案。研究假設可以根據過去的研究結果或理論提出，或是根據研究者的合理邏輯推論。推論的方法可以用演繹的方法或歸納的方法。演繹法是從普遍性結論或一般性事理推導出個別性結論的方法。而歸納法是通過對眾多事件或案例的觀察和記錄，來整理和匯總出共同的特質或屬性，然後將該結果推至其他類似的事件或案例，從而獲得一般性的結論。發展完善的研究假設，對於引導後續的研究設計與研究有很大的幫助。

4. 規劃研究設計

研究設計就是研究者根據研究問題和目的決定要收集哪些資料，如何收集以及如何分析這些數據，因此，研究設計就是進行實際研究的藍圖。它是一種直接研究（Primary Research），是為了實現具體研究目標而展開的原始研究。通過直接研究收集到的資料就是原始數據（一手資料，Primary Data）。研究設計首先要確定所要使用的研究方法。基本的研究方法分為定量研究和定性研究兩大類。研究方法的選擇要基於研究目的，如果需要描述性信息，就可以採用定量研究；如果想獲得新觀點，可採用定性研究。

（1）定量研究方法

定量研究又稱量化研究，主要採用定量的尺度和量表來評估消費者的反應。根據研究者所要評估的屬性，樣本分別給定一個數量的值。研究者可以根據這些評估的數值，進行屬性間的比較或樣本間的比較。同時，量化的數據也可允許研究者將樣本全體的數據進行加總，以得到整體的數值。定量研究常使用的方法包括觀察研究法、調查研究法和實驗研究法。

①觀察研究法（Observation Research）是消費者研究的一種重要方法，是通過觀察被研究者的相關的行為與背景來收集資料的方法。通過觀察人與產品之間的相互作用，研究者可以更好地理解產品對於消費者的意義，也可更深入地洞察人與產品之間的聯繫。

觀察研究法可以分為兩種：參與觀察和非參與觀察。參與觀察（Participation Observation）是觀察者實際融入被觀察者中來進行觀察，如研究者以店員或顧客的身分來觀察消費者在零售店裡的選購行為。非參與觀察（Non-participation Observation）是觀察者並不融入被觀察者之中，如運用機械或電子設備在商店、商業街或消費者家裡進行錄像，跟蹤消費者行為。這種方法只是單純的觀察，研究者與被研究者之間沒有互動關係，但能夠看到消費者真正做了什麼，而不是消費者報告自己做了什麼。

當消費者越來越多地使用高便利性的技術如信用卡、自動取款機、購物卡、自動電話系統與在線購物時，也就有了更多關於他們消費方式方面的電子記錄。如某些研究人員運用網路跟蹤軟件技術來觀察消費者在網路上做了什麼，如消費者訪問了哪些網站、瀏覽了哪些網頁、在每個網站停留多長的時間以及相關的數據。研究人員通過分析消費者的瀏覽習慣，可以確定如何令網站變得更加友好、製作更精美的在線廣告

以及開展其他基於網路的行銷活動。

②調查研究法（Survey Research）是指研究人員通過詢問獲得消費者的購買偏好和消費體驗的一種研究方法。調查研究法可以分為郵件調查、電話調查、個人訪談、在線調查四種，如表1.3所示。這些調查方法各有優缺點，研究者在選擇時要加以權衡。

表1.3　　　郵件調查、電話調查、個人訪談和在線調查的優劣勢比較

	郵件調查	電話調查	個人訪談	在線調查
成本	低	適中	高	低
速率	慢	即時	慢	快
反應率	低	適中	高	自我選擇
地理適應性	優秀	好	困難	優秀
訪問者偏見	無	適中	有問題	無
訪問者監督	無	容易	困難	無
反應質量	有限	有限	優秀	優秀

郵件調查（Mail Survey）的操作是把問卷直接寄到個體家中，能夠快速地接觸到大量的樣本。郵件調查的主要問題是回收率低。研究者可以採用先通知再發問卷，饋贈小禮品或促銷券，提供貼上郵票、寫好回信地址的信封等方法以提高回收率。

電話調查（Telephone Interview）能夠獲得受訪者的立即回應，也能有效接觸到大量的樣本，但受訪者可能很冷淡甚至懷有敵意。與和人交談相比，許多受訪者並不願意與電子聲音相互交流。

個人訪談（Personal Interview）的最大好處是能深入地探討問題，對一些較複雜或情緒性的問題極為適合；缺點是昂貴又費時，訪談者的外形、性別與訪談技巧會大大影響受訪者或回收數據的品質。個人訪談分為三種：賣場訪談（Mall Interview），指訪談者到百貨店、零售商店、超市等賣場訪問；街頭攔截訪談（Intercept Interview），指訪談者直接在街頭攔截受訪者進行訪談；入戶訪談（In-home Interview），指訪談者到受訪者家中進行訪談。目前，街頭攔截訪談比家庭訪談運用得更廣泛，因為職業女性不在家的情況很多，而且很多人並不情願讓陌生人進入家中。

在線調查（Internet Interview）是被調查者直接通過計算機到研究者的網站回答問題，因此樣本帶有自我選擇性。在線調查一般要求被調查者完成一組人口統計學的問題，以便研究者進行分類研究。有些研究者認為互聯網的匿名性可鼓勵被調查者更直率和更誠實地回答問題，但也有一些研究者認為在線被調查者的回答並不能反應他們自己的想法和行為。

③實驗研究法（Experimental Research）也叫因果研究法，是控制一個或一個以上的自變量，使其他因素保持不變，探究自變量與因變量之間的關係的一種研究方法。研究者可用它來研究包裝設計、價格、促銷手段、廣告文案主題等變量與銷售吸引力之間的關係。實驗法需選出相對應的受試者的配對（如實驗組與控制組），分別給予不

同的變換或處理，並控制其他變量，然后檢測所觀測到的因變量是否具有統計顯著性差異。

實驗研究法可以分為實驗室實驗法和實地實驗法兩種。實驗室實驗法（Laboratory Experiments）是在受控的實驗室環境或非真實的商業或實際環境下進行，如可以將教室布置成賣場，來進行賣場布置對購買意圖的實驗研究。實地實驗法（Field Experiments）是指在真實的商業環境或實際環境下所做的實驗，如市場測試（Test Marketing）。新產品投放市場之前，研究人員在對其銷量進行預測與可能的市場反應進行測量時，包裝、價格、促銷都是可控的因素。

最新研究：Honest Tea[①] 的誠實指數實驗廣告

在 2012 年 8 月初，美國的瓶裝茶飲料公司 Honest Tea 就進行了一個考驗人們誠實指數的實驗性廣告活動。這個公司在全美 30 個城市的街邊設立無人看管的攤位，並放有不同口味的 Honest Tea 瓶裝茶，然后旁邊還有塊牌子寫著：「一美元一瓶，請把錢放到箱子裡。」當然，有現場路人主動付錢，也有人偷偷地就把飲料拿走了，而整個過程都被隱蔽的攝像機「記錄在案」。另外，公司為了這個活動還專門設立了網站，提出「誠實指數」的概念，通過數據分析能得出不同城市和人種的誠實度結果。這麼有趣的實驗當然能引起實驗觀眾的留意、觀看甚至主動推廣和討論視頻，據統計，在網路上這個廣告獲得近 2.8 億次的觀看量，形成病毒式傳播，觀眾的「強推」能產生足夠的話題性，而這自然也令媒體津津樂道，有包括《今日美國》《華盛頓郵報》《洛杉磯周刊》等 160 家媒體廣泛報導這個實驗活動。

（資料來源：谷虹，區瑞麟. 正在興起的行銷實驗劇［J］. 銷售與市場：管理版，2014（11）.）

（2）定性研究方法

定性研究又稱質化研究，指研究者採用定性的方法，並不將消費者的反應或答案局限在某一預設的答案架構和類別中。定性研究的答案大多數是言辭的數據，而非數量的數據。所以，定性研究的答案類別往往無法預先決定，甚至研究者也不知道有哪些可能的答案。定性研究的研究方法雖然有所不同，但它們都是根源於心理分析與臨床心理知識，它們都強調可以隨意修改的和可自由回答的問題，以刺激受訪者暴露出他們內心的想法與信念。定性研究的研究者必須經過專業的訓練。定性研究的方法主要有深度訪談、焦點小組、投射技術、隱喻分析技術、日記法。

①深度訪談（Depth Interview）是由專業的訪談者通過促使受訪者自由暢談他自己對於所研究的主題（例如產品類別或品牌）以及相關的活動、態度以及興趣，以瞭解受訪者本身的觀點的一種研究方法。深度訪談是一種非結構化的訪談，通常歷時 30 分鐘到 1 個小時。專業訪談者在確立要討論的主題之后，應該盡量減少自己的參與。在某些訪談中，研究人員希望瞭解消費者做出購買決策的過程，可以派專業訪談人員陪同消費者在百貨店裡購物，瞭解他們的想法。

---

① Honest Tea 是指美國的一家瓶裝茶飲料公司。

記錄訪談過程的手稿、錄像帶、錄像磁帶以及受訪者用來傳達其態度和動機的情緒、手勢或者「肢體語言」，如肌肉抽搐、煩躁、視線轉移、音調變化等，事後都要被仔細地研究。這種研究能給市場行銷者提供許多有價值的信息。

②焦點小組（Focus Group）是指研究者聚集 8～10 名受訪者，針對某一主題進行討論，而受訪者被鼓勵自由地表達他們對這一主題的看法的一種研究方法。焦點小組有一位分析主持與他們一塊討論，「聚焦」於一種特殊的產品或產品種類（或者其他有研究興趣的話題）。受訪者被鼓勵討論他們的興趣、態度、反應、動機、生活方式，以及對該產品種類的感情、使用體驗等。

一個焦點小組每次需要 2 個小時才能完成討論，可以錄音、錄像，通常在裝有單面鏡的特殊設計的會議室中進行。但研究者也開始使用基於計算機的焦點小組技術，受訪者可以在計算機房看到自己的評論以匿名的形式出現在大屏幕上。但匿名的做法無法觀察到傳統焦點小組中可以觀察到的面部表情、身體語言等非言語的反應。

焦點小組的受訪者在消費者特徵描述基礎上被招募而來，並可獲得一定的報酬。有時某企業品牌的使用者被聚集到一個或數個群體之中，他們的回答可以再和其他未使用過該品牌的受訪者進行對比。

與深度訪談相比，有的研究者喜歡焦點小組，因為只要花較少的時間就可以完成研究，同時他們感到隨心所欲的焦點小組和團體動力作用可以產生更多的新觀點。而有的研究者則更喜歡採用個體深度訪談，因為他們覺得受訪者沒有團體壓力，如果研究的課題是敏感的、可能令人尷尬的、保密的或情緒性的，那麼深度訪談比焦點小組更合適。

最新研究：塔吉特公司對焦點小組的運用

焦點小組的活動不一定在正式的研究室中進行。當塔吉特（Target）超市調查大學新生宿舍用品（這是一個價值 92 億美元的大學細分市場）的需求時，研究公司邀請高中生和大學新生小組到一名大學生的房間來玩一款以宿舍生活為中心的桌面游戲（Board Game）。在游戲過程中，參與者們交換各自的故事和問題，這些交流表露出他們對宿舍生活的關心和期望。

以這樣的研究為基礎，塔吉特公司推動了一條新的產品線——Todd Oldham 宿舍用品系列，其中包括廚具集中箱（基本的宿舍用廚具的組合）和印有水洗和干洗注意事項的洗衣袋。

（資料來源：韋恩 D 霍依爾，等．消費者行為學 [M]．劉偉，譯．北京：中國市場出版社，2008：22－23．）

③投射技術（Projective Technique）是借以通過其來找出消費者行為背後真正動機的方法。由於消費者會在意識層面掩飾很多動機，因此，研究者可以通過投射技術找出個體潛在的、真正的動機。不論是無意識的理性還是有意識隱藏的努力，這些動機都可以由一系列隱蔽的、包含各種不明確的刺激物的「測試」反應出來。常用的投射技術包括：

＊語句完成法（Sentence Completion）：要求將某一未完成的句子加以完成。如「我覺得可樂是一種（飲料）」。

＊單詞聯想法（Word Association）：要求被試自由回應某一字句，將出現在頭腦中的詞語記錄下來。如「情人節」。

＊卡通技巧（Cartoon Techniques）：要求被試將某一幅卡通畫內的空白對話填上或描繪某一卡通人物的想法。

＊墨跡測驗（Inkblot Test）：要求被試自由解釋墨跡的意思和含義。

＊角色扮演（Play Roles）：要求被試扮演他人的角色。如扮演「在大型百貨商場選購手袋的白領女性」。

投射技術可以與深度訪談、焦點小組一起合併使用。

④隱喻分析技術（Metaphor Analysis）是20世紀90年代出現的消費者研究的一種新趨勢。它的基本觀點是認為大多數的溝通是非語言性的，人們在考慮問題時不是用文字而是用意象來思考，意象比言辭更容易表達出內心的想法。研究者借助於圖片、繪畫、音樂、聲響、描述的使用來掌握消費者心中的意象。用一種表達形式來描述和展示對其他事物的感覺，這種方法就叫作隱喻（Metaphor）。利用隱喻對研究對象進行分析便是隱喻分析。

隱喻分析技術有多種。有的研究者要求消費者敘說（Storytelling）關於產品的經驗，敘說內容既可以是真實的經歷，也可以是假設情境下的故事。有些研究者採用的方法是出示關於消費者經歷的圖片，以幫助消費者聯想到自己的類似經歷並且提供更完整的報告。有的研究者要求消費者收集一批能夠反應其生活形態的圖片，以此為基礎詢問關於圖片及其背後的含義。還有一些研究者使用圖片來分析消費者對其他消費者或他們所使用的產品的感受，如一家轎車生產商會要求消費者將不同的轎車照片與不同類型的消費者進行對應等。研究者通過這些方法可以得到關於產品、商店、購買環境等有價值的信息。

⑤日記法是指研究者要求消費者記日記，披露其行為的深入信息，包括產品購買和媒體使用。如，研究者可能要求兒童和少年記日記，這些日記通常會披露朋友和家庭如何影響他們關於服裝、音樂、快餐、錄像、音樂會等的決策。研究公司NPD集團在全世界範圍內徵集200萬消費者在線記錄日記，漢堡王快餐連鎖公司利用NPD的系統分析不同年齡群體、地區和每天不同時段裡漢堡的消費情況，來改善市場定位或改進促銷、規劃新的產品以及其他行銷決策。

5. 設計數據收集工具

數據收集工具是作為研究設計的一部分被開發出來的，它使收集的數據系統化，並確保所有的被調查者按照系統的順序回答相同的問題。工具主要包括問卷、個人量表、編製的討論提綱、訪談指南等。

問卷是收集數據的主要工具。問卷要求被研究者對一系列預定的研究問題做出回答。問卷可以根據其真實目的分為隱蔽與非隱蔽問卷兩類，隱蔽性問卷有時會得到更誠實的回答。研究者通過問卷必須能夠獲得研究所要的信息，所以，問卷的題目應容易瞭解並具有明確的目標。問題可以是開放式的或封閉式的：開放式問題可產生更多

的有深刻見解的信息，但是編碼與分析也相對困難些；封閉式問題相對容易編碼和分析，但所提供的選擇性答案受到較大的限制。問題的排序很重要：問題必須按邏輯順序繼續下去；人口統計學問題應該放在最後。研究者通常要告訴被調查者該調查的保密性和匿名性。

　　個人量表也是收集數據的一種主要工具。個人量表會陳列一連串的陳述，而要求被試針對該陳述表示同意或不同意的程度。常見的個人量表很多，如衡量一個人在扮演意見領袖上的意見領袖（Opinion Leadership）量表，對事情是否會窮追到底的認知需求（Need for Cognition）量表，用來收集消費者對展示的一系列產品屬性的相對感覺與評價的態度量表（Attitude Scales）等。最常用的態度量表包括李克特（Likert）量表、語義差別量表、行為傾向量表和等級順序量表。

　　討論提綱、訪談指南大多用在定性研究中，例如焦點小組、深度訪談都需要先擬出一個討論提綱，如表1.4所示。討論提綱為研究者在進行群體討論或一對一訪談上提供了一個參考依據。

表1.4　　　　　　　　　　焦點小組討論提綱（示例）

1. 你為什麼決定使用當前的產品？
2. 你使用現有產品多久了？
3. 你轉換過其他產品嗎？什麼時候、什麼原因促使了這種轉換？
4. 你認為當前的產品服務質量如何？
5. 你選擇產品的主要標準是什麼？

　　不論哪種數據收集工具，通常都要做預調查並修改有缺陷的部分，並保證研究的信度和效度。

6. 定義抽樣程序

　　當研究者決定了收集原始數據的工具後，下一步就是決定如何去選擇一個樣本，這就是抽樣（Sampling）。抽樣的目的就是以樣本來代替母體，因為普查會花費很多的精力和經費。

　　抽樣設計強調三個問題：抽取誰（樣本單位）、抽取多少（樣本量）以及如何抽取（抽樣程序）。研究者首先要界定研究母體的內涵，這樣才知道抽樣的對象是誰。樣本量取決於預算的大小與對該研究的信度的要求。抽樣的方法有兩種：一是概率抽樣（Probability Sampling），可以把結果推廣到整體人群；二是非概率抽樣（Nonprobability Sampling），可以讓結果反應有「代表性」的人群。抽樣方法如表1.5所示：

表1.5　　　　　　　　　　抽樣的方法

概率抽樣	
簡單隨機抽樣 （Simple Random Sampling）	母體中每一個體被抽中的機會都相同
系統隨機抽樣 （Systematic Sampling）	研究者將母體排列成相同個數的許多區間，自每一區間以等距離方式抽出樣本

表1.5(續)

分層隨機抽樣 (Stratified Sampling)	研究者在抽樣前先將母體區分成若干層，然後從每一層中隨機抽取一些個體作樣本
整群隨機抽樣 (Cluster Sampling)	研究者在抽樣前先將母體分成許多群，然後隨機抽取一定數量的群為樣本
非概率抽樣	
便利抽樣 (Convenience Sampling)	研究者選擇最容易獲得的人群成員（如學生），從他們身上獲取信息
判斷抽樣 (Judgemental Sampling)	研究者使用自己的判斷去選擇人群成員，認為他們是正確信息的理想來源
配額抽樣 (Quota Sampling)	研究者在幾個類別中選擇規定的人進行訪談（如50個男性，50個女性）
滾雪球抽樣 (Snowball Sampling)	研究者利用隨機方法先選出少數受訪者，然後根據受訪者提供的信息去找第二批受訪者，像滾雪球一樣產生新樣本

7. 實際收集數據

研究者進行數據收集，可以用自己的研究機構，也可委託外部的機構來進行，如委託學術機構、廣告公司、專門的消費者研究或行銷研究公司。公司的內部人員必須與所委託的研究機構共同工作。

數據的收集包括了許多前期的準備工作，如問卷印製、問卷郵寄、訪員招募、訪員甄選、訪員訓練以及工作的分配等。如果使用訪員來收集數據，要特別注意訪員的訓練好壞會直接影響研究的成敗。訪員的訓練包括如何開場，如何維持受訪者興趣，如何處理特殊事件以及如何避免對樣本產生不當影響等。

8. 數據的分析與解釋

研究者在收集完數據後，就進行數據分析，分析的目的是解釋並且從大量的資料中找出結論，以解決所要研究的問題。分析數據大概分為以下幾項工作：

（1）數據編碼：將問卷的數據轉換成數字符碼，以便后續的統計分析。

（2）統計分析：根據研究目的及資料性質，選擇適合的統計分析技術或方法，來進行統計分析。此部分可借助於計算機標準程序及套裝的統計分析軟件。目前運用較普遍的統計分析軟件包有 SAS、SPSS 等。

（3）解釋與驗證：根據統計分析的結果來驗證研究假設、進行統計推論並解釋研究發現與結果；同時更應進一步衍生及推論其管理上的含義，此種含義往往具有行銷上的指引價值。

9. 準備與報告研究結果

數據分析結束後，研究者就必須準備書面與口頭的報告，將結果與建議提供給管理當局或行銷主管人員，這是整個研究程序的關鍵步驟。如果研究人員希望管理當局去執行這些建議，就必須讓管理當局明白這些結果是可信的而且是經過客觀的資料收集與判斷得出來的。

報告的內容必須清楚具體。報告首先要對研究目標進行簡單的說明，再針對研究設計與方法做完整、簡練的解釋，並對主要的研究結果進行摘要報告，最后的結論應是對相關管理者的建議。

10. 后續跟進工作

消費者研究的最后一個步驟是后續跟進工作，研究人員必須知道管理者是否執行或為何不執行報告上的建議，提供決策的信息是否足夠，應再做哪些事情可讓報告的內容對管理者更為有用。確認研究建議的執行是落實研究結果的一項重要任務。

(三) 消費者行為研究中的倫理問題

消費者行為研究中最大的擔憂是可能侵犯消費者隱私。消費者擔心研究人員對他們瞭解過多，個人資料、財務資料和行為資料都可能在不知情或未經允許的情況下被出售給其他企業或用於不正當的用途。

另外，不道德的研究人員可能有詐欺性的行徑。如：研究的發起機構名義上是非營利機構，實際上是營利機構；研究人員承諾受訪者對回答保密，實際上卻在答案中加入個人信息，事後跟蹤受訪者。

小資料：消費者行為研究的道德準則

邱吉爾（Churchill，1996）曾提出一些與研究相關的道德議題，這些議題也是消費者行為研究者應該遵守的研究道德準則：

- 維護樣本的匿名性。
- 避免讓樣本陷入一種心理壓力的抉擇中。
- 避免詢問一些與樣本自身利益相違背的問題。
- 使用一些特殊設備時必須小心。
- 當必須有一些其他的研究參與人時應該先取得樣本同意。
- 當必須使用欺騙手法時，必須是基於善意的。
- 脅迫是不道德也是不容許的。
- 不可剝奪樣本自我決定的能力。

本章小結

消費者的行為由需要所驅動，既包括滿足生理需要的本能性消費，也包括滿足享受、發展需要的社會性消費。消費者行為是指個人或群體為滿足需要或慾望而選擇、購買、使用或處理消費者為獲取、使用、處置產品或服務所採取的各種行動，包括先於且決定這些行動的決策過程。消費者行為雖然多樣、複雜，但仍具有規律性，可以加以誘導。影響消費者行為的是個體心理因素和環境因素。

消費者行為學是一門以消費者行為為主要研究對象的學科。自產生以來，經歷應用發展、變革與創新，消費者行為學的研究不斷深入，至今仍面臨網路時代帶來的諸多新問題。消費者行為研究是行銷決策和制定行銷策略的基礎，為政府公共政策的制

定提供依據，同時也為消費者本身帶來利益。

消費者行為學是一門相當年輕的學科，從心理學、社會學、社會心理學、人類學、經濟學等諸多學科領域吸取營養。實證主義和闡釋主義是消費者行為的兩個研究範式。消費者行為的研究應遵循特定的研究過程，注意定量研究與定性研究相結合。

關鍵概念

消費者　消費者行為　消費者行為學　實證主義　闡釋主義

復習題

1. 什麼是消費者行為？如何理解消費者行為的特點？
2. 識別下列商品或服務的可能的倡議者、信息收集者、影響者、決策者、購買者、使用者和處置者，這些購買角色會隨哪些因素變化而變化？
(1) 兒童玩具；(2) 電腦；(3) 全家外出度假；(4) 洗髮液；(5) 飲料。
3. 列舉你的一次被誘導的消費行為，分析並評價企業的誘導活動。
4. 消費者行為學的產生和發展經歷了哪三個階段？
5. 消費者行為研究對於行銷有何意義？請結合現實行銷活動舉例說明。
6. 消費者行為研究的範式是什麼？闡述消費者行為研究的過程。
7. 消費者行為研究的定量研究方法、定性研究方法分別有哪些？

實訓題

準備：組建項目研究小組，每組7~8人，男女生搭配，以小組為單位提交研究報告，用演示文稿（PPT）展示。

項目1-1　運用訪談法研究瞭解消費者行為的意義

拜訪一位銷售經理或店主，請他或她談談瞭解消費者行為對銷售活動或經營活動所起的作用。要求：以小組為單位，擬定訪談提綱，每個小組成員採用深度訪談法收集資料，提交研究報告。

項目1-2　設計消費者行為研究計劃

假設你去應聘一家家具公司的銷售主管。該家具公司正打算進行一次消費者行為研究，以找出目前行銷活動中存在的問題，要求你提供一份研究計劃。你將如何進行研究？要求：以個人為單位提交研究計劃，重點闡述你的研究假設、研究設計、數據收集工具、定義抽樣程序四個方面。

案例分析

宜家數字可視化導流

宜家和雅虎澳大利亞網站、數據分析公司安客誠公司（Acxiom）合作，研究建立新的行銷模式，以觸達更多購買宜家廚房用具及相關產品的客戶。

首先，針對購買廚房用具的客戶，宜家建立了一個數據庫。宜家推出「我的廚房我做主」（My Kitchen Rules）真人秀廚藝節目，並以此發起一系列線上推廣活動。參與者告知在未來的居室改造中，改造的優先次序如何，就有贏得一次新廚房免費裝修的機會。宜家通過此次推廣活動，識別出「廚房優先」的客戶。

宜家將「廚房優先」的客戶和數據分析公司 Acxiom 的數據進行匹配，創建廚房優先細分客戶群體檔案。然後，宜家運用這些目標數據，與雅虎澳大利亞網站的客戶數據比對，找出那些極為相似的客戶，並進一步通過廣告把他們鎖定。

宜家找出那些觀看過宜家廚房用具廣告的客戶，將這些受眾信息和澳大利亞 120 萬宜家家庭（Ikea Family）忠誠度客戶數據庫進行比對，研究這些觀看過宜家廚房用具廣告的客戶的購買行為和那些沒有觀看過廣告的客戶的購買行為，最終瞭解媒體投放對廚房用具銷售的直接影響。

這項線上行為對線下行為影響的研究效果顯著。通過創建定制化的「網上用戶轉化」系統，宜家可以更好地瞭解、追蹤網站瀏覽者，業務比上一年增長了 91%，且每筆交易成本降低了 51%。

討論：
1. 宜家對消費者行為的深入研究有何意義？
2. 評價大數據分析在消費者行為研究中的作用。

第二篇
消費者決策過程

第二章　需要認知與信息搜尋

本章學習目標

◆ 掌握消費者購買決策過程
◆ 掌握消費者購買決策類型
◆ 掌握需要認知的影響因素
◆ 掌握信息來源、信息搜尋類型

開篇故事

H5 大爆炸時代，如何玩出行銷新境界？

要論 2014 年哪個傳播模式最吸引大眾眼球，屢屢刷爆朋友圈、去年下半年突然發力的 HTML5（簡稱 H5）炫酷頁面絕對獨占鰲頭。在移動互聯網的江湖上，應用軟件（App）派和無線網頁技術（Web）派龍爭虎鬥已久。起初是 App 以良好的用戶體驗迅速獲得用戶芳心，享受無盡恩寵。不甘落后的 Web 派逐漸放棄傳統無線應用協議（WAP），推出了更加方便快捷的 H5 技術，但在強大的 App 面前近幾年來還是不溫不火。直到近年微信及其朋友圈的井噴式發展，H5 靠著無須下載、即點即用的特性迅速上位，Web 終於成功逆襲。

也似乎就在一夜之間，H5 市場燃起熊熊戰火。在各個企業的市場部、公關部、互動組和外協外腦團隊中，能否策劃和製作優質的 H5 頁面、進行 H5 行銷，突然成為一項衡量「能耐大小」的硬性指標。這邊，百度、騰訊、360、搜狐等互聯網巨頭紛紛押寶 H5；那邊，雲來、易企秀、火速輕應用、未來應用等一些創新公司全力打造 H5，也迅速成長起來。

什麼是 H5 行銷？H5 就是 HTML5 的簡稱，HTML 是一種製作萬維網頁面的標準計算機語言，HTML5 則是指 HTML 的第五次重大技術修改，其標準規範於 2014 年 10 月 29 日最終制定並在全球推行。可以說，標準規範，給 H5 的火爆奠定了非常重要的基礎，因為對於互聯網世界而言，標準規範幾乎就是生命線。H5 的主要性能是超強的兼容、超大的儲存、賦予網頁多媒體特性、三維圖形製作以及具備 3D 功能。

不過，這些僅是 H5 在時下忽然火紅的「左翼」，H5 火紅的「右翼」則是移動互聯網近來如燎原之勢迅速普及開來導致被廣泛應用的微信，其裡面有很多模塊使用 H5 技術，比如微信公眾帳號，這使 H5 有廣泛的群眾基礎。

在微信的朋友圈中，除了圖片和文字以外，能發送進去和朋友們分享的，都是網頁。人們過去一般都是分享公眾帳號的一篇文章，但很快，商業組織們意識到，如果把他們的商業信息做得有趣鮮活些，借助用戶們的分享，傳播效率會高很多。於是，我們能看到今天的朋友圈裡上乘的 H5 製作，比如會議邀請、組織招聘、產品上市、品牌圖文傳播等活動策劃與廣告。

2014 年 11 月 6 日，聯想官方微信發布「聯想手機平板小 S」的 H5 應用產品篇——《夠實力，哪裡都是主場》，半小時內瀏覽量便突破 2 萬次，還被「社交移動風雲榜」收錄。這款手機 H5 應用的引爆點在於「充分交互」。除了美工和音樂外，它把「搖晃」「碰觸」「視覺差異」這些交互手段結合產品「輕薄」「高清」的特點表現出來，觸感極好，其場景應用的亮點在於搖晃使羽毛飄落、點擊氣球使其膨脹，最後再落地呈小 S 的字樣。聯想用觸覺和視覺彌補人面對屏幕時「質感」的不足，推動用戶進行下一個操作，從而達到非常好的引流效果。

不過，聯想手機平板小 S 的 H5 應用，在去年 H5 行銷中並不算是最閃亮的。

2014 年 10 月，百度推出了一款品相很高端的輕應用——百度「智」呼吸（iBreath）。只用三步，就能直接檢測你呼吸的所有指標。在手機上居然也能體檢了！這讓人直呼好神奇！第一步，把手機水平放好，調整好重力感應；第二步，深呼吸；第三步，對著手機下方吹一口氣。幾秒鐘后，你的健康值就出來了，同時附有這口氣各種成分的數值，非常全面。這款 H5 的應用功能的突破性體驗，號稱「帶領用戶進入健康自檢時代」，用戶火速突破 5 億。對於整個移動互聯網而言，這無疑是移動互聯網時代用戶體驗的又一次重大突破。

（資料來源：吳勇毅. H5 大爆炸時代，如何玩出行銷新境界？[J]. 銷售與市場：管理版，2015 (4).）

第一節　消費者決策的類型

一、購買決策的含義及特點

(一) 購買決策的定義

一般意義的決策（Decision-making），是指人們為了達到某一預定目標，在兩種以上的備選方案中選擇最優方案的過程。即人們對幾種方案做出合理的選擇，以達到最佳效果的過程。

就消費者而言，購買決策是指消費者作為決策主體，為了實現滿足需求這一特定目標，在購買過程中進行的評價、選擇、判斷、決定等一系列活動。

購買決策在消費者購買行為活動中佔有關鍵性地位。首先，消費者決策進行與否，決定了其購買行為發生或不發生；其次，決策的內容確定了購買行為的方式、時間及

地點；最后，決策的質量決定了購買行為的效用大小。

因此，正確的決策會促使消費者以較少的費用、精力，在短時間內買到質價相符、稱心如意的商品，最大限度地滿足自身的消費需要。反之，質量不高或錯誤的決策，不但會造成時間、金錢的損失，還會給消費者帶來心理挫折，對以后的購買行為產生不利影響。所以決策在購買行為中居於核心地位，起著支配和決定其他要素的關鍵作用。

(二) 購買決策的特點

消費者的購買決策具有某些共同的特點，具體表現為：

1. 決策主體的單一性

由於購買商品是滿足消費者個人或家庭消費需要的個體行為活動，因而通常表現為消費者個別的獨立的決策過程，即由消費者個人單獨決策，或由家庭成員共同制定決策。

2. 決策範圍的有限性

由於購買決策多是解決如何滿足消費者個人及家庭的需要問題，因而同其他事項的決策相比，消費者的決策範圍相對有限，僅僅限於購買何種商品、購買時間和地點、購買方式等方面的決策上。

3. 影響決策因素的複雜性

影響購買決策的因素複雜多樣，既有消費者的個性品質、興趣愛好、態度傾向、生活習慣、收入水平等個人因素，又有社會時尚、所屬相關群體、社會階層、家庭等環境因素。

4. 決策內容的情境性

由於影響決策的各種因素不是一成不變的，而是隨著時間、環境的變化不斷發展變化的，因此，消費者的決策具有明顯的情境性，其具體內容方式因所處情境不同而各不相同。這就要求消費者在決策時，不能從固定模式出發，而必須因地制宜，具體情況具體分析，唯有如此，才能得出正確的結論。

二、制定購買決策的程序

消費者的購買決策是在特定心理機制驅動下，按照一定程序發生的心理與行為活動過程。這一過程包括若干前后相連的程序或階段（見圖 2.1），消費者購買決策的運行規律即蘊涵於這些程序之中。

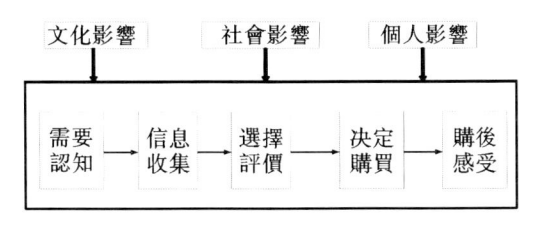

圖 2.1 消費者的購買決策基本程序

消費者決策過程大致分為如下五個階段：

（一）需要認知

需要認知即消費者受到某種刺激而對客觀事物產生慾望和需求。這種刺激來自兩個方面：一是來自消費者內部的生理及心理缺乏狀態，如饑餓時產生進食的需要，干渴時產生飲水的需要，體冷時產生穿衣的需要等；二是來自外部環境的刺激，如食物的香氣撲鼻，商品包裝的賞心悅目，廣告的宣傳誘導，時尚領先者的示範效應等。

內外部刺激共同作用的結果，也可引發消費者的某種需要。這一過程即識別需要階段。

（二）信息搜尋

識別需要即是確定目標。消費者在購買目標已經確定的前提下，開始圍繞目標廣泛搜尋相關信息，以便尋找滿足其消費需要的最佳的目標對象。常用的方法有翻閱報紙、雜誌上的信息，收看電視、電臺的廣告，去商店觀察實物，直接向廠家詢問，向同事、朋友諮詢，上網查找商品信息等。消費者搜尋信息的快慢取決於幾個因素：對所需商品的迫切程度；對該商品的瞭解程度；選錯信息承擔風險的大小；信息資料取得的難易程度等。

（三）方案評價

在搜尋到足夠的商品信息後，消費者要根據個人的經濟實力、興趣愛好及商品的效用滿足程度，對購買客體進行認真的分析、評價，對比它們的優缺點，淘汰某些不滿意或不信任的商品類型和品牌，然后對所確認的品牌進行價格、質量、售后服務的比較、推敲，以便挑選出最佳性價比和最大滿足度的商品。

（四）實施購買

當消費者對掌握的商品信息經過分析、評價和挑選之後，就進入決定購買階段。一般有以下三種性質的購買決定行為：

1. 試購

由於消費者沒有實際消費經驗，難免心存疑慮。為減少風險，購買者常常先購買少量商品試用，如少量的洗滌劑、小瓶的洗髮液等，以證實商品是否貨真價實。

2. 重複購買

消費者對於以前購買且產生良好體驗的商品會繼續購買，這種重複購買行為會減少因決策不當而帶來的購買風險，同時增強對產品的忠誠度。

3. 仿效購買

消費者因多種原因難以做出有效決策或對自身決策缺乏信心時，有可能採取從眾行為，仿效他人或大多數人的購買選擇，以減輕心理壓力和避免不良后果。

（五）購后評價

消費者使用所購商品后，會根據自己的感受進行評價，來驗證購買決策的正確與否。由上述決策程序可以看出，消費者購買決策是一個完整的過程，這一過程始於購

買之前，結束於購買之后。因此，只有從過程的角度加以分析，才能對消費者購買決策做出完整準確的理解。那種以為決策只是購買中瞬時活動的認識顯然是片面的。

三、購買決策類型

根據消費者決策的複雜程度，從高到低，消費者決策可以分為三種層次類型：擴展型決策（Extensive Problem Solving）、有限型決策（Limited Problem Solving）和名義型決策（Routinized Response Behavior）。

（一）擴展型決策

當消費者沒有建立好的標準來評估商品種類或那個種類中的具體品牌，或者當消費者沒有壓縮品牌的數量時，會考慮一個小的、易於管理的子集，他們制定決策的努力就可以被劃分成擴展的問題解決。在這個層次，消費者需要大量信息來建立一系列可以評估具體品牌的標準，同時還要建立和每個品牌相關的大量信息。

在這種類型的決策中，消費者無論是通過記憶（內部搜尋），還是通過外部渠道（外部搜尋），都試圖盡可能多地搜尋信息。通常人們是通過考慮一個品牌在一段時間內的特徵以及每個品牌的特徵是如何形成一個受歡迎的特徵子集來進行評估的。

（二）有限型決策

在這個決策層次，由於以往的經驗，消費者已經建立了評估產品類別和類別中多種品牌的標準，但是沒有完全形成在一組品牌中的偏好。他們對附加信息的搜尋更像是「完美的調整」，他們必須收集額外的品牌信息以便在眾多品牌中分辨到底更傾向於哪個品牌或產品。

例如，一個家庭重新購買電視機的時候，已經形成了對原有電視機的認識，所以並不一定必須從頭開始理解和認識要購買的電視機的色度、音質、清晰度等基本特徵，而是在原來的基礎上形成對新購買電視機的期望。消費者大部分決策都屬於這種類型。

（三）名義型決策

在這個層次，消費者已經有了產品類別的經驗，並且很好地建立起了一系列評估他們所考慮的品牌的標準。在某些情形下，他們可能會搜尋少量額外信息；在另外的情形下，他們只是簡單地重複他們已經做過的決策。

隨著消費經驗的累積，消費者越來越熟悉購買方案，從而搜尋信息的努力減少了。但是，如果在常規的問題解決過程中消費者對原來方案不滿意，追求多樣或新奇性，那麼，決策又由名義型決策轉到有限型決策。

總而言之，消費者認知自己需要的擴展度依賴於所選擇的標準建立得如何，對考慮的每個品牌有多少瞭解，會做出選擇的品牌範圍有多窄。很明顯，擴展型決策暗示消費者必須搜尋更多信息來做出選擇，而名義型決策暗示消費者對額外信息的需求很少。

第二節　需要認知

一、需要認知的定義

需要認知（Need Recognition）即消費者受到某種刺激而對客觀事物產生慾望和需求的過程。

消費者對某類商品的購買需要源於消費者自身的生理或心理需要。當某種需要未得到滿足時，期望狀態與實際缺乏狀態之間的差異會構成一種刺激，促使消費者發現需求所在，認知需求的內容，進而產生尋求滿足需求的方法、途徑的動機。

引起消費者認知需求的刺激主要來源於兩個方面：一可以來自個體內部的生理或心理缺乏狀態，如饑餓、寒冷；二可以來自外部環境的刺激，如食物的賞心悅目、包裝的精致可愛、流行的時尚、他人的購買等。內外部的共同刺激也可以引發消費者的某種需求。

經內外刺激引起的消費者對自身需求的正確認知，起著為決策限定範圍、明確指向的作用，因而是有效決策的前提。

二、影響需要認知的因素

為認識消費問題，人們對期望狀態與實際狀態之間的不一致性的認識必須在閾限水準（消費者感覺的最低水平）以上，這樣才能激活慾望和需求。激活需求的因素有：

1. 情況的變化

情況的變化不僅影響期望狀態，也影響實際狀態，從而激活需求。例如，年底獲得的獎金 15 萬元可以刺激消費者購買轎車的需求。

2. 產品的獲得

獲得（購買）某一產品可以引起或激活相關產品的需求。例如，家具的購買可以刺激對壁紙、油漆等相關產品的需求。

3. 產品的消費

經常消費的生活用品消費（使用）以後又產生新的需求。例如，牙膏用完以後就得重新購買牙膏。消費過程中的愉快體驗，如一次美好的旅遊，也會激發新的需求。

4. 市場行銷活動

雖然市場行銷活動不能創造消費者的需要，但是可以刺激消費者的需要，激活慾望。也就是說，企業的市場行銷活動可以刺激消費者沒有認知的需求，從而向消費者提供認知新需求的機會。

第三節　信息搜尋

在認知需求的基礎上，消費者受滿足需要的動機驅使，開始尋找各種解決問題的方案。為使方案具有充分性與可靠性，消費者必須廣泛搜尋有關信息，包括能夠滿足需要的商品種類、規格、型號、價格、質量、維修服務、有無替代品、何處何時買到等。

上述信息可以通過各種渠道獲得，如報紙、廣播、電視、雜誌、街頭招貼等宣傳媒介提供的廣告，交談、會議、道聽途說等口碑傳播提供的信息，個人記憶存儲或經驗中的信息，從他人或群體行為方式中獲得的啟示等。消費者在廣泛搜尋的基礎上對所獲信息進行適當篩選、整理加工，即可建立解決問題的多種方案。

一、信息搜尋的來源

（一）內部信息

消費者在購買之前必須進行相關的信息搜尋，信息的搜尋可以來源於內部或者外部。內部信息是儲存於消費者記憶中的信息，這部分信息大多是來源於消費者記憶中的消費經驗。

（二）外部信息

消費者從他們所處的環境中獲取的信息，如廣告、售貨員、朋友和鄰居的口碑相傳，以及一些政府部門和消費者保護組織的商品信息公告等，即外部信息。

二、內部信息搜尋

（一）內部信息搜尋中的產品品牌集合

消費者從內部搜尋的信息大多是來源於消費者記憶中的消費經驗。當消費者對某種商品有需求時，可以通過從記憶中提取以往對供選擇品牌的使用信息形成挑選的集群，稱之為內部信息的產品品牌集合。

對於消費者所面臨的問題，在市場中可能有多個解決方案，即有多個品牌，消費者會根據自己對產品的評價標準以及所搜尋到的信息對多個品牌進行篩選。這種篩選並不涉及同類商品的所有品牌，而是有一定的選擇性。

如圖 2.2 所示，意識域是消費者知悉或意識到且有可能作為備選品的品牌。而意識域又被分為三個區域：激活域、排除域和惰性域。激活域是消費者為了解決某一特定問題將要進行評價的品牌，激活域中的品牌才是消費者要逐一評價的品牌。消費者認為完全不值得進一步考慮的品牌就構成了排除域。排除域中的品牌是消費者不喜歡和不予考慮的品牌。即使有關這些品牌的信息唾手可得，它們也會被置之一旁。消費者既不厭惡也無特別好感的品牌就是惰性域。

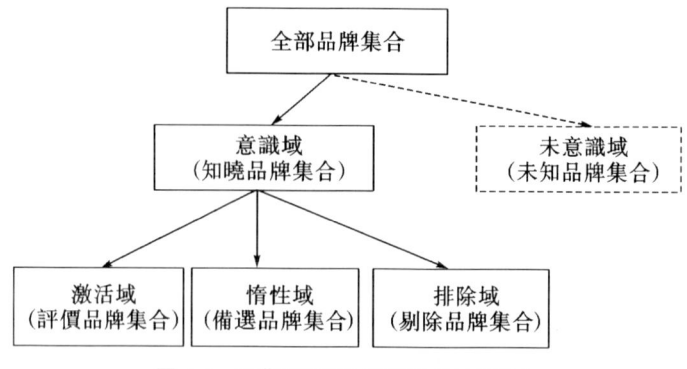

```
                        ┌──────────────┐
                        │  全部品牌集合  │
                        └──────┬───────┘
                     ┌─────────┴─────────┐
              ┌──────┴──────┐      ┌─────┴──────┐
              │   意識域    │      │  未意識域   │
              │(知曉品牌集合)│      │(未知品牌集合)│
              └──────┬──────┘      └────────────┘
           ┌─────────┼─────────┐
    ┌──────┴──┐ ┌────┴────┐ ┌──┴──────┐
    │ 激活域  │ │ 惰性域  │ │ 排除域  │
    │(評價品牌│ │(備選品牌│ │(剔除品牌│
    │  集合) │ │  集合) │ │  集合) │
    └────────┘ └────────┘ └────────┘
```

圖 2.2　消費者購買決策過程的品牌集合

（二）影響內部信息搜尋的因素

1. 需求是否被喚醒

消費者是否會有意識地發起內部信息搜索，取決於消費者是否意識到自己某種需要未得到滿足。當他意識到自己的期望狀態與實際缺乏狀態之間存在著差異時，這種差異就會構成一種刺激，促使消費者發現需求所在，認知需求的內容，進而尋求信息來滿足需求。

2. 驅動力的強弱

如果發現自己處於不滿足的狀態，並且改善這種不滿足狀態的意圖很強烈，消費者的內部驅動力就會很強，會主動搜索內部和外部信息來改善自己的狀況。

3. 儲存的信息量

即便是消費者處於需求未被喚醒或者動機不強烈的狀態下，外部新異的刺激也會給消費者留下印記。在適度主動或被動收集的狀態下，消費者會將這些信息保留在記憶中以供後期搜索使用。存儲的信息量越多，消費者能從內部搜索獲得的決策支持越大。

4. 信息的適合性

信息的適合性取決於對購買結果的滿意度和購買間隔。消費者對購買結果滿意度高的時候就很可能回憶起購買過的產品品牌，從而做出習慣性的購買。另外，購買間隔越長，消費者改變原來購買方案的可能性越大。

三、外部信息搜尋

（一）外部信息來源

外部信息來源分為行銷人員控制的來源和非行銷人員控制的來源。非行銷人員控制的信息來源也稱為非商業的信息，是指產品的信息來源背後與商業企圖無關，主要包括經驗來源、個人關係來源以及公共來源。

1. 經驗來源

經驗來源是指消費者通過個人親身體驗獲取信息，如消費者親自到商場體驗、嘗試，或者曾經購買並使用過某種商品而獲取信息。消費者最信賴的信息來源就是經驗

來源。一些烤箱廠商在大商場裡提供麵包坯讓消費者現場動手操作烤箱烘烤麵包並品嘗，就是為了讓消費者通過親身體驗來獲取信息。

2. 個人關係來源

個人關係來源是指消費者通過個人關係獲取信息。個人關係來源包括朋友、同事、家人等。如消費者的親友過去的使用經驗或者消費者其他的參照群體所提供的信息和建議。這些信息來源的可靠性主要視消費者對這些群體的信任程度而定。消費者越信任的群體，所提供信息的影響力越大。

3. 公共來源

公共來源是指信息由交易雙方之外的第三者如大眾媒體、政府機構與其他非營利性組織等提供。例如，政府發布的商品檢驗標準、媒體對企業產品質量的報導、各級消費者協會及檢驗機構提供的檢驗報告等。公共來源的信息常被認為具有客觀性和公正性，因此往往受到消費者的信賴。

4. 商業來源

商業來源是指由行銷人員控制和發出信息。這類信息通常是企業和行銷人員為推銷產品而發出的，往往帶有強烈的商業企圖。這方面的信息主要包括廣告、促銷、人員銷售以及產品的標籤和包裝。由於商業來源的信息具有明顯的營利動機，所以消費者往往對其抱有懷疑態度。為此，有些廠商會試圖將商業來源的信息同其他來源的信息以混合的形式呈現。例如，一些藥品、保健品廠商將廣告以新聞短片或者軟文的形式發布，以減少消費者對商業來源信息的抵觸心理。

(二) 影響外部信息搜尋的因素

影響消費者搜尋信息行為的因素比較多，有內部信息擁有量、市場環境、情境因素、產品特性、個人因素等。

1. 內部信息量的多少

消費者通常在探尋與消費需求相關的信息的外部來源之前，會搜索他/她的記憶。過去的經驗被當作信息的內部來源。相關的過去經驗越多，消費者做決策所需要的外部信息就越少。

2. 市場環境

市場環境包括方案的數量（如可選擇的品牌數）、方案的複雜性（產品之間的差異）、方案的市場行銷組合、方案的完全性（新方案的出現）、信息的可用性、商店的分佈等。消費者能利用的備選方案（品牌、產品、商店等）數越多，消費者搜尋的信息也越多。但是在方案之間的類似性比較大的時候或者商店之間的距離比較遠的時候，消費者搜尋信息的程度就會較低。

3. 情境因素

這包括時間、空間或財政方面的因素和利用信息來源的可能性以及其他心理上或物理上的條件。如果在較短的時間內需要解決消費問題，消費者來不及搜尋更多的信息。如果為贈送禮物購買產品的時候，消費者為減少可感知的風險就會搜尋更多的信息。

在網路環境下，消費者能方便、快捷、準確地找到所需信息。

4. 產品特性

產品特性包括價格、可感知風險、方案之間的差異以及重要屬性的參數等。產品的價格越高，消費者可感知的風險越大。為減少或消除這些風險，消費者需要搜尋更多的信息。在產品之間有顯著差異的時候消費者也會搜尋更多的信息。一般情況下，消費者購買可感知風險大的產品（例如，價格昂貴、社會象徵性高、技術上複雜的產品）的時候會尋找更多的信息。

5. 個人因素

個人因素包括過去的經驗與知識、解決問題的方法、搜尋信息的方法、介入程度、對搜尋信息的感知利益與感知風險（Perceived Benefits and Risk of Search）以及人口統計特性（如收入水平、教育程度等）等。

本章小結

消費者購買決策是指消費者作為決策主體，為了實現滿足需求這一特定目標，在購買過程中進行的評價、選擇、判斷、決定等一系列活動。消費者的購買決策大致可分為需要認知、信息搜尋、方案評價、實施購買、購后評價五個階段。根據消費決策的複雜程度，消費者決策可以分為擴展型決策、有限型決策和名義型決策三種類型。

需要認知是消費者決策過程的第一個重要環節。需要認知即消費者受到某種刺激而對客觀事物產生慾望和需求的過程，需求既可以來自個體內部缺乏狀態的刺激，也可以來自外部環境的刺激。影響需要認知的因素既可能是情況的變化、產品的獲得、產品的消費，也可能是外部行銷刺激。

信息搜尋是消費者決策過程的第二個重要環節。消費者需求認知產生后，首先進行內部信息搜尋，當內部信息搜尋不足以解決購買問題時，展開相關的外部信息搜尋。內部信息搜尋和外部信息搜尋量的大小，取決於多種因素。

關鍵概念

消費者決策　擴展型決策　有限型決策　名義型決策　需要認知

復習題

1. 描述你最近的一次購買活動，請解釋你的購買決策過程。
2. 消費者購買決策分為哪三種類型？各有什麼特點？
3. 請分析在如下領域中大多數消費者首次購買某種產品或者品牌時會選擇何種決策方式，並說明理由。
   （1）口香糖；（2）洗髮水；（3）男士刮胡用滋潤霜；（4）地毯；（5）紙巾；（6）手機；（7）豪華小轎車。
4. 什麼是需要認知？影響需要認知的因素有哪些？

5. 消費者內部信息搜尋中的品牌集合是如何分類的？影響內部信息搜尋的因素有哪些？
6. 外部信息來源分為哪幾種？這些來源對消費者決策的影響力有何不同？為什麼？
7. 影響外部信息搜尋量的因素有哪些？討論在購買下列產品時，哪些因素可能導致外部信息搜尋量的增加，哪些因素可能導致外部信息搜尋量的減少。
（1）洗衣粉；（2）月餅；（3）外出旅遊；（4）手機；（5）運動鞋。

實訓題

準備：組建項目研究小組，每組7-8人，男女生搭配，選定以下某一產品類別，進行持續跟進研究。每一項目以小組為單位提交研究報告，用PPT展示。
（1）洗髮水；（2）電腦；（3）手機；（4）牙膏；（5）運動鞋；（6）牛奶；（7）飲料；（8）洗衣粉。

項目2-1　產品品牌集合研究

針對選定產品類別，每組成員列出對該產品類別的意識域、激活域、惰性域和排除域，並對結果進行統計分析並提出建議。

項目2-2　購買信息源研究

針對選定產品類別，每組成員描述並分析在購買該產品或服務時所使用的信息源，提出行銷建議。

案例分析

星巴克——自然醒、隨時隨地「冰搖沁爽」（Refresha）

在微信中加「星巴克中國」為好友，你只需發送一個表情符號，無論是興奮、沮喪、憂傷的，星巴克將即時回覆你的心情，你將即刻享有星巴克《自然醒》音樂專輯，獲得專為你的心情調配的曲目，感受自然醒的超能力，和星巴克一同點燃生活的熱情。星巴克又富有創意地推出了「星巴克早安鬧鐘」活動，以配合早餐系列新品上市。粉絲只需下載或更新「星巴克中國」手機應用，每天早上7～9點，在鬧鐘響起後的1小時內到達星巴克門店，就有機會在購買純正咖啡飲品的同時，享受半價購買早餐新品的優惠。消費者不只是購買星巴克產品或者在門店裡才能感受到星巴克的品牌文化，在生活中也能感受到，因為星巴克把自己的品牌文化變成了消費者生活的一部分，這是非常好的一種體驗。

星巴克在實施過程中，首先從全國的門店開始，讓經常光顧星巴克的顧客先成為星巴克微信公眾平臺的粉絲，然后再利用活動等方式讓粉絲自主推薦給自己的朋友，讓星巴克微信公眾平臺的粉絲短時間內得到了爆發，現在已達到20多萬。

討論：
1. 星巴克如何喚醒消費者的需要認知？
2. 星巴克微信公眾平臺在消費者信息收集過程中具有什麼樣的作用？

第三章　評價與購買

本章學習目標

- ◆ 理解消費者購買前評價程序的三個步驟
- ◆ 掌握消費者選擇評價的模式分類
- ◆ 掌握理性購買、衝動性購買、非店鋪購買的概念
- ◆ 掌握影響消費者店鋪選擇和店內購買的因素

開篇故事

一次購物的簡單思考

星期天早上起床，我看到床頭地上擺著的兩雙皮鞋，都無光澤。男人嘛，最講究皮包、皮帶、皮鞋三樣，皮鞋尤其重要，一雙有光澤、體面的皮鞋能讓人自信心提高不少。但房子裡好像沒有鞋油了，以前我都是在路邊擦鞋店裡保養，但今天覺得應該去買一盒鞋油放在房子裡。

打定主意，吃過飯後，我就轉到了小區旁邊的超市，剛到超市，就看到了雲南白藥牙膏的一個店外售賣點有促銷活動：買一盒150克牙膏送一盒牙膏，價格為23.9元。這一段時間我刷牙總是牙齦出血，一直想買雲南白藥牙膏，這次剛好遇到促銷活動，於是我問促銷員，我牙齦出血是什麼原因呢？促銷員竟然支支吾吾答不清楚，最後說可能是我牙刷太硬，我暗地裡搖搖頭，心想：好像和牙刷沒啥關係嘛！於是，我對促銷員說，等我從超市出來再買，現在買了進超市不方便，促銷員雖然有些失望，但感覺也無可奈何，於是我就進了超市。

超市一樓剛好是日化區和百貨區，我一進門就看到了紙巾的陳列區，剛好這幾天身邊的紙巾用完了，正好買一些。心相印手帕紙的陳列面積很大，但是包裝顏色和價格有很大區別，同樣的10包紙，有的賣8元，最低的才賣4.5元。我雖然知道一分價錢一分貨的道理，但這價格幾乎相差一倍，我也實在搞不懂是什麼原因，而且我也不想去耐心地看包裝上的說明，對比有什麼不同，於是我毫不猶豫地拿了4.5元一條的。

之後我繼續走，一個掛架上的產品吸引了我，是佳潔士的一款牙刷，定位是軟毛牙刷，而且中間的刷毛可以左右擺動，在包裝盒上有非常清晰的產品定位說明：專為敏感牙齒！我很動心，價格是13元，我也能夠接受，但我突然想到，我現在用的牙刷剛買一星期不到，買了這個，家裡的那個無法處理，還是再等一段時間再換吧，而且，這個牙刷這麼軟，刷牙感覺會不會不好呢？於是，我就繞過了這個掛架。

前面是牙膏的陳列區，我下意識地尋找雲南白藥牙膏，想確定一下外面售點的價格是不是真的促銷價。但我還沒有找到雲南白藥牙膏的時候，突然就被一款牙膏吸引了。因為別的牙膏都是橫向陳列，而這個牙膏是豎向陳列的，非常醒目，於是我好奇地看了看，這是佳潔士的一款專門護理牙齦的牙膏，價格15元。我拿著這個牙膏，心想，這個也剛好對症我的牙齦出血，價格也低，也有保障，要不用這個試試？但轉念又一想，還是算了，這種新品也不知道效果究竟如何，還是用雲南白藥比較靠譜吧。於是我又放下了牙膏。

旁邊是肥皂陳列區，我昨天洗澡換下的內衣剛好要洗，得買一塊肥皂。我先看到了汰漬，2.8元，100多克，我伸手便拿了一塊，但往前走了一步，又看到了雕牌，252克，3.6元。哪個便宜些？我一時也算不清楚，但我知道洗衣服的時候，肥皂大一些拿著舒服，小肥皂拿著很費勁，於是我放下汰漬，換了一塊雕牌。

這時，我突然想到我要買鞋油，於是我問旁邊的促銷員鞋油陳列區在哪裡，她給我指了地方我就走了過去。鞋油品牌很多，但我有點印象的只有紅鳥，我便伸手拿了一盒紅鳥，但另外一款鞋油吸引了我的目光，因為它的盒子上清晰地打著高亮、滋養字樣，這正是我需要買的鞋油。我拿著紅鳥的鞋油和這個比了比，紅鳥的上面打著防水、光亮、持久，好像在對皮鞋的滋養上，另外一個要好一些？但我又一想，這可能都是廠家宣傳的點吧，應該效果都差不多，這樣，還是拿紅鳥吧。又買了一個鞋刷，我就結帳出了超市。

出超市后，我又拐回到雲南白藥牙膏的售點，直接付錢買了一盒，還得到了一支護手霜贈品，此次購物結束。

以上純粹是從一個普通消費者的角度來描述購物的心理過程，但工作多年，職業習慣促使自己又梳理了一遍購物的過程和幾個品牌的表現，總結如下：

（1）每一個進店的顧客都會是一個巨大的利潤來源，此次購物我本打算只買一盒鞋油和一支鞋刷，按價格算下只有7.3元，但最后我實際花費了39.5元，足足超出了將近5倍。所以，作為超市來說，要在產品佈局、品類、陳列、購物環境上多下功夫，客單價的提高是很多超市提高銷量和利潤的主要手段。

（2）店外促銷活動，促銷員至關重要。雲南白藥牙膏的促銷員，明顯是不合格的，當我詢問我牙齦出血的原因時，其實我是要強化購買這個牙膏的慾望，畢竟我已經有了購買的意願，促銷員的解釋卻不知道圍繞他的產品進行解釋，明顯缺乏專業培訓，而且當我表示現在購買進店不方便的時候，促銷員沒有任何應對的措施，任由顧客擦身而過，這都是前期培訓的巨大缺失，而事實也證明了，當我沒有立即購買的時候，競品——佳潔士就有了推銷其新品的機會。

（3）同一品牌的系列產品，要在包裝上清晰地標示出差異點。恒安的心相印手帕紙，雖然對產品進行了細分，並對包裝、價格進行了區分，但對於消費者來說，都是同一個品牌，價格的差異會讓人覺得無所適從，既不知道貴一些的是貴在什麼地方，也不知道便宜的是為什麼便宜，在這種情況下，消費者會有兩種可能，第一會選擇最便宜的，就如我今天選擇的一樣，第二會選擇其他品牌。

（4）對於功能定位清晰，價格比較高的新品上市，促銷員的作用很明顯。如佳潔

士的軟毛牙刷，剛好滿足我的需求，同時價格也是我能夠承受的，僅僅因為家中還有牙刷我就放棄了。如果這時有促銷員在旁邊強化一下牙刷的好處，或者強化一下家裡備兩支牙刷也是健康的做法的話，我肯定會購買。同樣，佳潔士的新品牙膏也是這個問題，產品的定位與我的需求剛好吻合，價格又低於競品，而且我已經被產品吸引，如果這時候有促銷員向我介紹這款牙膏的功效原理，我肯定也會購買。

（5）想要吸引消費者的眼球，陳列位、差異化的包裝形式、清晰的賣點提示都是很好的辦法。在這次購物中我被三個產品吸引：一個是佳潔士的軟毛牙刷，它的陳列位置好，剛好在主通道旁邊的掛架上，同時它的賣點提示非常清晰——專為敏感牙齒；第二個是佳潔士的新品牙膏，我被它吸引是因為它的包裝形式差異化明顯，當所有牙膏都是「躺著」的時候，它的陳列卻是「站著」的，這直接吸引了我的目光；第三個是另外一個沒有記住品牌的鞋油，它吸引我是因為它的賣點提示非常清晰，高亮、滋養的訴求符合我的需求。

（6）產品規格的設計要從消費者的使用角度出發，我最後選擇了雕牌肥皂而放棄了汰漬肥皂，是因為我覺得大一點的肥皂在洗衣服的時候拿著不費勁，僅此而已。記得以前上過一個培訓課，提示速凍的包裝設計要按照現在冰箱的冷凍格設計，道理都是一樣的。

（7）品牌力對於消費者購買行為的影響很大，我購買雲南白藥牙膏，購買紅鳥鞋油，都受到了其他品牌的干擾，但最後促使我購買的原因就是因為品牌的力量，消費者在選擇品牌產品的時候會更放心，品牌在這個時候更是一種承諾。

（資料來源：蔡飄香．一次購物的簡單思考［EB/OL］．［2015-10-10］．http://www.emkt.com.cn/article/492/49235.html．）

第一節　購買前的評價

一、購買前評價的程序

通過購買前的商品信息內部、外部搜尋工作，消費者會在心目中對該商品形成若干值得認真考慮的品牌集合，這些品牌集合通常被稱為「激活域」或「喚起集合」，它們是可供消費者進行購前評價的品牌。這些品牌的數量可以是兩個、三個或者六個、七個，但一般不會太多。消費者對備選品牌的購前評價通常包括三個步驟，分別是確定評價標準、確定備選品牌在每一標準下的績效值以及確立評價規則。

（一）確定評價標準

對產品確定的評價標準實際上就是人們在進行選擇時要考慮的產品特徵或屬性，這些特徵或屬性通常與消費者期望獲得的利益或要付出的代價有關。例如當某人考慮購買一臺液晶電視時，他採用的評價標準可能包括液晶屏尺寸、圖像清晰度、音響效果、價格、售後服務，甚至是否有網路接口、是否能播放多媒體影音等。而如果他要

買的是一款筆記本電腦，他所用到的評價標準顯然就會與購買液晶電視不同，他也許會特別關注筆記本電腦的電池蓄電能力和運行速度。因此在評價標準上，我們應當考慮兩個方面的問題：其一是消費者採用了哪些標準來做出選擇；其二是各種標準的相對重要性。

1. 採用何種標準

為了知道消費者到底是採用什麼標準對備選商品進行評價的，公司的行銷人員可以採用直接或間接的方法。例如直接詢問消費者在購買中考慮了哪些特徵和屬性信息。這種直接法是建立在消費者能夠並且願意提供產品屬性信息的假設之上的。但在現實情況中，消費者有時並不知道自己最看重的是什麼，在這種情況下，行銷人員就要用到一些間接的方法，如投射法等，來瞭解消費者實際採用的評價標準。

2. 各種標準的相對重要性

面對著完全相同的產品，不僅各個消費者採用的評價標準可能不同，即使是同一個消費者，在不同的情景下採用的評價標準也可能會有不同。例如當你和自己的家人去某個餐館時，你可能最關注的是餐館的菜品味道，而當你要請客吃飯時，你首先考慮的可能是餐館的裝修檔次，因為這涉及「面子」問題。

評價標準及其重要性程度不但會影響品牌選擇，還會影響消費者對需要的認知以及做出購買決策的時機。比如最關注手機款式是否時尚的消費者，就比最關注手機價格的消費者更頻繁地更換手機。

消費者對於各項評價標準的相對重要性可以用直接或間接的方法來衡量。一種使用十分普遍的直接衡量的方法是恒和量度法（Constant Sum Scale）。該方法是請消費者對各個標準的相對重要性賦予相應的權數，並使權數之和為100。這種方法簡單易行。表3.1給出了一個想購買筆記本電腦的顧客對其關注的產品屬性的重要性權數評價。確定重要性權數的間接方法較為複雜，通常要用到結合分析（Conjoint Analysis）技術以得出各屬性的相對重要性權數。

表3.1　某消費者對筆記本電腦評價標準的重要性權數

價格	40
處理器	30
顯示器質量	15
光驅	5
重量	0
售後服務	10
總計	100

（二）確定備選品牌在每一標準下的績效值

要判斷消費者對備選品牌在每一標準下的績效表現有多種方法，如排序法、語意差別量表和李克特量表等，其中，以語意差別量表應用最為普遍。在該量表中，消費者按要求在量表語義相反的兩極間標出最能反應其對該品牌屬性績效表現的看法，其標記點所對應的分值就是備選品牌在該評價標準上的績效得分。需要說明的是，對於

49

較複雜的評價標準，普通消費者是難以評價其績效水平的，例如香水的質量，此時消費者會利用一些外在線索作為替代性指標來做出推斷，如利用廠商的聲望、價格、產地等信息進行推斷。

(三) 確立評價規則

消費者在進行品牌選擇的過程中會使用到多種評價規則，由於評價的目的是為了決策，因此也被稱為「決策規則」。事實上，消費者會根據決策的複雜性以及對購買產品的涉入程度，通過使用不同的規則考慮多種品牌集合中的產品屬性。評價規則分為補償性模式與非補償性模式兩大類。所謂補償性模式是指消費者依照所考慮的產品各個屬性得到各品牌的加權總分，然後再根據分數的高低來評估各方案的優劣，這意味著在評價中，某些表現不夠好的屬性可以用其他較好的屬性特徵補償；而非補償性模式則不允許某一評價較好的屬性來彌補另一項評價較差的屬性。

二、選擇評價的模式

(一) 按品牌處理的模式和按特性處理的模式

對於購買時的選擇評價，按照消費者的信息處理策略可以分為按品牌處理的模式和按特性處理的模式兩大類。按品牌處理的模式是將品牌作為一個整體的模式進行評價，這就要求消費者預先形成對品牌的整體印象，以便能快速地比較品牌並建立偏好。而按特性處理的模式則通過對各項具體的屬性特徵進行比較來選擇品牌。

當消費者具有一定的品牌知識或消費者已經對某品牌形成一定情感傾向時，通常會採用按品牌處理的模式。例如可口可樂曾因用新配方替代傳統配方，導致許多消費者強烈不滿和抗議。在此之前的產品測試表明，人們更喜歡新可樂的味道，但測試卻忽略了傳統可樂承載著消費者的情感、文化、記憶和歷史沉澱，當消費者在新、老可樂間進行評價時，並非利用「味道」這樣的具體屬性，而是對產品的整體印象。

當消費者對產品具有較高的涉入程度（例如進行複雜的購買時），或者企業推出新產品新信息時，消費者可能採取按特性處理的模式。需要說明的是，消費者在評價中究竟會考慮哪些屬性，除了傳統、常識認知以外，公司的刻意引導也會產生重要作用。例如百事可樂曾經大打廣告宣傳「保鮮期」，宣稱飲用不新鮮的飲料對身體危害巨大（這是因為當時只有百事在可樂罐蓋上醒目地印上了保鮮期）。儘管在百事推出這一計策之前，絕大多數飲料都被人們毫無「保鮮」概念地愉快享用，但在這一廣告持續六個月之後，市場調查結果發現，約67%的消費者認為保鮮期是非常重要的產品屬性。

(二) 補償性模式和非補償性模式

補償性模式和非補償性模式最重要的區別在於，補償性模式允許產品的不同屬性特徵間進行相互彌補，而非補償性模式則不允許某一評價較差的屬性用表現較好的屬性來彌補。非補償性模式常見的有四種類型，分別是聯結式規則、非聯結式規則、按序排除規則、辭典編輯規則四種。

1. 聯結式規則

聯結式規則是指消費者對各種產品屬性應達到的最低水平做出了規定，只有所有

屬性均達到了規定的最低要求，該產品才會被作為選擇對象。這種規則是將所有相關屬性都聯結在一起考慮，一個特點不滿足，該品牌即被排除。假設某消費者希望購買筆記本電腦，其初步對 A～F 共六個品牌的評分如表 3.2 所示，1 分代表最差，5 分代表最好，若該消費者自己認為價格上的評分不能低於 3 分，其餘如重量、處理器、電池壽命、售後服務、顯示器質量評價得分各自不低於 4、3、1、2、3 分，那麼可入選的僅 B、C 兩個品牌，此時可借助其他選擇規則從中選出一個最為滿意的品牌。

表 3.2　　　　　　　　消費者對六種筆記本電腦的評價

評價標準	A	B	C	D	E	F
價格	5	3	3	4	2	1
重量	3	4	5	4	3	4
處理器	5	5	5	2	5	5
電池壽命	1	3	1	3	1	5
售後服務	3	3	4	3	5	3
顯示器質量	3	3	3	5	3	3
1 = 最差，5 = 最好						

　　聯結式規則是一個比較嚴格的決策模式。在此規則中，每一個屬性都會被設定一個通過條件，如果一個品牌滿足了所有的通過條件就會被選中，但只要有一個通過條件不能被滿足，該品牌就會被拒絕。如果沒有一個品牌能滿足所有的條件，這時消費者要麼改變通過規則，要麼重新尋找品牌；如果通過的品牌不止一個，可以再進一步挑選。

　　2. 非聯結式規則

　　非聯結式規則又稱為重點選擇規則。消費者為少數幾個最重要的屬性規定一個最低的績效值標準。這個標準通常定得比較高，任何一個品牌只要通過這少數的幾個閾限，也即在重要的屬性上達到了規定標準，就會被作為考慮對象。以表 3.2 的例子來說，如果消費者只考慮價格和重量這兩個屬性，並要求這些屬性的水平在 4 分以上，則只有 D 品牌被選中。如果運用該規則得到的備選品牌不止一個，則消費者還需運用其他規則作進一步篩選。

　　3. 按序排除規則

　　消費者首先將各種產品屬性按重要性大小排序，並為每個屬性規定一個標準，然後從最重要的屬性上依次檢查各品牌是否能通過標準，不能通過的被排除在外。如果有兩個以上的品牌超過最重要的屬性的標準，則再進入第二重要的屬性，依此類推，一直到只剩一個品牌為止。

　　4. 辭典編輯規則

　　消費者先將產品的各種屬性按照重要程度排序，然後在最重要的屬性上對各品牌進行比較，在該屬性上得分最高的品牌將成為被選品牌。如果得分最高的品牌不止一個，則在第二重要的屬性上進行比較。如此進行下去，一直比較到只有一個品牌入選為止。這一規則與按序排除規則最主要的區別是辭典編輯規則在每一屬性比較上以最高水平

為標準,而按序排除規則是以消費者自認為可接受的屬性水平為標準。

5. 補償性模式

補償性模式也稱為期望值選擇規則。按照該規則,消費者按品牌屬性的重要程度賦予每一屬性以相應的權數,同時結合每一品牌在每一屬性上的評價值,得出各個品牌的綜合得分,得分高者成為最終被選擇品牌。補償性規則可分為兩種基本的類型,即簡單添加補償和複雜補償。

當使用簡單的添加規則時,消費者只選擇那些實際屬性數量最多的備選產品或品牌。當消費者處理信息的能力或積極性有限時,這種選擇方式最可能出現。對消費者來講,這種方法的缺點在於,有一些屬性可能並不是非常有意義。當使用複雜的補償模式時,補償形式為加權添加規則,即先賦予屬性以權重,再結合各品牌在各屬性上的評價值,得出各品牌的綜合得分,得分最高者就是被選擇的品牌。其公式可表達為:

$$R_j = \sum W_i B_{ij}$$

R_j為該品牌j的總評分,W_i是消費者賦予屬性i的重要性或權重,B_{ij}為品牌i在屬性j的得分。

補償性模式的意義在於,前四種規則都是非補償性的,因為某一屬性的優秀表現並不能補償其他屬性的拙劣表現。有時消費者希望在確定對某一產品總體品牌偏好的時候,能夠在一些表現極好的屬性與較不吸引人的屬性之間做某種平衡。這樣一來,消費者更多地考察了產品的「綜合素質」。

第二節　購買過程

一、從購買意向到實際購買

對許多日常生活中用到的較低價值商品來說,決策和購買幾乎是同時做出的,因為消費者的品牌決策往往是在商店中才做出,如購買餅干、飲料或是香皂、洗髮水。然而在複雜的購買情形下,如買房子、汽車,從產生購買意向到實際購買之間可能會有較長的時間間隔,這是因為複雜決策中促成實際購買需要更多的購買準備活動,如選擇經銷商、決定購買時間、到哪裡購買、是否考慮向銀行貸款等,因而購買意向和購買行動間存在時滯問題。

在形成購買意向之后,有三類因素影響著消費者的最終購買。

第一類是他人的態度。他人的態度在重要的購買決策中顯得尤其重要,消費者的親友、同事對消費的購買決策很可能獻言獻策,這可能動搖消費者,令其改變當初的購買意向。他人態度的影響強度取決於三個方面:一是他人對被選品牌所持否定態度的強烈程度;二是他人與消費者關係密切程度,越是親近友好,施加的影響力會越大;三是他人在本產品購買問題上的權威性,假若你要買一輛家用轎車,你在某個轎車修理廠工作的親友就會成為你的諮詢顧問。因此,如果他人與該消費者的關係越密切,對所購產品經驗越豐富,否定的態度越強烈,則購買者改變決策意向的可能性越大。

第二類因素是購買風險。購買者越是覺得購買的風險大，他就越會猶豫實施其購買行為，這樣就更容易受他人態度的影響。購買風險既是客觀的又是主觀的，很多時候消費者是憑著自己的感覺在評估風險，所以廠商可以通過一系列的承諾、保證和形象塑造等活動減輕消費者的風險感知，當然消費者通過擴大信息搜尋範圍、增加商品知識，也是降低風險感知的重要途徑。

第三類因素是意外情況或事件的出現。這可分為兩個方面，一方面是與消費者本身有關的，如收入變化、失業、家庭意外事件等；另一方面是市場領域的變化，如新產品出現、降價促銷活動出現等。但無論來自於哪個方面，這類因素都可能會影響消費者購買決策的實施。

二、衝動性購買

衝動性購買（Impulse Purchasing），有時被稱為無計劃購買，通常是指消費者在進入商店前並沒有購買計劃或意圖，而進入商店後基於突然或一時的念頭馬上實施購買行動。嚴格地講，衝動性購買與無計劃購買還不能劃等號。前者是基於對某種產品的一時性情感所進行的購買，含有情感多於理智或非理智性購買的意蘊。無計劃購買的範圍更為寬廣，它不僅包括衝動性購買，而且包括很多純理性的購買。比如，消費者雖在進店前沒有想到要買某種商品，但在店堂內看到營業員的演示后認識到它的優越性，並在再三權衡之后購買了該商品，這應當說在很大程度上是一種理性的購買而非衝動性購買。

羅克（Rook）認為，衝動性購買具有四個特徵：①衝動性。即消費者突然湧現出一種強烈的購買慾望，而且馬上付諸行動，這種行動和常規的購買行為不同。②強制性。即有一種強大的促動力促使消費者馬上採取行動，在某種程度上消費者一時失去對自己的控制。③情緒性或者刺激性。突然的購買促動力常常伴隨著激動的或暴風驟雨般的情緒。④對后果的不在意性。促動購買的力量是如此強烈和不可抵擋，以致消費者對購買行動的潛在不利后果很少或根本不予考慮。

三、非店鋪購買

非店鋪購買又被稱為「在家購物渠道」，顧名思義是指除了商場、超市以外的非傳統購買場合的購買模式，包括電視購物、目錄郵購、網上購物、家庭直銷等方式。這些非店鋪購買所出售的商品，在全部商品中所占的比重雖然還不算太高，但卻成長迅速。

非店鋪購買之所以能夠迅速增長，一方面是由於互聯網的發展以及現代化支付手段等技術進步的支持，另一方面則主要在於其較傳統的購物方式所具有的優勢，例如方便、省時、避免了商店購物的擁擠、等候和停車困難。然而，儘管無店鋪行銷具有上述優勢，但一般認為，無店鋪銷售方式本身難以提供一個實體的、可以看得見和摸得著的平臺，難免會增大人們的風險感知，因此對於無店鋪銷售商來說，採取相應的行銷策略如提供詳細信息、塑造良好聲譽、免費試用以及良好的退換貨保證和權威機構推薦等工作就顯得尤其重要，因為這有利於減輕顧客的知覺風險。

四、購買支付

購買支付是商品購買過程的最后一個環節,一旦品牌和提供商被消費者選定,消費者必須以金錢的支付完成交易。傳統的交易方式是以現金支付進行的,從社會經濟發展的角度看,這對於商品銷售是不利的。所以各種各樣更能促進消費實施的支付方式被開發出來。例如分期付款方式由於有銀行消費信貸的涉入,使消費者過去憑一己財力難以完成的購買活動現在可以較輕鬆地完成。此外各種非現金支付方式如信用卡、在線支付的普遍使用不僅極大地方便了人們的購買支付,還可以起到提高支付效率的作用。對企業而言,應使最后的購買支付過程盡量簡化。這涉及縮短消費者付款時的排隊等候、提供通俗易懂的信用條件說明、簡化信用授權程度等。

第三節 店鋪購買

一、消費者的逛店動機

逛商店是獲得商品和服務的一種重要方式,瞭解人們為什麼光顧店鋪很重要。有些人即使不買任何東西,也經常逛商店,而有些人即使有別人拉著也不願意逛商店。因此一些消費行為學家將人們逛商店的動機分為實用主義和享樂主義兩大類。

對於實用主義者而言,購物僅是解決問題或達成目的的一種手段,只是消費者在「完成自己需要做的事」,其本身並沒有什麼樂趣可言。

對於享樂主義者而言,購物是一種令人心情愉快的活動,例如與親友結伴購物的過程是一項重要的社會體驗,買到便宜貨也會令他們激動,甚至與店員的討價還價過程也會讓他們覺得有意思,利用週末全家去沃爾瑪、家樂福購物更被視為一項全家的休閒活動。對這類消費者而言,購物決不單是為了獲取商品,他們更在乎享受整個購物過程。

從享樂主義購物動機出發,許多購物中心正在變成集購物、娛樂、休閒為一體的超大型購物中心,如美國有一家商場擁有 1 個小型高爾夫球場、9 個夜總會、45 個餐廳、1 座大型電影院以及 1 座結婚禮堂,這樣的商場顯然不僅僅吸引人們前來購物,而且為人們提供了全方位服務的綜合體驗,即使是不喜歡去商場購物的人,也難免會被它吸引。

小資料:人們的逛店動機

具體來說,人們逛商店的動機還可能是以下原因中的一種或數種:
- 將購物視為一項娛樂活動,以改變日常單調的生活方式。
- 將購物視為一種角色體現,比如家庭主婦們的採購。
- 將購物視為鍛煉身體的一種方式。
- 將購物視為一種瞭解時尚、跟上潮流的方式。

●將購物視為一種社交方式，以此與人建立良好關係。

●將購物視為一種自我展示方式，比如展示自己的經濟地位或表現自己的鑒賞能力、討價還價能力等。

二、影響店鋪選擇的因素

(一) 店鋪和品牌的選擇順序

消費者對於品牌和商店之間的選擇順序，一般有以下三種情況：一是先品牌後商店；二是先商店後品牌；三是同時選擇品牌和商店。比如消費者可能在服務一流的商店裡買某個還算是過得去的品牌，也可能在服務一般的商場裡買自己最喜歡的品牌。

事實上，消費者是先進行商場選擇還是進行品牌選擇，可能與以下三個方面的條件有關：

（1）當商場忠誠度高時，消費者忠誠於某一特定的商場，很可能就會先到該商場，再選擇理想品牌。

（2）當品牌忠誠度低時，消費者沒有強烈忠於某一品牌，更可能首先選擇商場，然後再在這一商場中制定品牌決策。

（3）當品牌信息不充足時，幾乎沒有品牌經驗或信息的消費者更可能依賴售貨員的幫助，品牌選擇更可能發生在商場中。

瞭解消費者對商店和品牌的選擇順序對行銷人員會有一定的幫助。如果消費者是按照品牌優先的順序進行選擇的話，那麼創造品牌形象以及富有個性的廣告宣傳就是最重要的；如果消費者是按商店優先的順序進行選擇的，那麼零售商就要注重店內廣告、店內氣氛的營造以及服務的提升等。

(二) 影響店鋪選擇的因素

1. 商店形象

消費者對商店形象的認識程度直接影響其對商店的選擇。商店形象指消費者基於對商店的各種屬性的認識所形成的關於該商店的總體印象，包括商店提供的商品的質量、品種、價格，服務態度，收銀員的效率，裝修條件以及硬件設施和商店的聲譽等。

測量商店形象的方法很多，採用較普遍的是語意差別量表法。該方法的第一步是識別決定商店形象的重要屬性，包括無形的和有形的屬性。第二步是發展一個兩端由反義詞組成的5級或7級量表，用以測量每一商店屬性在消費者心目中的表現水平。第三步是邀請有關的消費者運用前述量表確定某一商店及其與之競爭的商店在每一屬性上的表現。根據平均的表現狀況，可以將每一商店的形象用圖樣方式描繪出來。圖3.1描述了運用語意差別法測定兩家競爭商店形象的實例。

2. 商店品牌

商店的店名本身就是一個品牌。在商店銷售的商品裡，傳統上通常只有製造商品牌。近年來，許多商店開始在某些商品中採用本商店的品牌，如香港百佳超市銷售的「百佳」牌牛奶，家樂福超市銷售的「家樂福」牌電池，這類品牌被稱之為「自有品

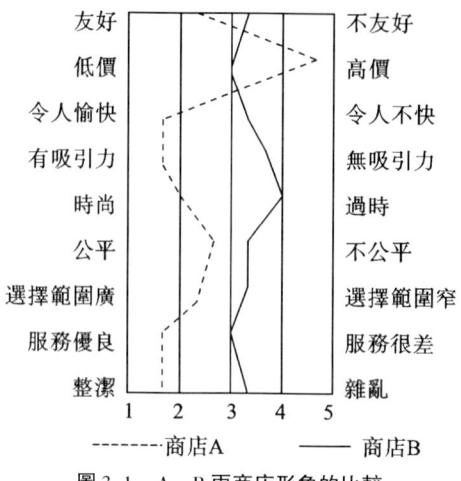

```
友好          不友好
低價          高價
令人愉快      令人不快
有吸引力      無吸引力
時尚          過時
公平          不公平
選擇範圍廣    選擇範圍窄
服務優良      服務很差
整潔          雜亂
     1  2  3  4  5
   -------- 商店A    ——— 商店B
```

圖 3.1　A、B 兩商店形象的比較

牌」或「私有品牌」，因為它通常只在本商店系統內部使用。這些自有品牌不僅可以為商店帶來可觀的利潤，運用得當還可以成為零售店鋪的經營特色。國外一些學者的調查表明，在某些商場中，自有品牌的銷售收入可以達到商店全部銷售額的 32%，由於商品品牌與店名一致，因此強調商品的高質量和物有所值無疑是非常重要的。

3. 位置和規模

商店的位置和規模在消費者的店鋪選擇過程中有很重要的作用。通常人們購物喜歡到離家較近、交通方便、規模較大的商店，因為店鋪的規模越大，所能提供的品種選擇也越多。但也有例外情況，如人們購買低價值的便利品時，寧肯去小商店，因為這會使購買過程非常簡便。因此對於商店位置和規模的選擇取決於人們認為所購買商品的重要性，商品越是重要，消費者就越願意投入精力跑遠路去大商店進行比較選擇。

4. 零售店廣告

很多零售商運用廣告向消費者傳遞店鋪特性尤其是促銷價格方面的信息，目的是吸引顧客進店購買。很多受廣告吸引而進入商店的消費者會購買廣告產品以外的商品，廣告所產生的這種效果被稱為「溢出銷售」或「外溢銷售」。有一項研究表明，因被降價廣告吸引進商店的顧客，每花一元錢購買廣告中的產品，就會花額外的一元錢甚至更多錢，去購買商店中的其他商品。因此降價商品廣告促銷對商店的貢獻不僅是該商品賣了多少，還要考慮到它對店中其他商品的帶動銷售作用。

5. 消費者特徵

消費者的個人特徵也是影響消費者商店選擇的重要因素。比如自信心強、有豐富的商品相關知識的消費者可能更願意去街邊小店購物，而缺乏自信或缺乏商品選擇知識的消費者傾向於選擇那些自己熟悉的大商店；對價格敏感的消費者會四處搜尋並以找到價格滿意的商品為樂，而對服務挑剔的顧客則會選擇提供友善和高質量服務的商店。

三、影響消費者購買的店內因素

很多消費者常常有這樣的經歷：進入一家零售店本想購買某一品牌的商品，結果卻購買了另一個品牌的商品，或者是附帶購買了些其他商品。這是由於店內的各種影響因素在進一步促進消費者的信息處理，影響最終購買決策。這些影響因素主要有購物點陳列、削價與促銷、店堂布置與氣氛、商品脫銷以及銷售人員。

（一） 購物點陳列

商品陳列有多種方式，常見的有堆頭大量陳列、壁面大量陳列、端架陳列、前進立體陳列等。商品在店堂中採用的陳列方法對其銷售量有非常大的影響。不同的陳列方法對於表現商店賣場的商品豐富性、提高顧客對商品的識別率和停留率以及促進銷售的作用有不同影響。國外學者所做的一些研究測試表明，洗髮香波的陳列變化，如陳列的數量、陳列的高度和陳列面的寬度以及陳列方式的變化等最高會帶來約38%的銷售量變化，而咖啡則會有高達530%的銷量變化。雖然這種影響與商品本身的類型、品牌以及當地居民的消費習慣有關，但總體而言，從上述測試的數據來看，陳列方式的影響力是非常大的。

（二） 削價與促銷

削價和其他促銷手段如優惠券、贈品、綜合折扣等通常與購物點宣傳材料的使用相伴相隨。削價從四個方面促進商品銷售的增長：①現有用戶提前購買未來所需要的商品；②競爭品牌的使用者可能會轉向降價品牌；③從來未使用過這類商品的消費者可能會購買降價品牌；④不經常在此商店購物的消費者，會由於價格吸引而經常光顧。

（三） 店堂布置與氣氛

店內商品的擺放位置，對於消費者的產品和品牌選擇也有重要影響。一種商品在商場中越容易被看到，它被購買的機會就越大。例如某超市改變商店佈局，將熟食品櫃臺從商店后部移到前部，結果其熟食品銷量由原來占總銷售額比重的2%上升到了7%，而且由於熟食品的毛利率較高，從而還帶來商店的經營利潤提高。因此商店佈局的一個原則是引導顧客前往高毛利商品所在的地方。商店布置不僅影響客流量，還會影響商店的氣氛和環境，這反過來又影響到購買者在商店停留的意願，而在商店中引發的愉快的情緒又會增加顧客滿意度，這又會導致重複購買和店鋪忠誠。

商店氣氛受到下列因素的影響：燈光、佈局、商品陳列、室內設施、地板、色彩、聲音、氣味、銷售人員的著裝與行為以及顧客的數量和行為。這些因素的刺激強度的改變可能會引起顧客產生特定的行為反應。例如有研究表明，音樂對消費者在商店逗留的時間和情緒都有一定影響，對不同類型的消費者播放不同類型的音樂，可以引起購買數量的變化。

（四） 商品脫銷

脫銷是指商店中某種品牌暫時缺貨，而缺貨往往是因為分銷渠道和存貨管理不到位。這無疑會影響消費者的購買決策，在缺貨的情況下，顧客面臨轉換商店、轉換品

牌和推遲購買，甚至乾脆放棄購買等眾多選擇。這些選擇沒有一項是有利於脫銷的商品品牌或商店的。例如消費者可能因欲購買的品牌脫銷而購買了替代品牌，那麼下次該替代品牌就更可能被消費者再次購買，如果消費者轉換了商店，則在下次購物時更可能去這家商店，因此缺貨現象應盡力避免。當然，如果在某些特定狀態下，商店出於行銷策略或氣氛營造的考慮，對某些搶手的商品製造人為的缺貨則另當別論，但也應把握分寸並注意具體的適用環境。

（五）銷售人員

大多數超市採取的都是自助式服務形式，這是由於超市中的商品大多屬於低價值的日常生活用品，這類商品的特徵是消費者的購買涉入程度較低。對於購買涉入程度較高的商品，顧客仍然需要得到適當的諮詢和建議，因此銷售人員的諮詢、引導和說服工作必不可少，具體效果如何則取決於買賣雙方的互動。研究表明，銷售人員的知識、技巧以及權威性和是否有親和力，對於雙方的關係建設有重要意義，因此為了確定最優的人員推銷策略，企業有必要針對每一目標市場和產品類別進行專門調查，以瞭解顧客特徵及其興趣焦點所在，同時對銷售人員的銷售知識和技能培訓也必不可少。

本章小結

評價是消費者決策過程的第三個重要環節。評價標準就是人們在進行選擇時要考慮的產品特徵或屬性，採用何種標準以及各種標準的相對重要性往往與消費者期望獲得的利益或要付出的代價有關。消費者在評價時採用的評價規則，分為補償性模式與非補償性模式兩大類。補償性模式允許產品的不同屬性特徵間進行相互彌補，而非補償性模式則不允許某一評價較差的屬性用表現較好的屬性來彌補。非補償性模式有聯結式規則、非聯結式規則、按序排除規則、辭典編輯規則四種。

購買是消費者決策過程的第四個環節。從購買意向到實際購買有三類因素影響著消費者的最終購買，分別是他人的態度、購買的風險以及意外情況或意外事件的出現。同時，消費者既可能理性購買也可能衝動性購買，衝動購買者往往經歷到個人難以抗拒的突發性購買熱情，而這些購買往往超出了實際需要。消費者也可能採取電視購物、目錄郵購、網上購物、家庭直銷等非店鋪購買方式，然而，店鋪購買方式仍然處於主流地位。

消費者的逛店動機可以被分為實用主義和享樂主義兩大類。實用主義者將購物看成是解決問題的手段，而對於享樂主義者而言，購物是一種令人心情愉快的活動。在影響店鋪選擇的因素中，瞭解消費者對商店和品牌的選擇順序對行銷人員會有一定的幫助。商店形象、商店品牌、位置和規模、零售店廣告和消費者特徵都會影響到店鋪選擇。影響消費者購買的店內因素有購物點陳列、削價與促銷、店堂布置與氣氛、商品脫銷以及銷售人員等。

關鍵概念

評價標準　評價規則　補償性模式　非補償性模式　衝動性購買　非店鋪購買　商店形象

復習題

1. 描述購買前評價的程序。什麼是評價標準？確定備選品牌在每一標準下的績效表現有哪些方法？
2. 什麼是補償性模式和非補償性模式？兩者有何區別？常見的非補償性模式有哪些？
3. 形成購買意向後，有哪些因素會影響消費者的實際購買？
4. 衝動性購買的特點是什麼？其與無計劃購買的差別在於什麼地方？
5. 非店鋪購買飛速發展的原因何在？結合實際，談談非店鋪購買可能存在什麼問題。
6. 消費者的逛店動機分為哪兩類？影響店鋪選擇的因素有哪些？
7. 什麼是商店形象？如何測量商店形象？
8. 影響消費者購買的店內因素有哪些？

實訓題

項目3-1　產品評價選擇研究

針對選定產品類別，每組成員列出可能會使用的評價標準，用恒和度量法賦予相應的權數，並確定4個備選品牌在每一標準下的績效值，運用評價規則進行選擇，對結果進行分析並提出建議。

項目3-2　影響消費者購買的店內因素研究

針對選定產品類別，每組成員到實際店鋪觀察該產品類別的購物點陳列，並結合其促銷活動、店堂布置與氣氛、銷售人員進行分析，並提出建議。

案例分析

中國線上消費者日臻成熟

根據尼爾森公司2014年的調查，在中國，不論是網上瀏覽還是網上購物的滲透率都大大超過了全球平均水平。在參與調查的60個國家中的30,000位受訪者中，中國受訪者對22個品類中的18個品類都表現出最強烈的網購意願，中國引領全球電商市場增長。

根據尼爾森公司最新的中國網購者調查報告，2014年，在四類線上消費群體中，

價格敏感型消費者（他們大多數年齡在 40 歲以上，收入相對較低）的比例保持在 16%，潛力消費型消費者（他們大多數 20 歲出頭，對網購表現出了極大的熱情，但收入有限）和網購依賴型消費者（他們的年齡主要在 30~40 歲，有較高的教育背景和收入）的比例略微下滑，分別為 32%（下降了 2%）和 26%（下降了 3%）。

然而，網購理性型消費者（有時被稱為謹慎的消費者）的比例從 2013 年的 24% 增長到 2014 年的 29%，同比增長了 5 個百分點。相比其他三類網購者，理性型網購者經常會更加關注多樣且安全的付款方式（34%）、有品質保證的產品（16%）以及可靠的購物評價和曬單（13%）。

網購者在選擇商家時，通常都會考慮的零售商是「可信賴的」，擁有「合理的價格和高品質的產品」，然而，對消費者來說哪個因素最重要，就需視商品的品類不同而議。72% 的網購者在購物前會花費大量的時間對產品進行反覆研究，而 86% 的網購者會在購買商品前瀏覽和參閱產品的用戶評論。

另一份尼爾森公司近期發布的中國網購消費行為報告顯示，社交媒體開始成為重要的網購工具，並與搜索引擎、特定品類專業網站一起成為在消費者網購決策時，最具影響力的渠道之一。

討論：
1. 中國網購消費者在選擇商家時考慮的因素與在商店購買時有何不同？
2. 針對中國網購消費者的特徵，網商如何吸引網購者購買其產品？

第四章　購后行為

本章學習目標

- ◆ 理解消費者實際使用產品的情形對行銷的意義
- ◆ 掌握消費者處置產品與包裝的方式
- ◆ 理解消費者滿意和不滿的形成
- ◆ 掌握影響消費者滿意的因素
- ◆ 掌握影響品牌忠誠形成的因素
- ◆ 掌握消費者不滿情緒的表達方式

開篇故事

以小博大：絕味的世界杯狂歡

作為世界上擁有著最高榮譽、最高規格、最高含金量和最高知名度的足球比賽，世界杯已被各大企業和品牌演繹為一種全新的文化符號。然而，想與世界杯攀上關係並不那麼容易，而商家要成為世界杯官方合作夥伴至少需要上千萬美元的贊助費用。不過，這都阻擋不了聰明的商家，通過創意十足的行銷手法，以小博大，借勢世界杯，他們所取得的宣傳口碑和效果甚至超過了官方指定的贊助商品牌。本土鴨脖連鎖領導品牌——「絕味」可算是其中的佼佼者。

「以小博大」第一招：產品小革新，市場大回報

世界杯的空氣中，彌漫著球迷的熱情，也飄散著啤酒的芬芳和鴨脖的誘人香味。有球迷形容啤酒和鴨脖是一對世界杯的「戀人」，看球時的絕配美食。

「鴨脖和啤酒一般都是單獨售賣，消費者需要到兩個不同的地點購買，很麻煩。將兩者集中銷售，可以提升消費者的購物體驗。但若再進一步，買鴨脖送啤酒，效果會怎樣呢？」

絕味這麼想，也這麼做了，「世界杯球迷套裝」在6月初橫空出世。買經典招牌鴨脖送啤酒，這個「小」改革會對銷量帶來多大的幫助？據瞭解，到世界杯半程，絕味已經銷售了50萬份「世界杯球迷套裝」！也就是說，半個月的時間裡，每天有將近3.5萬位球迷購買該產品！初步估算，整個世界杯賽程，絕味的球迷套裝銷量有可能突破100萬份，按照每份售價25元計算，也就是超過2,500萬元的銷售額！

當然，套裝中的「經典招牌鴨脖」功勞巨大。作為絕味在世界杯期間推出的「殺手鐧」產品，鴨脖有「鮮、香、麻、辣」的豐富口感，試吃的球迷都讚不絕口。喝著

冰啤，啃著讓人咂舌的絕味鴨脖，這種經典的味道會深深銘刻在球迷的心中，世界杯的夜晚，也是絕味的狂歡之夜。

「以小博大」第二招：行銷小革新，門店大流量

當大部分的傳統企業還在為如何進行互聯網行銷、打通線上線下渠道而傷神時，作為新媒體應用領域的一匹黑馬，絕味已經把握到其中的竅門。

5～7月，絕味利用便捷的移動終端，推出聲勢浩大的微信刮刮樂掃碼活動——「鮮香麻辣刮刮樂，絕味好禮送不停」。活動的參與方式非常簡單，消費者只需要關注「絕味官方微信」，就能參與刮獎，真正做到了零門檻。活動的中獎率為百分之百。「100%中獎」作為商家慣用的傳播噱頭，很常見，但大部分都在玩「文字游戲」，能真正讓利消費者的屈指可數，而絕味做到了。消費者每天可以在活動中刮出不同面值的代金券，而這些代金券可用於購買世界杯球迷套裝。而消費者獲得優惠，自然會重複購買，巴西世界杯多達64場的賽事，這些高重複購買率會帶來怎樣龐大的銷售數據！絕味利用線上刮獎線下兌獎的方式把消費者往門店引流，輕鬆實現了O2O行銷閉環，獲得了異常好的傳播效果，為線下門店帶來可觀人流。據絕味官方透露，截至7月14日世界杯結束時，已有66萬人參與刮獎，超過11萬人在絕味全國門店兌獎。

「以小博大」第三招：體驗小革新，爭當預言家

「你買的哪個隊？幾比幾？」儘管世界杯跌宕起伏，德巴大戰7：1的比分驚世駭俗，但不管是真球迷還是偽球迷們，其關注的焦點不但有專業的競技，還有娛樂的賽事競猜，甚至有人聲稱，看球的唯一動力就是競猜。絕味看準球迷的心聲，在世界杯開啟時「搶鮮」一步推出世界杯競猜活動。

和移動互聯網的爆發方向一致，絕味「誰是世界杯預言家」競猜活動便充分利用使用率極高的微信終端展開。活動頁面操作起來簡明清晰，消費者動動手指每天都有機會獲獎，還能與朋友進行積分排名；便捷的操作方式和及時的信息更新甚至讓不少粉絲將其作為世界杯的賽程參考表；活動中還出現了不少「預言家」「未來哥」「競猜王」，為絕味粉絲帶來更具趣味性的世界杯活動。

據活動數據顯示，世界杯期間，已有超過50萬球迷和絕味粉絲參與了競猜活動，並主動分享到微信朋友圈，形成更廣泛的病毒式傳播效果，堪稱巴西世界杯最激烈的競猜活動之一。

活動的火爆，表面原因是各種有吸引力的獎品，深層次的原因在於球迷在競猜活動中感受到的世界杯參與感、成就感和樂趣感，情感需求和個性化需求得到了非常好的滿足。

（資料來源：安新. 以小博大：絕味的世界杯狂歡 [J]. 銷售與市場：評論版，2014（9）.）

第一節　產品的使用與處置

一、產品的使用和閒置

(一) 產品的安裝與使用

　　很多產品尤其是耐用性消費品，需要安裝調試，才能使之處於可使用的狀態。比如熱水器、計算機和空調機等，均需要進行某種程度的安裝和調試工作。而消費者在使用之前的準備階段所獲得的體驗，對決定其滿意程度具有十分重要的影響。因此，提供必要的安裝服務和安裝與使用說明，對提高消費者的滿意度大有裨益。

　　瞭解消費者實際使用產品的情形，也就是消費者的產品使用狀態，對企業具有重要意義。企業跟蹤產品如何被使用，可以發現現有產品的新用途、新的使用方法、產品在哪些方面需要改進，還可以為廣告主題的確定和新產品開發提供幫助。

　　企業通常可以從三個方面來瞭解產品的使用情形：產品的消費頻次、產品的消費數量以及產品的消費目的。產品的消費頻次是指消費者多久使用產品一次。產品的消費數量則指消費者每次所使用產品的數量多寡。產品的消費目的則是指消費者是為了什麼目的而使用產品。

　　企業瞭解消費者的產品使用主要是為了預測其未來的需求，RFM 法則（RFM Rule）正可以提供這方面的思考。RFM 法則是指消費者對於廠商推廣活動的反應是視其最近一次購買的時間（Recency）、過去的購買頻次（Frequency）以及過去所累積的購買金額（Money）而定（伯杰，馬廖齊，1992）的。RFM 法則顯示，企業瞭解過去的消費情形有助於對行銷策略效果的預估。通過定期追蹤消費者的產品使用和購買狀態，行銷人員便可以較容易地估計行銷推廣計劃對於消費者購買的可能影響。

　　使用創新（Use Innovativeness）是指消費者用一種新的方式使用產品。發現產品新用途的行銷者能極大地擴大產品的銷售。許多公司試圖運用標準的調查問卷等調查方式來獲得關於產品使用的有關信息。這一類調查可以幫助企業開發新產品，為現存產品揭示新的用途或市場，為確定合適的溝通主題指明方向。例如，曾有不少企業滿懷信心將大量的高檔速凍午餐食品推向市場，結果卻令人沮喪，銷售遠非理想。研究者觀察發現，儘管大多數消費者對這類產品不感興趣，仍然有少量消費者大量購買它們。與這些消費者面談后得知，他們購買這些產品並不是在家裡消費，而是用作辦公室的午餐。他們抱怨進餐館很費時間，不僅不方便而且價格昂貴，快餐店的食品則質量普遍較差且缺乏營養。這一發現導致一些公司對產品線重新定位，將其改造為辦公室消費的午餐食品，食品品質高，無須冷凍，適合在辦公室準備和食用。

　　企業還需要弄清產品是以功能性方式還是以象徵性方式被使用的，這有助於改進產品設計。例如，耐克公司通過觀察室內球場上的籃球運動員，獲得了球員所希望的關於運動鞋的功能方面與式樣方面特徵的信息。公司在觀察中發現，比賽前穿上運動鞋和系上帶子的過程充滿了象徵意義，從某種意義上講，這一過程類似於騎士在比武

或戰鬥之前戴上頭盔。耐克在設計運動鞋時，好幾個方面都運用了這方面的知識。

當然，產品使用行為在不同地區亦存在差別。例如，喝咖啡時有些地區加奶油，另外一些地區則不加奶油；有些地區加糖或用無把杯子，而另一些地區則不加糖或用有把杯子。咖啡行銷者瞭解這些情況，有助於在其地區性廣告中加以反應。

日益嚴格的產品責任法促使企業考察用戶如何使用產品。產品責任法規定，客戶按說明書表明的方式或任何合理的可預見方式使用產品而造成的傷害應由廠方負責。因此，製造商在設計產品時必須牢記產品的基本用途及其他可能的用法。為此，廠商需要深入瞭解消費者實際上如何使用其產品。如果行銷者發現消費者對如何正確使用其產品存在困惑，則應對消費者進行這方面的教育。有時候，廠商應通過產品重新設計使之更易使用，以此獲得競爭優勢。

（二）相關與配套產品的購買

某種產品的使用需要另一種產品配合的事實常常被企業所利用，如以下產品組合：室內盆栽植物與肥料；獨木舟與救生衣；照相機和相機套；運動外套和領帶；衣服和鞋子。在每種情況下，一種產品的使用都因為另一種相關產品的使用變得更容易、更有樂趣或更安全。零售商可以對這些產品進行聯合促銷或培訓推銷員進行互補性銷售。然而要做到這一點，企業需要充分瞭解這些產品在實際中是如何運用的。為獲得聯合促銷的好處，一些企業已經使其業務日益多樣化。如吉列公司不僅銷售剃鬚刀架和刀片，還銷售剃鬚膏、除臭劑和護髮劑等產品。

（三）產品的閒置

消費者購買的產品並非全部使用。產品的閒置或不使用是指消費者將產品擱置不用或者相對於產品的潛在用途僅作非常有限的使用。

產品閒置的最主要原因是很多產品的購買決策與使用決策不是同時做出的，存在一個時間延滯，在此時間段內的一些因素會促使消費者推遲消費甚至決定將產品閒置不用。另外一個原因可能是企業或行銷者沒有為產品的使用和消費創造令人滿意的條件或環境。產品閒置不用，無論對消費者還是企業都是一種損失。消費者浪費了金錢，企業也不大可能獲得重複銷售。而且，行銷者很難找到合適的補救措施對消費者施加有效的影響。在某些情況下，通過提醒或在合適時機給予觸動，消費者會使用所購的產品。比如消費者有體育館的會員資格，但由於消費者認為自己根本不在運動狀態或因其他原因而將產品閒置。行銷者通過良好的記錄可以發現消費者沒有使用會員資格，這時個人信件或者電話邀請可能會促使這位消費者開始消費。

二、產品與包裝的處置

（一）產品與包裝處置的內外壓力

產品使用前、使用后及使用過程中均可能發生產品及包裝容器的處置。只有完全消費掉的產品如蛋卷冰淇淋才不涉及產品處置問題。產品處置（Product Disposal）的問題之所以重要，是因為企業關心產品和包裝的處置既有外在的壓力，也有內在的動力。

從外在壓力來看，產品和包裝的隨意丟棄所造成的環境污染與環境保護問題引發了許多公共政策上的關注。在美國，每年生產數千萬噸家庭和商業廢棄物，每人平均超過 1,500 噸，很多垃圾場由於廢棄物的大量產生而被迅速填滿。而很多廢棄物由於含有致命的毒物，不但造成環境污染，而且造成對其他社會成員的間接傷害。人們對於與二氧化碳、鉛、汞有關的環境污染問題的關注與日俱增。顯然，產品處置是企業必須予以重視的。用盡可能少的資源製造包裝、生產易於回收和再利用的產品，被越來越多的人認為是企業不可推卸的社會責任。

　　從內在方面看，瞭解消費者處置產品和包裝的行為，對企業有十分重要的經濟意義。首先，由於物理空間和財務資源的限制，消費者在取得替代品之前必須處理掉原有產品。若現有產品難以處理，消費者可能會放棄新產品的購買。因此，協助消費者處置產品無論是對製造商還是對零售商均是有利的。其次，在有些細分市場，消費者將產品包裝能否回收視為產品的一項重要屬性。同樣，這些消費者在選擇評價階段就將包裝的處理看作品牌特點。因此，在贏得這類消費者的過程中，包裝處理的簡單易行（包括不使用包裝）可作為行銷組合的重要變量。如果扔掉的產品、包裝不能被重新利用或者會對環境造成危害，很多消費者可能在做購買決定時會猶豫甚至退縮。再次，產品處置市場背後所隱含的商機和活力空間也不容忽視，有時可能是難以想像的巨大。例如，醫療廢棄物的清理雖然很專業，但同時也是獲利很高的行業。最后，已購買來的物品被再次售出或用來交換其他產品的過程中，人們進行了許多二手買賣，導致形成龐大的舊貨市場，從而降低市場對新產品的需求。

(二) 處置產品與包裝的方式

　　消費者在產品處置時，簡單而言可以有三種選擇方案，如圖 4.1 所示。一是繼續保留此物品。如果決定選擇保留，消費者可以繼續使用該產品，或作為紀念品儲存起來，或將該產品轉為其他用途。諸如將空瓶子拿來插花，用舊牙刷刷鞋或將衣服作為抹布使用。二是暫時地處理此物品。例如消費者將產品暫時儲存起來，或出租、出借。三是永久地處理此物品。例如消費者扔掉、贈送、交換產品或將產品轉售給其他人或賣到二手市場。

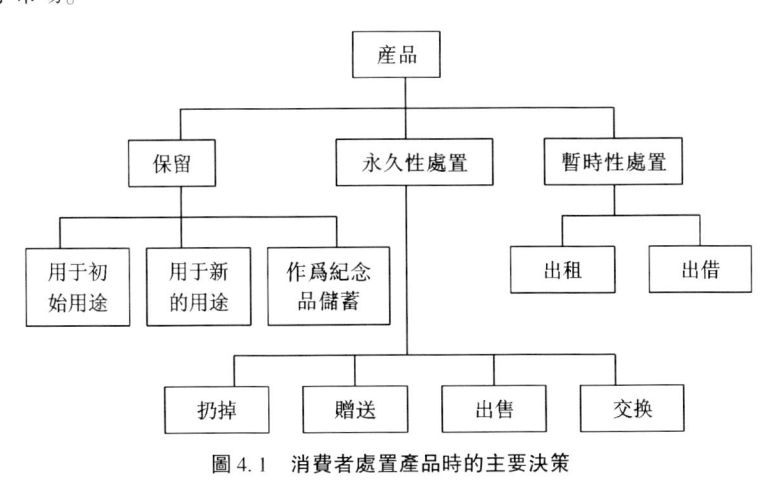

圖 4.1　消費者處置產品時的主要決策

很多時候，消費者會在舊產品仍可以用時就買了新產品。這種更換的理由一方面是希望擁有新特色，如覺得冰箱的顏色與廚房新漆上的顏色不配；另一方面是個人角色和自我意象的改變，例如，上大學、大學畢業、找到新工作、結婚、遷徙、退休等都會導致角色的轉換，這時某些產品的處置是不可避免的。

第二節　消費者滿意及其行為反應

一、消費者滿意和不滿的形成過程

消費者滿意（CS）是英文「Customer Satisfaction」的縮寫。一般來說，滿意是指一個人通過對一種產品的可感知的效果或績效與期望值相比較以後，所形成的愉悅感覺狀態。從此定義可以清楚看出，購買者對其購買活動的滿意感（S）是其產品期望（E）和該產品可感知效果（P）的函數，即 $S = f(E, P)$。若 $E = P$，可感知效果和期望相匹配，則消費者會滿意；若 $E > P$，可感知效果低於期望，則消費者不滿意；若 $E < P$，可感知效果超過期望，則消費者會非常滿意。

消費者對產品或服務的期望來源於其以往經驗、他人經驗的影響以及行銷人員或競爭者的信息承諾。而可感知效果或績效來源於消費者購買總價值（由產品價值、服務價值、人員價值、形象價值構成）與消費者購買總成本（由貨幣成本、時間成本、精神成本、體力成本構成）之間的差異。產品和服務的質量、價格、消費者的情感因素、環境因素都會對滿意水平產生影響。

對很多產品而言，績效包括兩個層面：工具性績效和象徵性績效。工具性績效與產品的物理功能有關，如對縫紉機、空調或其他主要電器產品，正常運轉和發揮作用至關重要。象徵性績效同審美或形象強化有關。運動衣的耐用性屬於工具性績效，而式樣、顏色則是象徵性績效。工具性績效能使消費者不產生不滿，但要讓消費者感到滿意，在工具性績效得到保證的基礎上，象徵性績效必須達到或超過期望水平。

最新研究：象徵性績效和工具性績效，哪一個更重要？

象徵性績效和工具性績效在消費者評價產品時哪一個更為重要呢？這個問題的答案無疑因產品種類和消費者群體的不同而存在差異。

一些有關服裝的研究對這兩種績效如何相互作用提供了參考。服裝似乎主要履行五大功能：保護身體免受環境傷害；增強對異性的吸引；審美與感官滿足；地位標誌；自我形象的延伸。除了保護作用外，其他都屬於象徵性績效範疇。然而，通過對退回的衣服、服裝購買抱怨和被扔掉的衣服的研究，我們發現，服裝的物理缺陷是導致消費者不滿的主要原因。

另一項關於期望績效、實際績效和服裝購買滿意情況之間關係的研究，得出了以下一般性結論：不滿意是由工具性績效令人失望造成的，而完全滿意同時需要象徵性績效達到或超過期望水平。

儘管如果不做進一步研究，上述關於服裝類產品的發現肯定不能自然推廣到其他類別的產品上。然而，它卻提示企業應致力於將導致消費者不滿意的屬性績效保持在最低期望水平，同時要盡量將導致滿意的屬性功效保持在最高水平。

二、影響消費者滿意的因素

（一）影響消費者對產品或品牌預期的因素

　　1. 產品因素

　　消費者以前對產品的體驗、產品價格以及產品的物理特徵都會影響消費者對產品的期望。因此，如果產品有著高價位或者產品以往的性能極好，消費者自然會期望該產品滿足較高的績效和品質標準。

　　2. 促銷因素

　　企業如何宣傳其產品，用什麼樣的方式與消費者溝通，也會影響消費者對產品的期望。一個市場研究公司的顧問注意到，大肆宣傳的廣告會產生難以達到的期望值。因為它會促使消費者的期望水平過高，最終可能導致不滿。

　　3. 競爭品牌的影響

　　消費者並不是在真空中發展起對某一產品或服務的期望，他們在期望形成過程中會充分利用過去的經驗和現有一切可能的信息，尤其是關於使用同類產品的體驗和有關這些產品的信息。所以，消費者對產品的期望同樣受到他們對其他相似產品和競爭品牌的經驗的影響。例如，影響消費者對醫療服務質量的看法的一個主要因素是醫療救護的快捷性。消費者對快捷性的期望不僅源於對其他醫療單位的經驗，還源於他們在銀行和餐廳中的經歷。

　　4. 消費者特徵

　　期望還受到消費者個人特性的影響。一些消費者會比另一些消費者對同一產品有更多的要求與期望。那些容忍度較小的消費者當然比那些胸襟寬廣的消費者更為挑剔。

　　消費者的期望也是在發生變化的。無論是產品還是服務體驗，消費者會在消費過程中不斷地更新消費者期望。消費者在不斷地學習，他們的目標也在不斷改變。因此，消費者在產品壽命即將結束時的評價標準肯定不同於購買時期望的評價標準。

（二）影響消費者對產品實際績效認知的因素

　　1. 產品實際性能和品質

　　產品的實際表現與消費者對產品的認知在很多情況下是一致的，但也存在不一致的情況，因為除了產品的實際性能和品質外，還有一些因素影響消費者的認知。然而，在一般情況下，消費者對產品的認知是以產品的實際性能作為基礎的。研究人員發現有充足的證據說明產品實際性能會影響滿意度，而無論消費者的期望處在什麼狀態。如果產品貨真價實，那麼不管原來期望如何，消費者遲早會調整其期望，逐步對該產品產生滿意感；相反，即使消費者對某個產品的性能期望很低，如果該產品的實際品質很差，他們仍然會覺得不滿意。

2. 消費者對交易公正性的感知

消費者對交易是否公正的感知會影響消費者滿意度。公平理論認為人們會把自己的收穫與投入之比與交易中另一方的收穫與投入之比進行比較，如果他們發現別人的比值較高，他們就會體會到不公平。

從消費者的觀點來看，投入的是信息、努力、金錢以及為達成交易而花費的時間。消費者收穫的是從交易中得到的利益，包括從行銷者那裡得到的商品或服務、產品的性能以及從交易中得到的感受。如果消費者感到他們受到了不公平的待遇或被欺騙，他們會更換品牌和供應商，以尋求得到改善和修正。消費者也會試圖懲罰不公正的待遇。比如，若消費者感到自動提款機收費不合理，他們就會更換服務商，表達出對原服務商的不滿和懲罰，即使這樣他們不會得到什麼好處。

一項研究表明，人們還會考慮其他消費者的收穫以決定自己對交易的滿意程度。研究中的回答者模擬成汽車購買者，購完汽車後他們發現另一個人以更高或更低的價格買了同一種車。當其他人以低價買了同樣的車，與當其他人以高價買到同樣的車相比，前者使回答者對自己的交易和對汽車代理商產生的滿意度要低。

3. 消費者的歸因

所謂歸因（Attribution），是指人們對他人或自己行為原因的推理過程。具體地說，歸因就是觀察者對他人的行動過程或自己的行為過程所進行的因果解釋和推理。如果一種產品失敗了，未達到消費者期望時，消費者總是試圖確定失敗的原因。如果把失敗原因歸屬於產品或服務本身，消費者可能會感到不滿意；但如果把失敗的原因歸結於偶然因素或自身的行為，消費者就不大可能感到不滿意。

一項針對經常推遲航班的航空公司的消費者滿意度的研究發現，消費者是否滿意在很大程度上取決於他們的歸因類型。如果他們認為航班延誤是由於不可控制因素，比如惡劣的氣候條件造成的，他們往往不生氣。但是，如果他們把航班延誤的原因歸於航空公司可以控制的一些因素，比如航空公司職員的行為，他們往往會生氣和不滿意。

4. 消費者的態度與情感因素

消費者對產品的評價並不完全以客觀的認知因素為基礎，而帶有一定的感情色彩。基於過去經驗所形成的情感和態度，對消費者評價產品會有很大的影響。所謂「愛屋及烏」「暈輪效應」等，都反應了態度因素對主體判斷、評價和認識事物會產生影響。

5. 購買參與程度

研究還發現，隨著購買參與程度的提高，消費者對購買滿意或不滿意的程度往往會被放大。如果結果超過期望，消費者在高度參與購買的情況下，會有一個較高的滿意度。如果結果低於預期，消費者在高度參與購買的情況下，會有一個較高的不滿意度。

三、顧客滿意測量

測量顧客滿意水平與主要決定因素對每個企業來說都很重要。企業可以使用這些數據來維持顧客，銷售更多的產品和服務，提高其提供物的質量與價值以及更有效率

和更富有成效地運作。顧客滿意測量（Customer Satisfaction Measurement）包括定量的與定性的測量，有一些基本的方法和工具。

（一）顧客滿意度調查

一般說來，顧客滿意度調查使用五級語義差異量表，從「非常不滿意」到「非常滿意」。這些調查測量了顧客對產品或服務的相關屬性的滿意程度以及這些屬性的相對重要程度（使用重要性量表）。研究顯示那些表示他們「非常滿意」（5分）的顧客比那些「滿意」（4分）的顧客的盈利性與忠誠度要高得多。因此，企業僅僅追求顧客「滿意」還不夠，應追求顧客的「非常滿意」。

（二）顧客的期望與他們對獲得的產品或服務的認知

這種方法認為顧客滿意或不滿意是一種差異的函數，這種差異是顧客期望從購買的產品或服務中得到的與他們從實際接受的產品或服務中所感知到的滿意或不滿意的差異。一些研究者研究出了一套量表來測量消費者接受的服務購買與兩種期望水平的對比──充分的服務與要求的服務，這也能測量根據服務的購買而形成的消費者未來的打算。這種方法比標準的顧客滿意測量更切合實際，產生的結果也更能用來為未滿足顧客期望的產品或服務提供糾正措施。

（三）神祕顧客

這種方法包括雇傭專業的觀察者佯裝成顧客去調查，參考公司的服務標準對運行服務進行無偏見的估測，以識別提高產能與效率的機會。

最新研究：神祕顧客法的運用

一家銀行讓神祕顧客在與員工就其他事情接觸時留下買房或尋求借貸大學學習資金的信息，然后就開始計算，員工要多久才能快速有效地將銀行的相關產品與服務介紹給他們。《華爾街日報》雇用達拉斯的一家公司派遣神祕顧客到麥當勞分佈在紐約、芝加哥、達拉斯和洛杉磯地區的 25 家商店進行調查。報告顯示，神祕顧客所遇見的員工中，只有 64% 的員工微笑著和顧客打招呼，只有 52% 的員工會重複訂單以確保準確，只有 36% 的員工會提到促銷或更大範圍的產品。

（四）關鍵事件法

這種方法要求顧客回憶並描述他與某個行業的員工之間的交往，比如說旅館業與航空業，這些能回憶起來的往往是那些滿意的或者不滿意的事件。這種定性的工具能夠產生重要的觀點以更好地培訓員工。一項研究發現，令人驚訝的是，很多被列舉出來的滿意的經歷是那些最初服務失敗的細節，但是它們被服務人員很好地「彌補」了，因而顧客把它們當作特別滿意的經歷。

（五）分析顧客抱怨

研究表明，事實上只有一小部分不滿意的顧客會抱怨，大部分不滿意的顧客不會說什麼，而是轉向競爭對手。一個好的抱怨系統應該是：鼓勵顧客抱怨並對服務改進

提供建議；設立「反饋處」，專門配備員工傾聽顧客的評論或者主動找顧客來評論；有一個先將抱怨分類，然后進行分析的系統；運用軟件來加速抱怨分析與管理。如易貝（eBay）在它的網站上採用了一種軟件來追蹤顧客意見，捕捉顧客抱怨，十分迅速地採取措施，該公司稱在使用該軟件一年之後，就減少了近30%的顧客抱怨。

（六）分析顧客流失

因為高顧客忠誠度是一項重要的競爭優勢，也因為維持現有顧客比開發新顧客成本要低得多，企業必須找出為什麼顧客會離開（例如，通過離開訪談），並在顧客考慮離開的時候進行干預。

第三節　重複購買與品牌忠誠

一、重複購買

在滿意的消費者中，相當大的一部分可能成為重複購買者。重複購買者是指在相當長的時間內選擇一個品牌或極少幾個品牌的人。重複購買者可以分為兩種類型，習慣型購買者和忠誠型購買者。習慣型購買者指這樣一些人，他們對某一品牌不一定具有情感上的或情緒上的偏愛，但在相當長的時間內選擇購買該品牌。他們購買該品牌是因為習慣使然，或者沒有更好的備選品，或該品牌價格更便宜。而忠誠型購買者則是對某一品牌具有情感上的偏愛，甚至形成了情感上的依賴，從而在相當長的時期內重複選擇該品牌。兩者的區別在於，習慣型購買者更易受競爭對手行為比如有獎銷售、折扣等的影響，從而更容易轉換品牌。

二、品牌忠誠

（一）品牌忠誠的含義

在重複購買者中，有相當一部分對某一品牌產生了忠誠。所謂品牌忠誠，是指消費者對某一品牌形成偏好、試圖重複選擇該品牌的傾向。

品牌忠誠者所表現的特徵主要有以下四點：①再次或大量購買同一企業該品牌的產品或服務；②主動向親朋好友和周圍的人員推薦該產品或服務；③幾乎沒有選擇其他品牌產品或服務的念頭，能抵制其他品牌的促銷誘惑；④發現該品牌產品或服務的某些缺陷，能以諒解的心情主動向企業反饋信息，求得解決，而且不影響再次購買。

小資料：忠誠型顧客對企業的重要性

●忠誠型消費者在購買產品時不大可能考慮搜尋額外信息。他們對競爭者的行銷努力如優惠券採取漠視和抵制態度。

●忠誠型消費者即使因促銷活動的吸引而購買了另外的品牌，他們通常在下次購買時又會選擇原來喜愛的品牌。

●忠誠型消費者對同一廠家提供的產品線延伸和其他新產品更樂於接受。

●忠誠型消費者的價格敏感度相對較低，較少期待從打折和討價還價中獲益。
●忠誠型消費者一般會做出正面積極的口碑宣傳，這對一家公司來說是非常有價值的。

(二) 影響消費者品牌忠誠形成的因素

1. 產品功效的吸引

品牌忠誠可能是因為該產品的功效高於消費者的期望或高於其他品牌能夠達到的水平。一般來說，消費者會喜歡那些能夠很好滿足他們需要和需求的品牌。如果他們在使用過程中感覺很好，消費者就希望再次獲得這種滿意。

不同產品的區別不僅在於性能質量方面（如香波的洗髮效果或網路通信系統的可靠性），還在於一些具體的性能指標（如香波的定型性、去屑性；網路的數據存貯能力、傳輸速度以及便攜性）。另外，消費者對某一特定的性能特點的需要也不同（如有的香波適合油性發質，有的適合干性發質；有人注重網路的速度，而有人注重網路的數據存貯能力）。因此，品牌忠誠不僅取決於一種品牌是否能夠做到它應該做的，還取決於品牌的性能與消費者對特定性能的要求之間的契合程度。

2. 自我概念以及品牌在社會及情感方面的象徵意義

如果產品消費與某一社會群體或個性特徵密切相關，那麼忠誠度會更高。如年輕人對某品牌牛仔褲忠誠，就是因為這些品牌個性能表達自我個性，再比如對某歐洲足球隊的忠誠就反映了個體的自我個性和特定的社會群體關係。有些品牌可以反應個人在社會上的自我概念，即希望別人把自己看作什麼樣的人，這樣的品牌會贏得消費者的忠誠。這種類型的忠誠在象徵性產品如啤酒、汽車購買中最為普遍。

3. 知覺風險

知覺風險實際上就是在產品購買過程中，消費者因無法預料購買結果的優劣而產生的一種不確定性的感覺。消費者在購買商品時，風險程度的大小與購買后造成損失的可能性大小以及實際造成損失的大小有關，損失愈大，風險愈大。

如果消費者對現有品牌尚感滿意，那麼，他可以通過重複選擇該品牌形成品牌忠誠來避免由於選擇新品牌而帶來的不確定感。調查發現，在減少知覺風險的各種應對措施中，養成品牌忠誠是消費者樂意採用且行之有效的方法。

4. 時間壓力

在現代社會，時間是一種寶貴的資源。在商品和品牌選擇上，花費額外的時間就相當於貨幣的例外支出，因此消費者總是盡可能地節省時間。但時間的節省和信息的搜尋是相互矛盾的，消費者要想廣泛地掌握信息，花費時間是不可避免的。解決這一矛盾的有效辦法，就是形成品牌忠誠。一旦形成品牌忠誠，消費者既無須花很多時間去搜尋信息，又無須在每次購買前反覆考慮和斟酌，更因為熟知購買地點，駕輕就熟，無疑可節省大量時間。

時間對品牌忠誠的影響還表現在產品的購買間隔上。購買時間間隔越長，消費者將有更多的時間搜尋信息，進行比較，其品牌忠誠度相對較弱。一般來說，消費者對各種日常用品要比對各種耐用消費品的品牌忠誠度高。湯普森廣告公司發現，牙膏、牙刷、洗滌劑、浴用肥皂等日常用品具有很高的品牌忠誠度。

（三）品牌忠誠的測量

1. 比較法

這種方法是根據某一消費者對某類產品購買的歷史資料，比較 A 品牌與該消費者選擇其他品牌（B，C，D……）等的購買聯繫，確定該消費者的品牌忠誠度。我們從消費者的選擇，可以分析出消費者對 A 品牌是否具有很高的忠誠度，有無品牌轉換傾向，或是屬於無品牌忠誠。

2. 頻率測定法

這種方法是根據消費者對某類產品購買的品牌選擇的歷史資料，記下某段時間內消費者購買這類產品的總次數 T 和選擇某特定品牌的發生頻率 S，然後以 S 與 T 的比值即 S/T 來表示消費者對這一品牌的忠誠程度。S/T 的值越大，則表示消費者對該品牌的忠誠程度越高，反之則越低。

3. 貨幣測定法

這種方法是通過銷售實驗，觀察消費者對某特定品牌所願意支付的額外費用（即多於同類其他品牌的產品的支出），來確定品牌忠誠程度。這些額外費用既包括購買產品多支出的現金，也包括為購買到該產品所多付出的時間費用和搜尋費用。

第四節　消費者不滿及其行為反應

消費者不滿一般是指消費者對於交易結果的預期與實際情況存在較大出入而引起的行為上或情緒上的反應。一旦消費者對所購產品或服務不滿，就會把這種不滿表達出來。不同的消費者、同一消費者在不同的購買問題上，不滿情緒的表達方式可能有所不同。

一、消費者不滿情緒的表達方式

1. 自認倒霉，不採取外顯的抱怨行為

消費者不滿時採取忍讓、克制態度，主要原因是他認為採取抱怨行動需要花費時間、精力，所得的結果往往不足以補償其付出。但不行動並不意味著消費者對企業行為方式的默許，消費者對品牌或店鋪的印象與態度顯然發生了變化。

2. 私下行動

私下行動包括消費者在經歷了一次不滿意的購買和消費後，最簡單和常見的行為反應是不再購買和使用該產品或服務，即消費者從這個組織的消費群中退出，避免再次光顧這個零售商，轉換品牌以及進行負面的口傳。當然，並非所有消費者的退出決定都是由於消費不滿意，同時並非所有不滿意的消費者都會退出。這些消費者會同朋友和家人聊起這次不好的經歷，說服朋友或家人不再光顧這個零售商。

最新研究：消費者不滿導致的負面口傳效應

由於不滿意的消費者傾向於向朋友和熟人表達內心的不滿，商家就有可能失去這些不滿意的消費者，而且也有可能由於負面的口傳效應而失去其他的消費者。因此消除消費者的不滿就顯得非常重要。

美國學者的調查表明，每有一名通過口頭或書面形式直接向公司提出投訴的消費者，就有約26名保持沉默的感到不滿意的消費者。這26名消費者每個人都會對另外10名親朋好友造成消極影響，而這10名親朋好友中，約33%的人會再把這個壞消息傳給另外20個人。換言之，只要有一個消費者不滿意，就會導致 26 ＋（26×10）＋（26×10×33%×20），即 2,002 人不滿意。因此，現在企業家必須清醒地認識到：「消費者滿意」就是經營，要讓消費者回到經營的起點上來。

3. 直接向零售商或製造商抱怨

消費者可直接向購買的零售點或產品廠商的相關部門表達其不滿和抱怨，比如寫信、打電話或直接找銷售人員或銷售經理進行交涉，要求補償或補救。

4. 要求第三方予以譴責或干預

消費者不滿時向外尋求幫助與支持的第三方主要是媒體、政府機構、消費者保護機構、法院等。比如消費者可向消費者保護機構投訴，以維護自己的權益；向當地新聞媒體寫投訴信；要求政府行政機構出面干預；對有關零售商或製造商提起法律訴訟案。

5. 發起公眾聯合抵制該產品

消費者可發起公眾聯合抵制該產品或創立新的組織來提供替代的產品或服務。在20世紀70年代，雀巢公司因嬰兒食品事件引發了消費者長達10年的抵制運動。開辦全新的組織來提供替代的產品或服務則是較為極端的不滿表達方式。

二、影響消費者抱怨行為的因素

1. 購買對消費者的重要程度

並非所有的不滿意事件都會引發抱怨。如果購買對消費者很重要，購買後的不滿意感導致消費者採取行動的可能性就大；有些不滿意事件本身不是很顯著，或是不滿意事件涉及的產品或服務並非十分重要，則消費者往往會忽視該不滿意事件。

2. 消費者本身的特點

消費者的人口統計特徵和人格特性影響抱怨行為。研究發現會採取抱怨行為的消費者比較偏向較為年輕、較高收入與較高教育水準。此外，有抱怨經驗的消費者比較可能再採取抱怨行為。在人格特性方面，內心比較封閉和比較自信的人、比較重視個人獨特性與比較獨立的人也相對容易採取抱怨行為。在面對消費不滿意時，本身攻擊性很強的消費者，會傾向進行抱怨而非默默接受。

3. 對問題的歸因

一般而言，消費者會對不滿意事件進行歸因，也就是判定誰應該為不滿意事件負責。研究人員發現，如果消費者把產品問題或責任歸咎於行銷人員或者廠商，則比較

有可能產生抱怨。如果消費者把不滿意歸因於自己或是環境上的不可控制因素，則抱怨一般不會產生。

4. 採取行動的難易程度

採取行動的難易程度是指消費者在採取抱怨行動的過程中需要花費時間、精力及金錢的程度。例如，現在有消費者協會，消費者如有不滿可以向消協投訴，但是投訴的時間很長，有時候程序還會比較繁瑣，許多消費者覺得花的精力太大，因而除非迫不得已，一般不採取投訴的行動。

三、企業對消費者不滿和抱怨的反應

消費者對產品的抱怨通常是面向零售商而沒有傳達到製造商。對企業來說，建立起應付和處理消費者投訴和抱怨的內部機制是非常必要的，比如：為產品或服務提供強有力的擔保，如規定在哪些條件下可以退換和進行免費維修等，或者建立和推廣「消費者熱線」來解決這一問題——消費者需要抱怨時可以撥打免費電話來和企業的代表取得聯繫。其具體做法是：設立 800 號碼的免費電話系統，進行嚴格的員工培訓，訓練那些與消費者直接接觸的員工運用適當的交流方式，授權他們在消費者提出問題時就能解決問題，遵守慷慨退款的原則，這些做法會減少消費者的不滿。事實上，對很多廠商而言，通過鼓勵抱怨並對抱怨做出有效反應來保留曾經不滿的消費者，比通過廣告或其他促銷手段來吸引新消費者更為經濟。

概念運用：對消費者不滿和抱怨的反應

通用電氣公司每年花 1,000 萬美元於它的「回覆中心」，該中心每年處理 300 萬個消費者電話。通用電氣公司認為，「回覆中心」的回報遠高於公司對該中心的投入。

寶潔公司、可口可樂公司和英國航空公司等每年都要花費巨資努力處理消費者的抱怨，但仍然是國際上生意興隆的公司。這些公司的經營訣竅之一，就是當遇到不滿意的消費者時，即使做不到對他們有求必應，也要盡量向他們充分解釋，使之釋然於胸。

漢堡王（Burger King）每天在其 24 小時熱線上接到 4,000 個電話（65% 為抱怨），並在第一次電話後解決 95% 的問題。為確保消費者真正滿意，公司還在一個月內對 25% 的抱怨者進行電話回訪。

本章小結

購后行為是消費者決策過程的第五個環節。消費者購買了商品並不意味著購買行為過程的結束，還會伴隨使用或閒置、購后評價、產品與包裝的處置等一系列決策活動。多數購買者在購回產品后會使用產品。企業跟蹤產品如何被使用可以發現現有產品的新用途、新的使用方法、產品在哪些方面需要改進，還可以為廣告主題的確定和新產品開發提供幫助。

產品閒置也是需要引起注意的問題。如果消費者購買產品后不使用或實際使用比原計劃少得多，行銷者和消費者都會感到不滿意。因此，行銷者不僅試圖影響消費者

的購買決策，同時也試圖影響其使用決策。

另外，使用產品通常還涉及包裝和產品本身的處置，瞭解消費者處置產品、包裝的行為，對企業具有重要意義。

消費者會在產品使用過程中或使用之后，對產品的功能或表現形成感知。這一感知水平可能明顯高於期望水平，也可能明顯低於期望水平或與期望水平持平，從而導致消費者的滿意和不滿的產生。消費者對產品的滿意程度還影響以後的購買行為。如果消費者感到滿意，會表現為向他人宣傳該產品的優點，形成重複購買甚至品牌忠誠。如果消費者不滿意則導致品牌轉換、消極的口傳和抱怨行為。企業應該採取有效方式對消費者的抱怨和不滿做出積極反應。

關鍵概念

產品閒置　產品處置　消費者滿意　工具性績效　象徵性績效　品牌忠誠

復習題

1. 瞭解消費者實際使用產品的情形有何意義？結合現實中的行銷活動舉例說明。
2. 產品閒置因何產生？行銷者應怎樣對待？
3. 產品與包裝的處置問題為何重要？舉例說明消費者處理產品與包裝的方式，這些方式對行銷有何啟示？
4. 什麼是消費者滿意？消費者滿意或不滿如何形成？
5. 舉例說明工具性績效和象徵性績效對滿意的影響。
6. 影響消費者滿意的因素有哪些？
7. 顧客滿意測量的常用方法有哪些？
8. 什麼是品牌忠誠？影響品牌忠誠形成的因素有哪些？
9. 舉例說明消費者不滿的表達方式。企業應如何對待消費者不滿和抱怨？

實訓題

項目4-1　產品使用情形研究

針對選定產品類別，每組成員進行使用情形分析，並注意功能性使用、象徵性使用分析，提出有關產品改進、創新、行銷方面的建議。

項目4-2　顧客滿意度研究

針對選定產品類別，每組成員採用關鍵事件法進行顧客滿意度測量。

案例分析

首席驚喜官

　　首席驚喜官不是讓老板滿意，而是讓客戶尖叫。

　　一般出行的遊客都會選擇小衣襟、短打扮，出於安全考慮會把值錢的東西放在家裡，比如奢侈品和錢包。遊客出境的時候都會有這樣的經歷：一會兒翻包找這個證件，一會兒翻包找筆填各種信息，有的過會兒找不到登機牌了，等等。首席驚喜官覺得這是一個客戶的痛點，於是就有了一個功能強大、有質感的手包，出境、出遊所需的護照、錢、零錢、卡、筆、記錄小本、旅行指南、登機牌等都會被優雅地安置在這個小包裡。考慮到安全，這個小包是灰色的，而且裡面燙金印著緊急聯繫的 400 電話，這個包會在出行前妥帖地送到您的手上。怎麼樣，還沒有上飛機你是不是就能有不一樣的感受了？

　　曾經有一個帶著父母出去過年的家庭，首席驚喜官就在年三十的時候，給他們創造了一個驚喜。這位驚喜官自己開車找了大半天，終於找到了一個亞洲餐廳，根據客戶的飲食習慣和年夜飯的標準跟餐廳確定了晚餐的菜品，並把菜品翻譯成中文，用喜慶的紅紙打印出來。而且自己還準備了幾個紅包，裡面裝上當地的貨幣。更巧的是，這個驚喜官通過護照的信息發現今天是老爺子的生日，又自己買了蛋糕，並請餐廳為老人準備一碗長壽麵。一切安排妥當後，首席驚喜官返回酒店。當一家人準備去入住的酒店餐廳吃飯的時候，他說：「今天是除夕，我請大家去吃頓年夜飯。」當客戶走進餐廳時，服務員熱情地用「Happy new year」打招呼，看到符合自己胃口的年夜飯、紅包，甚至蛋糕和長壽麵的時候，這種極度的存在感是可以想像的。

　　首席驚喜官的使命就是要讓客戶有極度存在感的同時沒有被打擾的感覺，這需要很好地拿捏分寸。首席驚喜官要在客戶的旅行途中製造 1~2 個驚喜，喚醒客戶的存在感。要想完成這個需要走心的技術活，首席驚喜官就得想方設法瞭解客戶，瞭解客戶的背景、喜好、出行的目的等。

　　如果是一對情侶，是否有求婚的打算？如何利用自己的奇思妙想，設計一個讓人「羨慕嫉妒恨」的求婚儀式。

　　如果是一票吃貨，怎麼能讓客戶吃得驚豔、吃得喪心病狂？

　　有的客戶已經回來好久了，還經常在微信裡回味這次旅行中一起舉行的讀書會、一起喝著香檳看著日落的情景……旅行只是一個載體，而非全部。

　　討論：

　　1. 為什麼要給客戶驚喜？如何才能給客戶創造驚喜？

　　2. 為讓首席驚喜官的工作頗有成效，企業必須在組織設計和管理上做怎樣的調整？

第三篇
影響消費者行為的個體因素

第五章　消費者的需要與消費動機

本章學習目標

- ◆ 理解消費者需要的含義及特徵
- ◆ 掌握消費者動機的含義及特徵
- ◆ 瞭解消費者具體購買動機
- ◆ 理解早期動機理論
- ◆ 掌握現代動機理論
- ◆ 掌握動機與行銷策略

開篇故事

唯品會撒嬌節：搜狗大數據「玩出來」的精準大促

如今，電商之間開始互相攔截消費者，其中最重要的手段就是造節。自雙十一光棍節以來，大大小小的電商都逐漸明白了這其中的玩法，紛紛造節。而造節的本質，就是終端攔截——用節日大促，在網上攔截消費者。互聯網進入了「造節」時代。

「造節」人群：我知女人心

唯品會也不例外。唯品會不再滿足傳統促銷帶來的短期效益，希望打造屬於唯品會自己的購物節日，進一步攔截顧客。

唯品會找到了最具數據洞察力的搜索引擎——搜狗，希望能在搜狗的大數據中，找到造節的爆發點。

在搜狗龐大的用戶群中，網購主力女性占比超過67%，高達7,500萬人。而且，這7,500萬人力，以知識女青年為主。

這些女知識青年是天生的購物狂，衝動購物事件頻繁發生，衝動消費占女性日常消費20%以上，有過衝動消費的女性占比高達93.5%。

有超過63%的女性表示，即使現在沒需求，但是也要抽時間上網逛逛，沒準就看到想買的東西了。59%的女性乾脆地說，買不起也要看個夠。

55%的女性表示，對能夠讓她們變得更美的商品沒有免疫能力；在搜狗，每天搜索服飾、美妝產品優惠信息的女性超過120萬，每天搜索服飾、美妝產品的女性網民超過150萬。她們每天都在關注各類品牌信息，超過65.4%的女性，將收入的一半以上用於給自己購買服飾和美妝產品。

由於受過高等教育，她們擅長左右腦聯動，善於利用搜狗的搜索引擎，多維度全

方位比較產品和品牌。她們每天都在關注各種省錢攻略，成本意識超強，只買好的不買貴的。這在搜狗搜索引擎的關鍵字大數據中一目了然。

發現「撒嬌經濟」，打造814「撒嬌節」

這其中，有一批搜索關鍵字引起了唯品會和搜狗的關注。這些關鍵字都指向一個目的：如何撒嬌？

搜狗的數據顯示，每天關注各種讓老公、男朋友買單方法的女性多達60萬。她們甚至通過搜狗，互相學習「撒嬌」經驗。

這是一個重大的發現，唯品會和搜狗對此展開了深入的研究。

他們發現，在中國，男性為女性買單是一件非常平常的事情。為了討好另一半，男性朋友甘願掏空錢包；據淘寶統計，2014年有超過72%的男性為自己的另一半開通了親密付，在中國男性為女性買單更是成為天經地義的事。

尤其在情人節這樣的消費場景下，即使收入一般的男生，對價格的敏感度也會較平時低很多。

比如平時情侶一頓晚餐的消費是200元左右，情人節他們的晚餐消費願意支出的費用是300～500元，因為在「情人節」場景下，男生花錢太少，很容易被女生取笑或作為事後吵架的把柄。

這意味著，如果以「撒嬌」為主題來製造一個節日，一方面迎合了女性作為訂單發起方的「渴望被呵護和寵愛」的內心需要，另一方面又用類似「情人節」一樣的節日消費場景，為買單方的男性提供了一個「奢侈一把」的正當理由，這一思路完美地銜接了從消費到買單的購物行為關鍵點。

就這樣，814「撒嬌節」誕生了！

在唯品會和搜狗的規劃中，814「撒嬌節」是專為女性誕生的節日，鎖定19～35歲的女性網購愛好者，目標是將814撒嬌節打造成為女性網購人群的專屬節日。這樣就聚焦了購物群體，在定位上，將這個節日與光棍節和618大促做出了鮮明而有效的區隔，是對節日促銷一次非常成功的市場細分。

在這一天，女性朋友可以勇敢地追求自己的幸福權利，釋放天性，盡情撒嬌，不僅可以向另一半撒嬌，還可以通過唯品會向品牌撒嬌求免單。

男人呢，只負責買單，而選擇權則掌握在女性手中。

策略：抓住女人心

唯品會的定位完成後，接下來就要借助搜狗強大的搜索引擎推廣功能，將撒嬌節傳播出去。

（1）推薦熱詞。搜狗在每日推薦搜索熱詞中，頻繁地高位推送「唯品會喊你撒嬌啦」之類的詞條。搜狗的搜索熱詞直接覆蓋3.1億網民，光這一條，就使唯品會「撒嬌節」準確觸達女性人群，點燃購物狂激情，實現「撒嬌」概念導入。

（2）購物全搜索。搜狗的購物全搜索日均覆蓋女性網民150萬，在這個版塊接觸到的女性網民，瀏覽購物下單的轉化率極高，頻繁高位的曝光，使唯品會「撒嬌節」全天候被女性網購人群「看在眼裡」。搜狗的這個功能是迎合女性無目的購物心理的，實現了「撒嬌節」的進一步精準滲透。

（3）優惠 VR。搜狗的優惠 VR（Visit Result，訪問效果）日均覆蓋女性網民 120 萬，迎合女性購物喜歡占便宜的消費心理，引發難以自制的「撒嬌」衝動，將「撒嬌節」深植女性購物者心中。

（4）撒嬌品牌專區。在搜狗搜索，每天尋找「撒嬌」秘籍的女性網民高達 60 萬，這是直接對「撒嬌」關鍵字極端敏感的核心人群。唯品會聯手搜狗打造了「撒嬌」品牌專區，直接疏導 60 萬每天尋找「如何讓另一半為自己買單」的女性網友進入唯品會「撒嬌節」。

（5）品牌關聯。「撒嬌節」借勢「唯品會」，鞏固加強「唯品會」與「撒嬌節」的高關聯性，使行銷效果最大化。

最終，唯品會與搜狗合作的這次撒嬌節推廣，海量曝光高達 5 億次，精準鎖定女性網購人群 2,000 萬。「撒嬌節」概念被搜狗女性所熟知，每天「撒嬌節」被搜索 10 萬次，唯品會在搜狗的幫助下，成功占領了「撒嬌節」這個獨一無二的女性消費心理定位。

（資料來源：羅洪偉. 唯品會撒嬌節：搜狗大數據「玩出來」的精準大促［J］. 銷售與市場：渠道版，2015（7）.）

第一節　消費者的需要與消費動機概述

消費者為什麼購買某種產品，為什麼對企業的行銷刺激有著這樣而不是那樣的反應，在很大程度上是和消費者的需要、購買動機密切聯繫在一起的。

一、消費者的需要

(一) 消費者需要的含義

消費者需要（Need）是指消費者生理和心理上的匱乏狀態，即感到缺少什麼，從而想獲得它們的狀態。個體在其生存和發展過程中會有各種各樣的需要，如餓的時候有進食的需要，渴的時候有喝水的需要，在與他人交往中有獲得友愛、被人尊重的需要等。

需要是和人的活動緊密聯繫在一起的。人們購買產品，接受服務，都是為了滿足一定的需要。一種需要滿足後，又會產生新的需要。因此，人的需要決不會有被完全滿足和終結的時候。正是需要的無限發展性，決定了人類活動的長久性和永久性。

需要雖然是人類活動的原動力，但它並不總是處於喚醒狀態。只有當消費者的匱乏感達到了某種迫切程度，需要才會被激發，並促進消費者有所行動。需要一經喚醒，可以促使消費者為消除匱乏感和不平衡狀態採取行動。但它並不具有對具體行為的定向作用。在需要和行為之間還存在著動機、驅動力、誘因等中間變量。

(二) 消費者需要的分類

作為個體的消費者，其需要是豐富多彩的。這些需要可以從多個角度予以分類。

1. 根據需要在人類發展史上的起源分類

(1) 生理性需要。生理性需要是指個體為維持生命和延續后代而產生的需要，如進食、飲水、睡眠、運動、排泄、性生活等。生理性需要是人類最原始、最基本的需要，是人和動物所共有的，而且往往帶有明顯的週期性。

(2) 社會性需要。這是指人類在社會生活中形成的、為維護社會的存在和發展而產生的需要，如求知、求美、友誼、榮譽、社交等需要。社會性需要是人類特有的，它往往打上時代、階級、文化的印記。人是社會性的動物，只有被群體和社會所接納，才會產生安全感和歸屬感。社會性需要得不到滿足，雖不直接危及人的生存，但會使人產生不舒服、不愉快的體驗和情緒，從而影響人的身心健康。

2. 根據需要的對象分類

(1) 物質需要。這是指個體對與衣、食、住、行有關的物品的需要。在生產力水平較低的社會條件下，人們購買物質產品，在很大程度上是為了滿足其生理性需要。但隨著社會的發展和進步，人們越來越多地運用物質產品體現自己的個性、成就和地位，因此，物質需要不能簡單地對應於前面所介紹的生理性需要，它實際上已日益滲透著社會性需要的內容。

(2) 精神需要。這主要是指個體對認知、審美、交往、道德、創造等方面的需要。這類需要主要不是由生理上的匱乏感而是由心理上的匱乏感所引起的。

(三) 消費者需要的特徵

1. 消費需要的多樣性

消費者的收入水平、文化程度、職業、性別、年齡、民族和生活習慣不同，具有不同的價值觀念和審美標準，對消費品的需要也是千差萬別的。就同一消費者而言，消費需要也是多方面的。

2. 消費需要的發展性

隨著生產力的發展和消費者個人收入的提高，人們對商品和服務的需要也在不斷發展。如過去未曾消費過的高檔商品進入了消費領域；過去消費得少的高檔耐用品現在被大量消費；過去消費講求價廉、實惠，現在追求美觀、舒適等。

3. 消費需要的伸縮性

消費者購買商品，在數量、品級等方面均會隨購買水平的變化而變化，隨商品價格的高低而轉移。其中，基本的日常消費品需要的伸縮性比較小，而高中檔商品、耐用消費品、穿著用品和裝飾品等選擇性強，消費需要的伸縮性就比較大。

4. 消費需要的層次性

人們的需要是有層次的，一般說來，總是先滿足最基本的生活需要（生理需要），然后再滿足社會交往需要和精神生活需要。隨著生產的發展和消費水平的提高，以及社會活動的擴大，人們消費需要的層次必然逐漸向上移動，由低層次向高層次傾斜，購買的商品越來越多地是為了滿足社會性、精神性需要。

5. 消費需要的時代性

消費需要常常受到時代精神、風尚、環境等的影響。時代不同，消費需要和愛好

也會不同。例如，消費者隨著文化水平的提高，對文化用品的需要日益增多。這就是消費需要的時代性。

6. 消費需要的可誘導性

消費需要是可以引導和調節的。這就是說通過企業行銷活動的努力，人們的消費需要可以發生變化和轉移。潛在的慾望可以變為明顯的行動，未來的需要可以變成現實的消費。

7. 消費需要的聯繫性和替代性

消費需要在有些商品上具有關聯性，消費者往往順便連帶購買。如：商家出售皮鞋時，可能附帶出售鞋油、鞋帶、鞋刷等。商家經營有聯繫的商品，不僅會給消費者帶來方便，而且能擴大商品銷售額。有些商品有替代性，即某種商品銷售量增加，另一種商品銷售量減少，如食品中的肉、蛋、魚、雞、鴨等，其中某一類銷售多了，其他就可能會減少等。

二、消費者的動機

(一) 動機的含義

動機（Motivation）這一概念是由伍德沃斯（R. Woodworth）於1918年率先引入心理學的。他把動機視為決定行為的內在動力。一般認為，動機是「引起個體活動，維持已引起的活動，並促使活動朝某一目標進行的內在作用」。

人們從事任何活動都由一定動機所引起。引起動機有內外兩類條件，內在條件是需要，外在條件是誘因。個體本身會尋求一種平衡狀態或動態平衡（Homeostasis），當需要未滿足時，就破壞了平衡，產生緊張感，當緊張到達某一程度時，便會喚醒內驅力以促使消費者採取行動以降低其緊張感。需要只為行為指明大致的或總的方向，而動機就規定具體的行動線路，促使消費者採取行動，實現目標。即使個體缺乏內在的需要，單憑外在的誘因，有時也能引起動機和產生行為。饑而求食，這是一般現象，然而無饑餓之感時若遇美味佳肴，也可能會使人頓生一飽口福之動機。當目標達成，需要滿足，消費者的緊張感降低，動態平衡得以恢復，個體就會停止這種行為，直至平衡被打破，又開始新的行為。動機的過程如圖5.1所示：

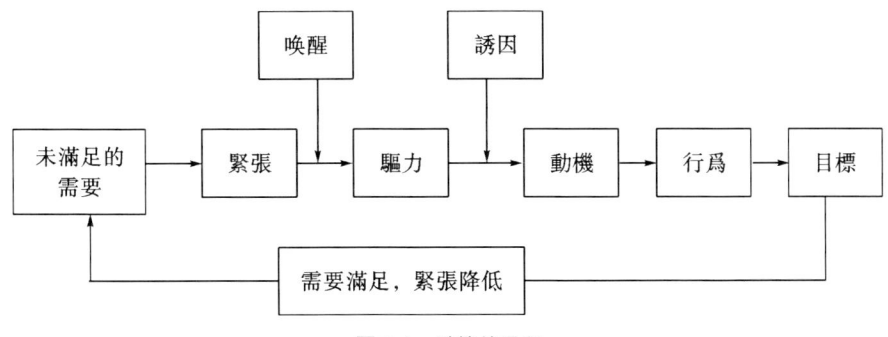

圖5.1 動機的過程

(二) 動機的特徵

1. 動機的不可觀察性或內隱性

動機是聯結刺激與反應的仲介變量，只能通過對某些外顯行為指標的研究做出推斷，動機本身是無法被直接觀察到的。一些人購買名牌產品可能是出於顯示身分、地位這一動機，企業如果據此設計高品質產品，並通過其他行銷手段維持其產品的名牌形象，很可能會迎合這部分消費者的需要，從而獲得成功。如果真如此，企業採用的以身分、地位為追求目標的策略及其成功，恰恰印證了消費者具有追求身分、地位的強烈動機。

2. 動機的多重性

消費者對產品或品牌的選擇，很可能是由某種動機所支配和主宰的，然而，這並不意味著某一購買行為是由單一的動機所驅使。事實上，很多購買行為都隱含著多種動機。消費者購買某種名牌產品，既可能是出於顯示地位和身分的動機，也可能含有獲得某一群體的認同、減少購買風險等多種動機。所以，企業在設計產品和制定行銷策略時，既應體現和考慮消費者購買該產品的主導動機，又應兼顧非主導動機。

3. 動機的實踐性與學習性

動機包含著行為的能量與行為的方向兩個方面的內容。行為能量很大程度上是由需要的強度所決定的，而行為方向則受個體經驗以及個體對環境、對刺激物的學習影響。動機的習得性實際上意味著動機並非一成不變，而是伴隨個體的學習和社會化而不斷改變的。

4. 動機的複雜性

動機的複雜性至少可以從四個方面體現出來：一是任何一種行為背後都蘊含著多種不同動機，而且類似的行為未必出自於類似的動機，類似的動機也不一定導致類似的行為。二是同一行為后的各種動機有著強度上的差別，哪種動機處於優勢地位，哪種動機處於弱勢地位，並不容易分清。三是動機並不總是處於顯意識水平或顯意識狀態，也就是說，對為什麼採取某一行動，消費者自身也並不一定能給出清楚的解釋。四是沒有一種動機是孤立的，即使是人類最基本的饑餓動機，雖在性質上屬於生理性質，但也很難完全以純生理的因素予以解釋。人類的行為十分複雜，而行為背後的動機比行為更為複雜。

(三) 購買動機對購買行為的作用

購買動機是消費者需求與其購買行為的中間環節，具有承前啓后的仲介作用。概括來說，購買動機對購買行為有以下三種功能：一是始發功能，購買動機能夠驅使消費者產生行動；二是導向功能，購買動機促使購買行動朝既定的方向、預定的目標行進，具有明確的指向；三是強化功能，行為的結果對動機有著巨大的影響，動機會因良好的行為結果而使行為重複出現，使行為得到加強，也會因不好的行為結果使行為受到削弱、減少以至不再出現。

(四) 消費者具體購買動機

1. 求實動機

求實動機是指消費者以追求商品或服務的使用價值為主導傾向的購買動機。在這

種動機的支配下，消費者在選購商品時，特別重視商品的質量、功效，要求一分錢一分貨，相對而言，對商品的象徵意義所顯示的「個性」、商品的造型與款式等不是特別強調。

2. 求新動機

求新動機是指消費者以追求商品、服務的時尚、新穎、奇特為主導傾向的購買動機。在這種動機支配下，消費者選擇商品時，特別注重商品的款式、色澤、流行性、獨特性與新穎性，相對而言，產品的耐用性、價格等成為次要的考慮因素。一般而言，在收入水平比較高的人群以及青年群體中，求新的購買動機比較常見。

3. 求美動機

求美動機是指消費者以追求商品的欣賞價值和藝術價值為主要傾向的購買動機。在這種動機支配下，消費者選購商品時特別重視商品的顏色、造型、外觀、包裝等因素，講究商品的造型美、裝潢美和藝術美。求美的核心動機是賞心悅目，注重商品的美化作用和美化效果，它在受教育程度高的人群以及從事文化、教育等工作的人群中是比較常見的。

4. 求名動機

求名動機是指消費者以追求名牌、高檔商品，借以顯示或提高自己的身分、地位而形成的購買動機。當前，在一些高收入層、大中學生中，求名購買動機比較明顯。求名動機形成的原因實際上是相當複雜的。消費者購買名牌商品，除了有顯示身分、地位、富有和表現自我等作用外，還隱含著減少購買風險、簡化決策程序和節省購買時間等多方面考慮因素。

5. 求廉動機

求廉動機是指消費者以追求商品、服務的價格低廉為主導傾向的購買動機。在求廉動機的驅使下，消費者選擇商品以價格為第一考慮因素。他們寧願多花體力和精力，多方面瞭解、比較產品價格差異，選擇價格便宜的產品。相對而言，持求廉動機的消費者對商品質量、花色、款式、品牌等不是十分挑剔，而對降價、折讓等促銷活動懷有較大興趣。

6. 求便動機

求便動機是指消費者以追求商品購買和使用過程中的省時、便利為主導傾向的購買動機。在求便動機支配下，消費者對時間、效率特別重視，對商品本身卻不甚挑剔。他們特別關心能否快捷方便地買到商品，討厭過長的候購時間和過低的銷售效率，對購買商品要求攜帶方便，便於使用和維修。一般而言，成就感比較高、時間機會成本比較大、時間觀念比較強的人，更傾向於持有求便的購買動機。

7. 模仿或從眾動機

模仿或從眾動機是指消費者在購買商品時自覺不自覺地模仿他人的購買行為而形成的購買動機。模仿是一種很普遍的社會現象，其形成的原因多種多樣。有出於傾慕、欽羨和獲得認同而產生的模仿，有由於懼怕風險、保守而產生的模仿，有缺乏主見、隨大流而產生的模仿。不管緣於何種原因，持模仿動機的消費者，其購買行為受他人影響較大。一般而言，消費者的模仿對象多是社會名流或其所崇拜、仰慕的偶像。電

視廣告中經常出現某些歌星、影星、體育明星使用某種產品的畫面或鏡頭，目的就是要刺激受眾的模仿動機，促進產品銷售。

8. 好癖動機

好癖動機是指消費者以滿足個人特殊興趣、愛好為主導傾向的購買動機。其核心是為了滿足某種嗜好、情趣。具有這種動機的消費者，大多出於生活習慣或個人癖好而購買某種商品。比如，有些人喜愛養花、養鳥、集郵、攝影，有些人愛好收集古玩、古董、古書、古畫，還有人好喝酒、飲茶。在好癖動機支配下，消費者選擇商品往往比較理智，比較挑剔，不輕易盲從。

需要指出的是，上述購買動機不是孤立的，而是相互交錯、相互制約的。在有些情況下，一種動機居支配地位，其他動機起輔助作用。在另外一些情況下，可能是另外的動機起主導作用，或是幾種動機共同起作用。因此，我們在調查、瞭解和研究過程中，對消費者動機切忌作靜態和簡單的分析。

第二節　有關消費動機的理論

一、早期的動機理論

（一）本能說

本能說是解釋人類行為的最古老的學說之一。最初的本能理論只不過是人類對所觀察到的人類的行為予以簡單命名或貼上標籤而已。例如，20世紀初，美國心理學家麥獨孤（W. McDougall）提出人類具有覓食、性欲、恐懼、憎惡、好奇、好鬥、自信等一系列本能。按照本能說的解釋，人生來具有特定的、預覽程序化的行為傾向，這種行為傾向純屬遺傳因素所決定，無論是個人還是團體的行為，均源於本能（Instinct）傾向。換句話說，本能是一切思想和行為的基本源泉和動力。

本能性行為必須符合兩個基本條件：其一，它不是通過學習而獲得的；其二，凡是同一種屬的個體，其行為表現模式完全相同。像蜜蜂將蜂巢築成六角形、蝙蝠倒掛著睡覺、候鳥定期遷徙，都屬於本能性行為。人類也有很多本能性行為，如嬰兒天生就有對母親的特殊反應傾向，有對黑暗的恐懼感等。從市場行銷角度來看，本能性行為的價值在於，它能使針對這些行為的特定的行銷刺激更有效。例如，在廣告宣傳中以母愛為訴求，可能很容易喚起成年人對某些兒童用品的好感，從而有助於這些產品的銷售。

相對於多樣、複雜的人類行為，本能性行為只是很小的部分，而且很多被視為具有「人類天性」的行為也可以通過學習來改變。基於此，現在很少有學者堅持用人的天性或本能作為人類複雜行為的動因。

（二）精神分析說

精神分析說的創始人是奧地利精神病學家、心理學家弗洛伊德（Freud）。弗洛伊

德的精神分析學說重視對無意識的研究，將無意識視為人類行為的根本性決定因素。

1. 意識、前意識和潛意識

弗洛伊德認為，人的精神由三部分構成：意識、前意識和潛意識。意識是與直接感知有關的心理部分，即出現在我們的意識中、為我們所感知的要素或成分。潛意識是指個人的原始衝動和各種本能以及由這種本能所產生的慾望，它們為傳統習俗所不容，被壓抑到意識閾限之下，是人的意識無法知覺的心理部分。前意識是介於意識與潛意識之間、能從潛意識中召回的心理部分，是人們能夠回憶起來的經驗，它是意識與潛意識之間的中間環節與過渡領域。

弗洛伊德進一步認為，如果把人的精神比作一座冰山，意識只是露出水面之冰山一角，前意識是介於水面的部分，隨著海水的起落時隱時現，潛意識則是深藏在水面之下的冰山主體，在人的精神生活中處於基礎性地位。因此，人們理解人類行為背後潛藏的動機，只分析意識和前意識層次，是不充分也是不恰當的，而應當深入到潛意識的層次。

潛意識雖然不能被直接感知，但它總是在不停地、積極地活動著，並以各種衍生形式表現自己，夢、過失、衝動性行為、俏皮話、精神病都是通往潛意識的曲徑。弗洛伊德特別重視對夢的分析，他認為夢是「願望的達成」，是被壓抑的慾望的某種變了形的滿足。人們通過對夢的分析或釋夢，不僅可以發現潛意識中的各種需要與慾望，而且還極有可能揭示或重現人類祖先的經驗和精神活動，因為現代人的心理結構和潛意識中極有可能積澱著人類祖先的經驗遺產。

2. 人格結構

弗洛伊德認為，人格結構由三大系統組成，即本我、自我和超我。三大系統作為一個整體，只有相互協調，才能使人有效地與外界環境交往，使人的基本需求與慾望得到滿足；反之，會使人處於失常狀態，降低活動效率，甚至危及人的生存與發展。

本我處於人格結構的最底層，是人格結構中最原始、最隱密、最模糊而不可即的部分。它靠遺傳本能源源不斷地提供能量，不與外界發生直接的交流，是個體獲得經驗之前就已存在的內部世界，是構成人的生命力的內在核心。本我不受任何理性與邏輯準則的約束，也不具有任何價值、倫理、社會和道德的因素，它的唯一機能是躲避痛苦，尋求快樂。實際上，本我所反應的是人的原始的慾望和衝動，是人的生物性的一面。

本我憑衝動性行為和想像、幻想、幻覺、做夢等途徑予以實現，消除緊張，但這樣做並不能真正滿足人自身的需求和慾望。想像、幻想、幻覺、做夢並不能代替現實，衝動會導致外界的懲罰，反而增加緊張和痛苦的程度。人只有靠適應和支配外界環境，才能滿足自己的需求和慾望。人與環境的交往要求形成一個新的心理系統，即自我。自我是在本我的基礎上分化和發展起來的，是幼兒時期通過父母的訓練和在與外界交往的過程中逐漸形成的。它是人格結構中的行政管理機構，是本我與外界相連接的仲介。它一方面要立足於本我，反應本我的要求，實現本我的意圖，但另一方面又不能赤裸裸地反應這些意圖與要求，而要正視現實條件，考慮社會需要，把本我的衝動納入社會認可和條件許可的範圍之內。總之，自我的主要機能是自我保存、趨利避害，

它不斷地告誡本我，要求本我為了人的長遠快樂而忍受暫時的緊張和痛苦。

超我是人格結構中專管道德的司法部門，它是人在兒童時代對父母道德行為的認同，對社會典範的仿效，是在接受傳統文化、價值觀念、社會理想的過程中逐步形成的。超我以「自我理想」和「良心」為尺度，提示人們該做什麼，不該做什麼，勸人戒惡從善，主動壓抑自我的原始衝動，觀察、評判自我，並通過精神性和生理性手段獎賞與懲罰自我。超我繼承文化歷史傳統，按照社會倫理規範和價值標準行事，為一切本能的衝動設置最后的、最嚴密的障礙，避免任何危及社會和他人的過失行為，控制和引導自我從善向美，把人培養成為遵紀守法的社會成員。超我是社會化的產物，它反應了人的社會性的一面。

3. 精神分析說對消費者行為的啟示

精神分析說認為，人的行為與動機主要由潛意識支配，因此，研究者研究人的動機必須深入人類的內心深處。為此，我們需要在研究方法上進行新的探索。20世紀30年代至50年代，動機研究正值鼎盛時期，研究者們發展起了諸如語意聯想法、投射法等間接瞭解消費者動機與態度的研究方法。這些方法的大量運用，應當說與精神分析學說在行為分析領域的滲透和影響存在密切的聯繫。

雖然我們不能確切知道消費者行為是否像弗洛伊德所描繪的那樣主要受無意識支配，但可以肯定的是，消費者確實有衝動和不理智的時候，消費者的有些行為用完全理性的模式是無法解釋的。如果消費者的某些行為確實是受無意識驅動的，那麼消費者對自己購買某種品牌的真實動機就不一定能清楚地意識到，因而我們僅僅通過觀察消費者行為和詢問消費者都不可能獲得消費者的真實購買意圖。

精神分析說還提醒我們，在分析消費者行為時，應特別重視研究消費者深層的心理需要，以及這些需要以何種形式反應到商品的購買上。狄希特（E. Dicher）認為，物內也存在精神，人們把自己投射到各種商品中，實際上購買的商品或勞務項目是自己人格的延伸。譬如，貂皮大衣是社會地位的象徵，樹木是生命的象徵等。這些研究結論無疑對企業制定廣告、促銷策略，決定採用何種產品外觀或包裝圖案具有重要指導價值。

(三) 驅力理論

1. 驅力理論的基本觀點

與本能論的觀點不同，驅力理論假定任何動物的行為均受內部能量源的驅動，是經學習而不是由遺傳所引起的。驅力是由於個體生理或心理的匱乏狀態所引起並促使個體有所行動的促動力量。驅力為個體消除匱乏感或滿足其需要的各種活動提供能量，它總是與個體生理或心理上的失衡狀態相聯繫；驅力的減少伴隨著個體的愉快感和滿足感，因此，它是個體所追求的。驅力減少所帶來的獎賞效果會導致個體的學習行為，經由學習累積經驗，會使個體對那些滿足物和採用何種方式消除其匱乏感有深刻認識，並在此基礎上形成習慣。所以，驅力為行為提供能量，而學習中建立的習慣決定著行為的方向。

美國學者霍爾（Hull）提出的 $E = D \cdot H$ 公式實際上反應了驅力理論的觀點。公式

中，E 表示從事某種活動或某種行為的努力或執著程度，D 表示驅力，H 表示習慣。霍爾的公式表明，消費者追求某種產品的努力程度將取決於消費者由於匱乏狀態而產生的內驅力，以及由觀察、學習或親身經歷所獲得的關於這一產品的消費體驗。霍爾特別強調在經驗基礎上的習慣對行為的支配作用。他認為，習慣是一種習得體驗：如果過去的行為導致好的結果，人們有反覆進行這種行為的傾向；如果過去的行為導致不好的結果，人們有迴避這種行為的傾向。

2. 原始驅力與獲得驅力

原始驅力（Primary Drives）是由消費者的內部生理需要引發的驅力，它是無須習得的。由饑、渴、性和避免痛苦所產生的驅力，通常被視為原始驅力。在一個經濟較為發達的社會裡，分析原始驅力的價值比較小。比如，用「渴」這一驅動力解釋消費者為什麼選擇「健力寶」或「可口可樂」，難以使人滿意。

獲得驅力或衍生驅力（Acquired Drives）是個體經由學習，經由條件作用獲得的驅力。人類的大多數動機，如恐懼、尋求父母讚同、希望與他人交往、獲得權力、取得成就等，均源於獲得驅力。獲得驅力的一個共同特點是，它們促動行為的能力均與原始驅力存在密切的關係。

3. 誘因與最佳喚醒

（1）誘因（Incentive）。誘因論側重從外部刺激物對行為的影響能力來分析行為動機，但並沒有否定個體內在動機的地位與作用，而只是將關注點放在潛伏於個體身上的內在動機在多大程度上能夠被特定的外在刺激物所激活和引導。

將動機研究的側重點放在外部刺激上，對市場行銷有極為重要的現實意義。行銷人員是無力對消費者的原始驅力甚至衍生驅力予以控制的，然而，卻可以通過對刺激物的操縱達到影響消費者行為的目的。比如生產企業可以通過對消費者測試來決定產品應具備哪些特徵，以便更好地適應目標市場需要；經營高檔時裝的零售企業可以通過各種方式營造一種氣氛和環境，使買者產生激動人心的預期。總之，行銷人員可以通過對行銷變量的有效組合，引發消費者對購買品的收益預期，從而促使消費者採取購買行動。

（2）適度喚醒。依照傳統驅力理論，人的行為旨在消除因匱乏而生的緊張，但人類某些追求刺激和冒險的行為，例如登山、探險、觀看恐怖電影等，恰恰是為了喚醒緊張而不是消除緊張。這類現象是驅力理論所無法解釋的。為此，一些學者提出了適度喚醒理論，認為個體在身心兩方面，各自存在自動保持適度興奮的內在傾向：缺則尋求增高，過則尋求減低。

所謂興奮或喚醒（Arousal）是指個體的激活或活動水平，即個體是處於怎樣一種警惕或活動反應狀態。人的興奮或喚醒程度可以很高，也可以很低，從熟睡時的活動幾近停止到勃然大怒時的極度興奮，中間還有很多興奮程度不等的活動狀態。

霍華德和謝思運用適度喚醒論考察了刺激物的模糊性與個體興奮水平之間的關係，結果得到了圖5.2所描述的曲線。圖5.2中，豎軸代表興奮水平或喚醒狀態，橫軸代表刺激物的模糊程度。在 $0 \sim x_1$ 區間段，刺激物的模糊性很低，消費者的興奮水平呈下降趨勢。此時，消費者對刺激物有某種乏味感，因而尋求使購買趨於複雜的新的方式

與途徑，比如選擇某個不知名的品牌或購買某種新產品。在 $x_1 \sim x_2$ 區間段，模糊性處於中等水平，此時消費者被激起從事諸如搜尋信息、對不同品牌進行比較等活動；當興奮水平達到很高的程度，刺激物模糊程度進一步提升時，只會招致興奮水平的下降和購買搜尋過程的停止。

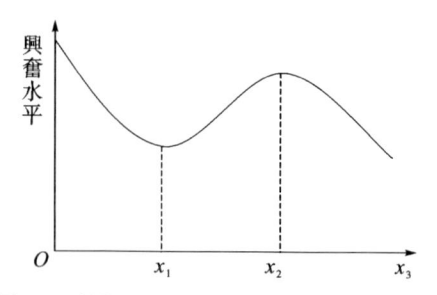

圖 5.2　刺激物的模糊性與興奮水平之間的關係

二、現代動機理論

（一）需要層次理論

1. 需要層次理論的基本內容

美國人本主義心理學家馬斯洛（Maslow）於 1943 年提出了著名的需要層次理論（Hierarchy of Needs）。馬斯洛將人類需要按由低級到高級的順序分成五個層次或五種基本類型，見圖 5.3：

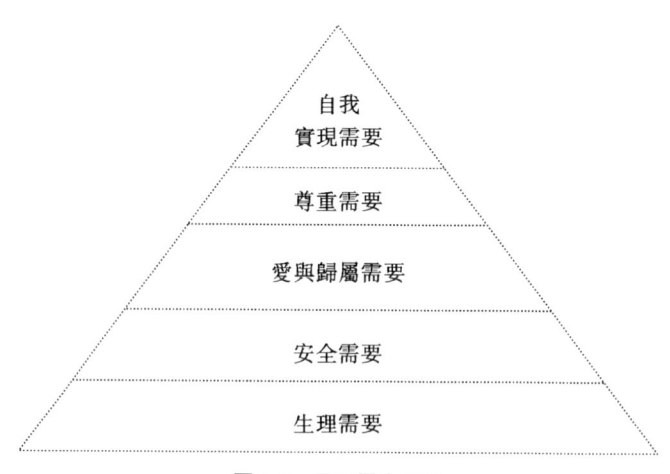

圖 5.3　需要層次理論

（1）生理需要（Physiological Needs），即個體維持生存和人類繁衍而產生的需要，如對食物、氧氣、水、睡眠等的需要。

（2）安全需要（Safety Needs），即個體在生理及心理方面免受傷害，獲得保護、照顧和安全感的需要，如要求人身的健康、安全、有序的環境，穩定的職業和有保障的生活等。

（3）愛和歸屬的需要（Love and Belongingness Needs），即個體希望給予或接受他人的友誼、關懷和愛護，得到某些群體的承認、接納和重視，如樂於結識朋友，交流情感表達和接受愛情，融入某些社會團體並參加他們的活動等。

（4）尊重的需要（Esteem Needs），即個體希望獲得榮譽，受到尊重和尊敬，博得好評，得到一定的社會地位的需要。自尊的需要是與個人的榮譽感緊密聯繫在一起的，它涉及獨立、自信、自由、地位、名譽、被人尊重等多方面內容。

（5）自我實現的需要（Self-actualization Needs），即個體希望充分發揮自己的潛能、實現自己的理想和抱負的需要。自我實現是人類最高級的需要，它涉及求知、審美、創造、成就等內容。

上述五種需要是按從低到高的層次組織起來的，只有當較低層次的需要得到某種程度的滿足，較高層次的需要才會出現並要求得到滿足。一個人生理上的迫切需要得到滿足後，才能去尋求安全保障，也只有在基本的安全需要獲得滿足之後，愛與歸屬的需要才會出現，並要求得到滿足，依此類推。

人的各種需要存在高低順序，或者說各種同時出現的需要中存在優勢需要。就一般而言，處於較低層次的需要，只有在更低層次需要得到滿足或部分滿足后才會成為優勢需要。換句話說，已經滿足的需要不再是優勢需要，亦不再是行為的決定性力量。

2. 需要層次理論的價值

從消費者行為分析角度看，這一理論對解釋消費者行為動機，對於企業針對消費者需要特點制定行銷策略，具有重要價值。

首先，它提醒我們，消費者購買某種產品可能出於多種需要與動機，產品、服務與需要之間並不存在一一對應的關係。在現代社會，如果認為消費者購買麵包僅僅是為了充饑，那將大錯特錯。

其次，只有低層次需要獲得充分滿足后，高層次需要才會更好地得到滿足。企業在開發、設計產品時，既應重視產品的核心價值，也應重視產品為消費者提供的附加值，因為前者可能更多地與消費者的某些基本需要相聯繫，后者更多地與其高層次需要相聯繫，用產品的附加功能取代其核心功能是注定要失敗的。

再次，越是涉及低層次需要，人們對需要的滿足方式與滿足物就越明確，越是涉及高層次需要，人們對需要的滿足方式與滿足物越不確定。但對如何滿足獲得別人尊重、獲得友誼、使生活更美好等高層次的需要或以何種方式滿足，消費者並不完全清楚。這實際也意味著越是滿足高層次需要的產品，企業越有機會和可能創造產品差異。

最後，越是高層次的需要，越難以得到完全滿足，原因在於，滿足需要的愉快體驗又會產生更高的需要。

(二) 雙因素理論

雙因素理論是由美國心理學家弗雷里克·赫茨伯格於1959年提出來的。赫茨伯格將導致對工作不滿意的因素稱為保健因素，將引起工作滿意感的一類因素稱為激勵因素。保健因素對人的行為不起激勵作用，但這些因素如果得不到滿足的話，會引起人們的不滿，從而降低工作效率。激勵因素則能喚起人們的進取心，對人的行為起激勵

作用。企業要使人的工作效率提高，僅僅提供保健因素是不夠的，還需要提供激勵因素。

將赫茨伯格雙因素論運用於消費者動機分析，亦具有多重價值與意義。商品的基本功能或為消費者提供的基本利益與價值，實際上可視為保健因素。這類基本的利益和價值如果不具備，就會使消費者不滿。然而，商品具備了某些基本利益和價值，也不一定能保證消費者對其產生滿意感。要使消費者對企業產品、服務形成忠誠感，還需在基本利益或基本價值之外提供附加價值，比如使產品或商標具有獨特的形象，產品的外觀、包裝具有與眾不同的特點等。另外，品牌所具有的保健因素與激勵因素還會因目標市場、目標消費者生活方式和價值取向的不同而存在差別。

(三) 顯示性需要理論

美國學者麥克里蘭（McClelland）提出的顯示性需要理論側重分析環境或社會學習對需要的影響，因此，該理論又被稱為習得性需要理論。與馬斯洛認為需要是人生來就具有的不同，麥克里蘭特別強調需要從文化中的習得性。麥克里蘭特別關注以下三項需要，即成就需要、親和需要、權力需要。

成就需要（Need for Achievement）是指人們願意承擔責任，解決某個問題或完成某項任務的需要，具有高成就動機的人，一般設置中等程度的目標，並具有冒險精神，而且更希望有行為績效的反饋。例如，具有高成就動機的購買代理商可能會花相當多的時間和精力設法降低購買品價格，而成就動機較低的代理商通常只是被動接受貨品出售方的標準報價。

親和需要（Need for Affiliation）是指個體在社會情境中，要求與其他人交往和親近的需要，如獲得別人的關心，獲得友誼、愛情，獲得別人的支持、認可與合作等。具有高親和動機的人特別關心人際關係的質量，友誼和人際關係往往先於完成某項任務或取得某項成就。高親和動機的消費者，比較注重同事、朋友對自己購買行為的評價，因此在購買決策過程中更容易受他人的影響。

權力需要（Need for Power）是指個體希望獲得權力、權威，試圖強烈地影響別人或支配別人的需要。研究發現，凡是對社會事務有濃厚興趣的人，其行為背後均存在強烈的權力動機。權力動機有兩種類型：個人化權力動機和社會化權力動機。前者出於為己之目的，后者出於個人或為公之目的。麥克里蘭認為，權力可以朝著兩個方向發展：一是負面方向，強調支配和服從；二是正面方向，強調勸說和激勵。

行銷案例

凱迪拉克 XTS 汽車廣告

「一部你能買到的最舒適的豪華轎車：尊享格調盡顯的時尚設計、靜享媲美現場的純淨音質、觸享盡在指尖的人車互聯、安享一路隨行的主動保護、駕享翱翔天際的澎湃動力……」

由布拉德·皮特代言的凱迪拉克 XTS，在傳承 110 年品牌經典的基礎上，又以突破與創新為這款中級豪華轎車注入了新的活力，為消費者帶來革命性的駕乘體驗。「風範，享你所想」，這樣的廣告詞能吸引什麼樣的人群？

第三節　動機與行銷策略

一、發現消費者的購買動機

如果問一位消費者為什麼買「皮爾‧卡丹」T恤、西服或襯衣，他很可能會說「它們看起來質地不錯」「穿起來很合身」「我很多朋友都穿『皮爾‧卡丹』牌的衣服」。然而，也許他還有不願承認或沒有意識到的原因：「它們能顯示我有錢」「它們使我出入高級場所更加自信」「它們使我更顯魅力和年輕」。

消費者意識到並承認的動機被稱為顯性動機，消費者沒有意識到或不願承認的動機被稱為隱性動機。一般而言，與一個社會占統治地位的價值觀相一致的動機較與其相衝突的動機更易為人所意識和承認。圖5.4說明了這兩種動機是如何影響消費者購買行為的。

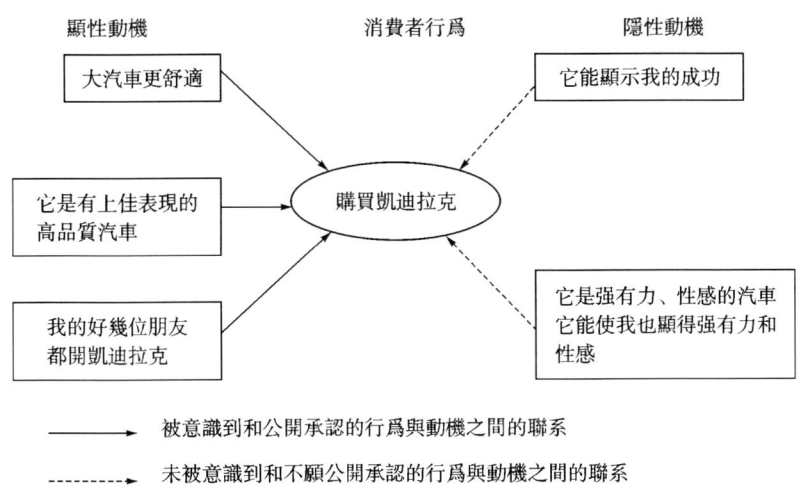

```
顯性動機                消費者行為              隱性動機

大汽車更舒適                                  它能顯示我的成功

它是有上佳表現的        購買凱迪拉克
高品質汽車

我的好幾位朋友                                它是強有力、性感的汽車
都開凱迪拉克                                  它能使我也顯得強有力和
                                             性感
```

──────▶　被意識到和公開承認的行為與動機之間的聯繫
- - - - ▶　未被意識到和不願公開承認的行為與動機之間的聯繫

圖5.4　消費者購買「凱迪拉克」轎車的隱性動機與顯性動機

對於顯性動機，一般可用直接詢問法獲得，而確定消費者購買某一產品的隱性動機則要複雜得多。行銷者通常用動機研究技術或投射技術（Project Technique）獲得有關隱性動機方面的信息。動機研究技術在20世紀50年代和60年代初很流行，在70年代和80年代較少被採用，但自90年代以來，它又重新受到重視。

表5.1列出了幾種主要的動機研究技術。近年來，還湧現出一些新的動機研究技術。一種較新的技術是「手段—目的法」或稱利益鏈法：讓消費者列舉出某種產品或某個品牌所能提供的利益，再列出這些利益提供的好處，如此繼續，直到消費者再列不出進一步的好處為止。例如，應答者可能會把「減少感冒」作為每天服用維生素的好處之一，當問到「少患感冒」的好處時，他也許會列出「工作效率更高」和「精力更好」，另一個人也許會列出「氣色更好」。兩位消費者都服用維生素以防感冒，但其

最終目的則不相同。這類信息，對廣告主題的確定無疑是有啟示意義的。

表 5.1　　　　　　　　　　　　　動機研究技術

Ⅰ．聯想技術	
詞語聯想	給消費者看一張文字表，然後要求他把反應過程中最初湧現在頭腦中的那個記錄下來。
連續詞語聯想	給出一張文字表，每念出表上的一詞，要求消費者將所聯想到的詞語記錄下來，如此直到表上的每個詞念完。
分析與運用	消費者做出的反應被用來分析，看是否存在負面聯想。對反應的延遲時間進行測量，以評估某個詞的情感性。這些技巧能挖掘出比動機研究更豐富的語意學含義，並被運用於品牌命名和廣告文案測試中
Ⅱ．完形填空	
語句完成	消費者完成一個諸如「買凱迪拉克的人＿＿＿＿」的語句。
故事完成	消費者完成一個未敘述完的故事。
分析和運用	分析回答的內容以確定所表達的主題。另外，還可分析對不同主題和關鍵概念的反應
Ⅲ．構造技術	
卡通技巧	讓消費者看一幅卡通畫，然后要求填上人物對白或描繪某一卡通人物的想法。
第三人稱技術	讓消費者說出為什麼「一個正常的女人」、「大多數醫生」或「大多數人」購買或使用某種產品。購物單方法（描述一個會買這些東西的人具有哪些特點）、「丟失的錢包」方法（描述丟失這個錢包的人可能會有什麼特點）都屬於第三人稱技術。
看圖說話	給消費者一張畫著購買或使用某種產品的人物的照片，讓他以此編一個故事。
分析和運用	與完形填空時相同

二、基於多重動機的市場行銷策略

企業在識別消費者購買其產品的各種動機后，接下來就應針對這些動機制定相應的行銷策略。比如，如果圖 5.4 所列舉的動機真實地反應了目標消費者的狀況，那麼「凱迪拉克」的行銷者應採取什麼樣的傳播策略呢？

很明顯，由於消費者購買「凱迪拉克」具有多重動機，產品應提供多種利益，廣告則應傳遞、反應這些利益。例如，它的一則廣告稱：「從三重拋光的表面塗層（一重用水，兩重用油）到極精致的『凱迪拉克』座椅，高品質在『凱迪拉克』車上得到完美體現。」顯然，這一廣告直接迎合了消費者追求高品質產品的顯性動機。

對於隱性動機，由於人們不願公開承認，需要採用間接的溝通方式。上面所說的「凱迪拉克」廣告在畫面上展現的主要不是其產品的高品質，而是一位看上去很富有的人駕車來到一家豪華的俱樂部門前。該廣告實際上採用了雙重訴求方式：廣告文案中的直接訴求側重於產品品質，而畫面上的間接訴求則集中於消費者追求的地位。

在一則廣告中，訴求重點只能放在一個或少數幾個購買動機上，否則會衝淡廣告的主題。然而，在整個傳播過程中，企業需要考慮目標顧客所追求的所有重要動機。

換言之，企業應使各種傳播活動與消費者的顯性和隱性動機相配合，而不能對其中的一些動機視而不見。

三、基於動機衝突的行銷策略

動機衝突實際上是消費者面臨兩個或兩個以上購買動機，其誘發力大致相等但方向相反。比如，消費者經常面臨幾種同時欲求的產品、服務的銷售。許多情況下，企業可以對消費者面臨的衝突進行分析，提供緩解的辦法，以吸引消費者選擇本企業的產品或品牌。通常，消費者面臨三種類型的衝突。

(一) 雙趨衝突

這是指消費者具有兩種以上傾向選擇目標而只能從中選其一時所產生的動機衝突。在這種情形下，被選目標或產品的吸引力越旗鼓相當，衝突程度就越高。獲得一筆年終獎金後，是到新馬泰一遊還是添一套高級音響？星期天是和朋友一起郊遊還是去看一場精彩的電影？此類抉擇均是雙趨衝突的典型代表。在廣告宣傳中強化某一選擇品的價值與利益，或通過降價、延期付款等方式使某一選擇更具有吸引力，均是解除雙趨衝突的有效方式。

(二) 雙避衝突

這是消費者有兩個以上希望避免的目標但又必須選擇其中之一時面臨的衝突。當家裡的洗衣機經常出故障時，消費者可能既不想花錢買一臺新的，又覺得請人來修理不甚合算，處於不知怎麼辦的境地。此時，消費者就面臨雙避衝突。同樣，一些人一方面害怕出現齲齒，另一方面又不敢去看牙醫，此種矛盾心態反應的實際上也是雙避衝突。企業應付或解除消費者雙避衝突的方式很多。首先，消費者可能對沖突中的問題存在不正確的信念，如把看牙醫看成是十分可怕的事情。此時，企業就應該通過宣傳來消除或部分消除這種不全面或錯誤的信念。其次，雙避衝突情形可能恰恰為企業提供了新的市場機會。如在前述出故障例中，企業通過推出以舊換新推銷方式，或通過為新洗衣機提供更長時間的保修承諾，均可能促使消費者採取購買行動來解除衝突。有時，在沒有完全滿意的選擇方案下，企業承認這一事實也無妨，只要能令消費者相信所推薦的選擇方案是最好的，雙避衝突也可能被解除，如一些醫療機構在宣傳某種戒毒方法、疾病治療方法時常常採用這一策略。

(三) 趨避衝突

這是消費在趨近某一目標時又想避開而造成的動機衝突。當被購買的產品既有令人動心和吸引人的特徵又有不盡如人意的地方時，趨避衝突就會由此而生。在購買某些高檔產品、耐用品時，消費者可能一方面對所選的商品愛不釋手，但另一方面又嫌商品價格太高，或擔心所選商品一旦出現質量問題會帶來很多麻煩，一些消費者正是在這種遊移不定的狀態下放棄了購買。經驗豐富的銷售人員在發現這種趨避現象後，常常會靈活地採用各種方法消除消費者的衝突，比如，提供保修承諾、保證在一定時期內如果消費者發現以更低價格出售同類產品的商家就返回差價甚至予以獎勵等。美

國米勒釀酒公司針對一些顧客既愛喝啤酒，同時又擔心攝入酒精後影響身體健康的心理，開發出不含酒精的啤酒，就是對消費者趨避衝突的一種反應。

本章小結

　　需要和動機是消費者行為產生的促動力。需要是指消費者生理和心理上的匱乏狀態，是消費者行為的源泉。動機則是引起個體活動、維持已引起的活動並促使活動朝向某一目標的內在作用力，是促發消費者行為的直接動力。引起動機的內在條件是需要，外在條件是誘因。

　　關於動機的理論很多，早期的有本能說、弗洛伊德的精神分析說和驅力理論，現代動機理論主要有馬斯洛需要層次理論、赫茨伯格雙因素理論和麥克里蘭的顯示性需要理論。馬斯洛需要層次理論認為，人的需要按從低到高依次分為五個層級，只有未被滿足的需要才構成行為的動因。雙因素理論將促動人們行動的因素分為保健因素和激勵因素。而顯示性需要理論則特別關注成就、親和、權力三種需要。

　　購買動機可分為顯性動機與隱性動機，前者可經由詢問消費者瞭解，後者則需要通過動機研究等較複雜的研究技術來獲得。消費者的多個動機還常常彼此發生衝突。企業可在瞭解這些衝突及其類型的基礎上，通過發展合適的產品、服務和有效的行銷手段幫助消費者緩解衝突。

關鍵概念

需要　動機　馬斯洛需要層次理論　顯性需要理論　顯性動機　隱性動機

復習題

1. 什麼是需要？什麼是動機？舉例說明需要與動機有何聯繫與區別。
2. 消費者的具體購買動機有哪些？結合現實行銷活動舉例說明。
3. 弗洛伊德精神分析說關於人的精神和人格結構的主要觀點是什麼？對消費者行為的啟示何在？
4. 驅力理論的主要觀點是什麼？在行銷中如何運用？
5. 闡述馬斯洛層次需要理論的基本內容，並結合現實行銷活動分析說明。
6. 顯示性需要理論關注的是哪幾種需要？結合現實行銷活動舉例說明。
7. 怎樣發現消費者動機？主要的動機研究技術有哪些？
8. 描述三類動機衝突，並結合現實中的行銷活動舉例說明每一種衝突。

實訓題

項目 5-1　需要層次理論的運用研究

針對選定產品類別，每組成員對每個需要層次進行一個宣傳策略設計。

項目 5-2　聯想技術的運用研究

針對選定產品類別，每組成員使用連續詞語聯想法分析消費者的動機。

案例分析

蒙牛真果粒——「尋找真實自我，真自遊」的活動

2013 年 5 月底，蒙牛真果粒在新浪微博和騰訊微信上同時開展了一場名為「尋找真實自我，真自遊」的活動。該活動吸引了 150 萬名網友的熱情參與，收集了 30 多萬條網友的真實感言，僅新浪微博平臺累計轉發量就已超過 80 萬，覆蓋人群超過 2 億。

蒙牛真果粒針對的目標人群是都市白領，且以女性為主。無論在周迅出演的廣告中，還是此次活動的口號上，真果粒都突出了「真實」二字，號召人們在忙碌的生活中放慢腳步，尋找真實的自己，迴歸最真實的生活狀態，這一點與白領人群的想法不謀而合，讓消費者在第一眼看到活動時就已產生了參與的興趣。

微博和微信的力量不容小覷，蒙牛真果粒也選擇了這兩個平臺作為活動的主要陣地，徵集參與作品，同時打通微博的手機端與個人電腦（PC）端，開設的微信官方帳號除活動信息外，也在與網友積極溝通著關於「真實」的人生體驗。

如果一個活動參與的方式耗時太長，消費者就會失去興趣。蒙牛真果粒的活動規則簡單，只需網友拍照片並選擇真實狀態就可以參加，整個過程不到 1 分鐘，簡單、易行、有樂趣。活動還設置旅遊大獎、單反相機、旅行套裝、微博會員獎勵等參與激勵措施，最大限度地調動網友參與的積極性。

討論：

1. 蒙牛真果粒的這一活動挖掘了目標人群的哪些需要？
2. 分析目標人群參與蒙牛真果粒的這一活動的動機。

第六章　消費者的感覺與知覺

本章學習目標

- ◆ 掌握消費者感覺的基本規律
- ◆ 掌握影響消費者理解的因素
- ◆ 掌握影響消費者注意的因素
- ◆ 掌握知覺風險的類型

開篇故事

優衣庫：就是要吸引你的眼球

提到優衣庫，人們再熟悉不過，都會對坐落在各大購物天堂的「UNIQLO」標誌有所印象。而對優衣庫熟悉的顧客會發現，「簡約、快速」的主題在店鋪裡面無處不在，優衣庫力求從視覺上吸引顧客眼球，提高顧客消費慾望，增加購買數量，實現利潤最大化。

櫥窗設計——簡約國際範

終端店的櫥窗是品牌與顧客零距離的觸點，一個好的櫥窗設計，不僅可以展示當季服裝風格、主打產品，使潛在的消費者駐足停留，甚至還能傳達出品牌的價值觀和精神，讓消費者產生共鳴，刺激他們的購買慾望。

優衣庫的櫥窗主要為后背封閉式櫥窗，即以櫥窗作為店鋪的外牆，雖然顧客無法通過櫥窗看到店鋪內部的情況，但這種設計恰巧利用櫥窗的展示勾起他們對服裝的好奇心，從而進入店鋪進一步瞭解。優衣庫的櫥窗展示主要運用「視覺提案」的原理，有以下幾個特點：

（1）模特穿著簡約而不簡單：無論櫥窗主題是什麼，模特的穿著都是依靠店內正在銷售的服裝進行詮釋，並且穿著都有共同特點，即「簡約而不簡單」。

（2）設計佈局國際範：優衣庫的櫥窗設計都不約而同地用到了具有裝置藝術效果的醒目燈飾，造型奇特優美的燈具應用於整個背景，達到了令人意想不到的視覺審美效果，人們可以感受到「簡約」的風格滲入。

（3）主題鮮明大膽：優衣庫的櫥窗展示並沒有加入過多的想像空間，而是通過最直觀的方式說明當下店鋪的熱賣產品或潮流時尚。

從這些櫥窗展示的布置來看，可以知道優衣庫十分重視消費者留意店鋪的第一眼，把最新、最好、最全面的一面放置其中。優衣庫服飾有一條宗旨：讓所有的人都能穿上優衣庫的服裝，這一點借助櫥窗展示，也十分鮮明地表達了出來。

空間佈局——大氣上檔次

優衣庫創始人——柳井正先生從開設第一間優衣庫專賣店時就明確：「用心打造一個可以讓顧客自由選擇的環境。」

（1）賣場內部空間佈局上檔次：一個賣場想讓顧客感到舒適，並不能僅靠寬敞的面積，還要靠內部布置的配合。優衣庫圍繞三個因素，力求做到「寬敞」的內部空間。

首先是明亮的燈光：內部空間主要以白色的節能燈為主，營造明亮、通透的賣場氛圍。

其次是規範的賣場分佈：一個賣場會被劃分為幾個區域，每個區域都有指定擺放的產品，這一要求有三利，利於顧客在找尋所需產品時節省時間，利於員工工作，利於形成整齊的賣場。不僅產品擺放的位置有講究，擺放的順序也是如此。賣場按照人們的行走習慣和視覺順序劃分，即當一位顧客從門口進入後，基本按照「上衣、下裝、配件、居家、童裝、優惠產品」的順序購物，因此優衣庫利用各類陳列架、模特、產品的種類等因素營造一條有引導性的道路，指引顧客潛意識地順從店鋪順序進行購物。

最后是同款服裝的擺放：即使款式再多，優衣庫的服裝全部依據「碼數從小到大，顏色從淺至深」的順序分佈，並且展示在最外面的服裝都要求碼數為中碼。這種規範性的要求，充分展現優衣庫的品牌文化，即使在硬件上也要求實現簡約、整齊、清晰的視覺感知。這樣既帶給消費者整潔美觀的視覺印象，又極大地方便了消費者的選購，刺激了消費者的購買欲。

（2）賣場整體空間佈局大氣十足：優衣庫賣場的空間以「寬敞」為主要考慮因素，無論選址還是店鋪大小，都致力於讓顧客感受到舒適、自由的購物空間。比如，目前的優衣庫賣場面積基本在一千平方米以上。

除此以外，幾乎所有門店都是開放式店面設計，也就是當顧客站在店鋪門口，就能看到店鋪內部的整體分佈，無須在裡面麻木地找尋自己喜愛的產品，取而代之的是有針對性地直接到達選購區域。這樣的設計有助於擴大顧客的視覺空間。

陳列展示——洋氣有深度

所謂細節決定成敗，優衣庫不僅專注於空間上的舒適，在局部的細節上也非常用心。

（1）陳列架設施洋氣：在優衣庫店鋪內，每種陳列臺和陳列架都有分類，每一種陳列工具都有不同的使用方式和作用。

（2）動態技術顯深度：隨著數字化進程的加快，陳列也可以做得很智能。優衣庫結合視覺、觸覺、嗅覺等感官體驗，能讓顧客全面、深入地瞭解到產品的根本。在「快社會」中，如何讓路過的人成為店鋪顧客，以及如何讓顧客欣賞產品，都是商家值得深究的問題。

優衣庫在陳列產品的過程中，融入動態3D技術，把賣場室內的櫥窗展示設計成動態的，以模特作為主體，利用電梯的原理，使其在幾層樓的店鋪中上下穿梭，不僅吸引顧眼球，還增加一份動態感，使產品陳列更靈活。

（資料來源：曹頤琪，江萍．優衣庫：就是要吸引你的眼球［J］．銷售與市場：評論版，2014(8)．)

第一節　消費者的感覺

一、感覺的含義與類型

(一) 感覺的含義

感覺（Sensation）是一種最簡單的心理現象，是人腦對直接作用於感覺器官的外界事物個別屬性的反應，是認識過程的開端。消費者對產品的認識是從感覺開始的。在消費活動中，當消費者與產品發生接觸時，總會借助感覺器官來感受產品的物理屬性和化學屬性，並通過神經系統傳遞到大腦，從而引起對客觀事物的認識。

感覺不僅是人們獲得外界信息的來源，也是人們對客觀事物的情感、興趣的依據。消費者購買行為的產生不僅基於對產品本身的感覺，還基於對購物環境、服務人員態度、服務質量等的感覺。因此，消費者的感覺對象是多方面的，有些感覺與商品消費有直接關係，有些感覺與商品的消費有間接關係。感覺是消費者的一切知識和經驗的基礎，離開了感覺，消費行為也就無從談起。

(二) 感覺的類型

人的感覺主要有五種類型，即視覺、聽覺、嗅覺、味覺、皮膚覺。

1. 視覺

視覺是依靠人的眼睛來實現的一種感覺。視覺上的刺激主要包括色彩、亮度、灰度、外形、大小等。色彩感覺給人們以最豐富的視覺感性世界，直接影響人們的情緒感受。企業在行銷中應充分利用視覺展現商品的特色。

2. 聽覺

感官上的聽覺，是指人們對聲音的頻率、音量的大小、音色的感覺。聽覺是依靠耳朵來實現的。在商品消費過程中，聽覺所起的作用也是十分重要的，音樂、影視、戲曲表演等藝術形式的享受，離不開人的聽覺器官。聽覺信息也是傳遞商品信息的重要渠道。不同形式的音樂能夠產生輕鬆或者刺激的情緒，企業在商業環境中可提供功能性音樂來使顧客放鬆或振奮。

3. 嗅覺

嗅覺的主要器官是鼻子。嗅覺與味覺這兩種感覺是緊密相關的。嗅覺是最直接的感覺。與消費者心理密切相關的氣味主要是香味，龐大的香水與化妝品市場即來源於人們對香味的消費需要。除了香味之外，商家也要利用其他氣味，如食品中的不同氣味、服飾中的不同氣味、警戒性氣味（煤氣中加入的臭味）等。氣味在多方面影響著消費者的反應，是由於人的想像和思維活動參與了感覺過程。

4. 味覺

味覺是一種很個性化的感覺。味覺的感覺器官主要是舌頭。味覺的主要類型有四類：酸、甜、苦、鹹。其他的味覺類型是在這四大類的基礎之上綜合或者複雜化而形

成的，如辣的味道是在溫度覺、痛覺和部分鹹的感覺基礎上綜合形成的，酸辣的感覺又是在酸和辣的基礎之上形成的複雜感覺。

概念運用：味覺與行銷

一家名叫調味屋（Flavor House）的專業公司開發了新味道來取悅消費者不斷變化的口味。如消費者需要味道好、熱量低、脂肪少的食品，該公司便生產了一種米糕，嘗起來就像黃油爆米花一樣。

食品公司竭力確保食品確如其味。如納貝斯克公司監督小甜餅干質量的程序：聘用感覺討論員（Sensory Panelists），經過6個月的口感訓練，根據一些屬性維度，將本公司產品和競爭產品排等級。屬性維度包括易融度（Rate of Melt），濃度和密度（Fracturability and Density），白齒黏附量（Molar Packing）和餅干的性質（Notes）如苦、鹹、甜等。公司測試一種餅干樣品就需花費小組成員8小時的時間。

5. 皮膚覺

皮膚覺是人的皮膚對於事物的感覺，包括溫覺、冷覺、觸覺、痛覺等感覺類型。因為溫度覺的存在，人們要求自己的周圍有一個比較舒適的溫度環境，並因此形成了滿足舒適溫度環境的巨大消費市場，如電風扇、空調器、季節性服裝等。

觸覺中以手部位置使用最為頻繁，所以觸覺在日常生活中被稱為「手感」。在服裝消費中，消費者會摸一摸服裝的質料，有些消費者偏好粗糙、硬性挺括的手感，有的喜歡柔軟、光滑的手感。人們選購提包、手機、家具、家電等商品，會考慮商品表面的手感，有人喜歡光潔的手感，有人喜歡粗糙的手感。觸覺是促進銷售的一個因素。有研究表明：與侍者有適當身體接觸的人付的小費更多；超市的食品示範者與顧客有輕微的身體接觸，能幸運地得到更多的顧客試吃和更多的訂單。

日常用語中還有「質感」一詞。質感是在觸覺、視覺、聽覺等器官基礎上形成的，這是思維活動參與感官過程所形成的對商品質量的判斷。質感已經不是簡單的感覺活動，而是複雜的知覺活動及更高級的心理活動。

二、感覺的規律

（一）感覺的感受性

所謂感覺的感受性是指感覺器官對於外界刺激強度及其變化的感覺能力。它是消費者對商品、廣告、價格等消費刺激有無感覺以及感覺強弱的重要標誌。感受性的大小是用感覺閾限的大小來度量的。感覺閾限是指能夠引起感覺並使感覺持續一定時間的刺激量。閾限是界限、門檻的意思，例如，人的耳朵可以聽到聲音頻率的範圍是20~20,000赫茲（Hz），在此界限內就產生感覺，超過這個界限就沒有感覺。每一種感覺都有兩種類型的感受性和感覺閾限，即絕對感受性和絕對感覺閾限以及差別感受性和差別感受閾限。

心理學上把能引起感覺的最小刺激強度叫作絕對感受閾限（Absolute Threshold），對這種能覺察出最小刺激度的能力叫作絕對感受性。絕對感受性與絕對感受閾限成反

比關係，絕對閾限越小，能引起感覺的刺激強度越弱，絕對感受性就越大，說明人的感覺器官越靈敏。但有時刺激強度發生了變化，人們並不一定能有所感覺，如一臺4,900元的空調降價20元時，消費者並不一定能立即有所感覺，這就是差別閾限在起作用。所謂差別閾限（Difference Threshold）是指剛剛能引起差別感覺的兩個刺激量的最小量差別。如空調價格從4,900元降到4,700元時，人們就會有明顯的感覺，其中200元就是原來4,900元的差別閾限。相應地，我們把能夠區別客觀事物變化或差別的能力叫差別感受性，差別感受性與差別閾限也成反比關係。

德國生理學家韋伯於1834年發現，個體可覺察到的刺激強度變化量ΔI與原刺激強度I之比是一個常數，即$\Delta I/I = K$。這就是著名的韋伯定律。韋伯定律中的K在每一種感覺狀態下是一個常數，但它隨不同感覺狀態而變化。

消費者的感覺閾限制約著經營刺激信號。俗話說「耳聽為虛，眼見為實」，對於商品的認識和評價，消費者首先相信的是自己對商品的感覺。但不同的客體刺激對人所引起的感覺是不相同的，而相同的客體刺激對不同的人引起的感覺也不相同。所以，在市場行銷活動中，企業向消費者發出的刺激信號強度受消費者的感覺閾限的制約，如為推銷商品而降價就是如此。在這裡，降價的幅度對消費者而言就是這個刺激信號，其必須與消費者的感覺閾限相適應：降價幅度過小，刺激不夠，消費者不會積極購買；而降價幅度過大，消費者又會懷疑商品的質量。另外，消費者的感覺閾限大小還與商品本身有關。如幾千元的商品降價十幾元並不會引起消費者的注意，而日常的生活用品，如蔬菜、肉類、蛋類，即使只上漲幾角錢也會很快被消費者感覺到。

行銷實用技能：差別閾限的運用

●企業在產品品質上的改善要讓消費者覺察，同時又不造成浪費。

●在原材料的替換、降低或減少產品的重量或數量方面，為了不使消費者發現，變化最好保持在差別閾限內。如一家食品公司，23年內對牛奶巧克力條的價格只調整了3次，但重量變了14次，未引起消費者的覺察。

●在價格變動方面，企業至少削價15%才會引起消費者購買。

●在產品的包裝方面，包裝的現代化的每一進程不會使消費者感到商標的變化，企業應使產品包裝的現代化進程與對該商標產品的任何一點好印象結合起來。

●在商標策略方面，名牌商標生產者力求與對手有所區別，而對手企圖混淆視聽，魚目混珠，如劍南春與劍商春。

(二) 感覺的適應性

所謂感覺適應（Sensation Adaptation）是指人們的感覺器官隨著刺激物的持續作用使感受性發生變化的現象。適應可以引起感受性的提高，也可以因接觸過度而造成感覺的敏感性逐漸下降。例如，當消費者購買一個新產品時，覺得這個產品很新鮮，甚至會愛不釋手，但過了一段時間，就覺得這個產品不那麼吸引人了，這就是人們對持久、恒定作用的環境刺激產生感覺適應的表現。當個體重複經歷某種刺激時，就會產生感覺適應。而個體已習慣了的刺激的數量或水平就是適應水平。

感覺的適應性也會發生在消費者對企業所傳播的廣告信息中。例如，消費者會注意到企業所播放的新廣告，但看了幾次之後，消費者對該廣告產生了感覺適應，就可能不太會去注意它了；即使看見了，也不再對其進行加工，即所謂的「熟視無睹」。因此，企業常會過一段時間就更換新的廣告，或者對同一個廣告主題採用不同的表現形式，以保持受眾對其廣告的關注。

蝴蝶效應認為人們對有少許差異的東西的感知更為肯定。在適應水平上，人們對刺激的偏好有所下降，但對高於或低於適應水平的偏好達到了最高水平。

蝴蝶效應也可解釋人們在對日用品（如牙膏、香皂等）的消費中為什麼會經常更換品牌，即使他們說不出來對原有的品牌有什麼不滿。根據蝴蝶效應，當消費者已對原有品牌產生感覺適應時，更換品牌可使消費者偏離適應水平，從而帶來產品之外的愉悅。因此，我們會看到即使產品的品牌名稱不變，企業也會不斷地導入新產品，以使消費者對產品產生新鮮感。

(三) 感覺的對比性

所謂感覺的對比性是當同一感覺器官接受不同的刺激時，容易使人的感受性發生變化，產生對比現象。例如，穿紅上衣和穿綠上衣的人都手持紅花，則穿綠上衣者手中的紅花更顯眼，這就是同一刺激在不同背景下產生的對比感覺，而使感受性加強或減弱。因此，在商品陳列和廣告設計中，亮中取暗、淡中有濃、靜中有動等手法有助於增強消費者的注意力。

(四) 感覺的聯覺性

所謂感覺的聯覺性是指人體各感覺器官的感受性不是彼此隔絕的，而是相互影響、相互作用的，即一種感覺器官接受刺激產生感覺後，還會對其他感覺器官的感受性產生影響。消費者在同時接受多種消費刺激時，經常會出現由感覺間相互作用引起的聯覺現象。例如，消費者在優雅柔和的音樂聲中挑選商品，對色澤的感受力會明顯提高；進餐時賞心悅目的各色菜餚會使人的味覺感受增強。除不同感覺器官之間的聯覺外，同一感覺器官內不同部分的感受性也會發生聯覺現象。

第二節　消費者的知覺與理解

一、知覺的含義與特徵

(一) 知覺的含義

知覺（Perception）是人腦對作用於感覺器官的客觀事物各種屬性和各個部分的整體反應。知覺是在感覺的基礎上形成的。在認知過程中，消費者不僅借助感覺器官對商品的個別屬性進行感受，而且能將各個別屬性聯繫、綜合起來，進行整體反應。

但是，知覺並不是感覺在數量上的簡單相加，它往往是視覺、聽覺、觸覺、嗅覺、運動覺等多種感覺協同作用的結果。感覺的產生決定於客觀刺激的物理特性，例如熱

水能讓人感到熱度。而知覺的產生在很大程度上依賴於主體的態度、知識經驗、心理狀態和個性特點，尤其是過去的知識經驗。例如在寒冷的冬天洗個熱水澡，會讓人感到舒服、愜意。這種由熱水帶來的舒服、愜意屬於人的知覺。

在實踐中，消費者通常以知覺的形式直接反應產品，而不是孤立地感覺其某一方面的屬性。例如，我們在品嘗菜肴時，通常用是否色、香、味俱全來評價，購買計算機時則通常考慮最佳的價格和性能比。因此，與感覺相比，知覺對消費者的影響更為直接和重要，它決定著消費者對消費信息的理解和接受程度，制約著消費者對產品的選擇比較，是產生購買行為的前提。

(二) 知覺的特徵

1. 知覺的選擇性

個體對外來信息有選擇地進行加工的能力就是知覺的選擇性。知覺的能動性主要表現在它的選擇性上。現代消費者置身於商品信息的包圍之中，有大量的消費刺激作用於消費者的感覺器官，消費者不可能同時反應所有這些事物，只是對其中的某些事物有清晰的反應，這就是知覺的選擇性。

知覺的選擇性還表現在消費者能在眾多的商品中把自己所需要的商品區分出來，或者在同一種商品的眾多特性中優先注意到某種特性。它使消費者在知覺商品中發揮「過濾」作用，使消費者的注意力集中指向感興趣的或需要的商品及某些特性。

2. 知覺的整體性

儘管知覺對象由許多個別屬性組成，但是人們並不把對象感知為若干個相互獨立的部分，而是趨向於把它知覺為一個統一整體。知覺的整體性反應在消費者的購買行為上，就是消費者總是把商品的質量、價格、款式、商標、包裝等綜合在一起，形成對商品的整體印象。知覺的整體性使消費者能夠快速將某種產品與其他商品區別開來；當環境變化時，企業可以根據消費對象各種特徵間的聯繫加以識別和辨認，從而提高知覺的準確度。

3. 知覺的理解性

人們在感知客觀事物時，總是運用過去所獲得的知識和經驗去解釋它們，這就是知覺的理解性。人的知覺的理解性受知覺者的知識經驗、實踐經歷、接收到的語言指導以及個人興趣愛好等的影響。因此，不同的人對同一事物可以表現出不同的知覺結果。例如，具有電子專業知識的消費者在選購家用電器時，通過閱讀商品說明書並進行調試比較，就能理解商品的原理、結構、性能、特點和品質，並做出正確的評判和選擇。

4. 知覺的恒常性

當知覺的客觀條件在一定範圍內有所改變時，知覺印象仍然保持相對不變，這就是知覺的恒常性。知覺的恒常性反應在消費者的購買行為上，就是消費者能夠避免外部因素的干擾，在複雜多變的市場環境中，仍然可以根據以前購買商品后的使用經驗來辨別眼前的商品。例如，某個長期受消費者歡迎的名牌商品，在包裝材料上做了些許改變，或增加了一些新的附加值，消費者仍然能進行正確的知覺。但知覺的恒常性

也可以阻礙新產品的推廣。

由於人們不願放棄自己使用習慣的商品，所以知覺的恒常性可以成為消費者連續購買某種商品的一個重要影響因素。企業可以通過名牌商品帶動其他商品的銷售，或通過暢銷的老商品帶動新商品的銷售。

二、知覺的組織與分類

(一) 知覺的組織

人們隨時隨地都會接觸到各種各樣的信息，但是人們並不是對一個信息孤立地進行感知，而是把這些信息聯繫起來進行認識，把它們組織成一個有意義的整體以便進一步對它們進行理解和處理，這樣就大大簡化了信息處理的任務。20世紀早期的完形心理學派（Gestalt Psychology）認為「總體大於部分之和」，並提出了知覺組織的主要原則。

1. 圖形—背景原則（形—底原則）

知覺的圖形可看作是那些受到集中注意的刺激物，知覺的背景是指處於注意「邊緣」的其他刺激物。因此，知覺的圖形常常是清楚的、穩定的，而背景常是模糊的、不確定的。人們傾向於從圖形—背景的關係來組織信息。因此，個體對刺激物的感知，從一定意義上說就是把圖形從背景中分離出來的過程。圖形與背景的鮮明對比是圖形知覺的重要條件。

在市場行銷中，企業常想讓消費者把自己的廣告信息作為知覺的圖形，而把競爭對手以及其他信息作為知覺的背景，因此，企業總是想讓知覺的廣告信息更加明確，更加有吸引力，能夠引起受眾的注意和好感。即使在企業單個的廣告中，企業也總是把最想傳達的信息作為知覺的圖形，而把其他信息作為背景，以使產品特徵能被消費者清晰地感知。

2. 接近原則

人們容易把在空間上接近或者鄰近的刺激物組織在一起。組織的接近原則是指人們在對某一刺激物進行認識時，會把它與接近的刺激聯繫起來。在廣告的創意中，企業常把該產品放置在使用該產品的情境中，這樣可使消費者在相似的環境和氣氛中想起該產品。例如，企業把給孩子洗澡的情境與用品聯繫在一起，消費者在這樣的時刻自然就會想起使用該產品了。

3. 相似原則

人們傾向於把在形狀、顏色、功能以及其他方面相似的刺激物歸於一類，這就是知覺組織的相似原則。策劃人員經常會利用這種知覺的相似性進行廣告創意設計。例如，化妝品把眼睛的魚尾紋與魚的形狀體現出來，形象說明了該產品的功效就是要減緩和消除魚尾紋的產生。一些企業也常利用這種知覺的相似性來使自己的產品與一些名牌產品相似，以提高其產品的信譽。

4. 連續性的原則

知覺組織的連續性原則是指視覺對象的內在連貫性。企業在廣告中，也會利用這

種連續性的原則，通過手勢或者眼睛的視線而把受眾的注意力引向產品、企業的標誌。

　　5. 閉合性原則

　　人們傾向於把不完全的刺激物知覺為完整的刺激。也就是說，人們通過過去的經驗可把刺激物中的缺失補充起來，從而形成完形。

(二) 知覺的分類

　　知覺的分類是指當個體感知到外界刺激物以後，就開始把刺激物的特徵與記憶中的相關概念進行比較、分析，試圖把該刺激物體歸入到過去記憶中的某一類別。

　　過去的經驗和社會關係有助於形成某種提供分類的期望（或選擇性的期望），個體用此解釋刺激。個體的經驗範圍越狹窄，可供選擇的分類途徑就越有限。在市場行銷中，企業總是想讓消費者認識到其產品在該產品類別中的位置以及它與其他類別和產品的區分，這往往通過產品定位進行實現。

三、影響消費者理解的因素

(一) 影響理解的個體因素

　　1. 動機

　　動機會影響個體對刺激物的理解。在萊維勒（Levine）等人做的一個實驗中，實驗者將一幅模糊的圖畫呈現給被試，並要求後者指出圖畫中畫的是什麼。結果，越是饑腸轆轆者越將其想像成某種與食物相關的東西。這說明，動機直接影響個體對刺激物的理解。

　　不僅如此，動機還影響理解過程中個體對信息加工的深度。如果刺激物被認為與達到某種目的或提供某種利益相關，它越可能激發各種聯繫和想法，此時信息加工深度被提高，反之則會削弱。

　　2. 知識

　　儲存在頭腦中的知識是決定個體如何理解刺激物的一個主要因素。新手和專家在同一事物上的判斷可能截然不同。不僅如此，知識還有助於提高消費者的信息理解能力，知識豐富的消費者更可能識別信息傳播中的邏輯錯誤，更少對信息做出不正確的解釋。此外，知識豐富的消費者更可能集中思考刺激物中包含的事實，而知識欠缺的消費者則可能更多著眼於背景音樂、圖片等非實質性內容。

　　3. 期望

　　理解在很大程度上取決於個體對所要看到的事物的期待。如符號「13」，在一串數字之後，你會把它視為13，在一串英文字母之後，你會把它認為是字母B。期望還會影響消費者對銷售人員所提供的說明信息的處理。有一個研究發現，當銷售人員偏離消費者心目中的「典型銷售人員」形象時，消費者會更加審慎地評價他們提供的信息。

(二) 影響理解的刺激物因素

　　1. 刺激物的實體特徵

　　刺激物的實體特徵如大小、顏色等，對消費者如何理解刺激物有著重要影響。蘋

果計算機公司最初將功能更強但體積更小的計算機推向市場時，很多消費者難以相信這一事實，於是它不得不發起一場「它比看起來要大得多」（It's a lot bigger than it looks）的推銷活動，結果改變了消費者的看法，使產品銷量上升。

　　刺激物的顏色在消費者的理解過程中也是重要的認識線索。在美國，橙色被認為很廉價，一家快餐連鎖店為突出其食物的物美價廉，在店內與店面的裝修中更多地加入橙色，結果銷售增加了7%。家用電器製造企業發現，當用柔和的而不是較深或較暗的色彩時，消費者會覺得產品的重量更輕一些。

　　再如包裝，一家食品雜貨店發現，將鮮魚處理后用塑料袋包裝，消費者會認為存放太久，不新鮮，因為很多人將其解釋為已經冷凍過。為此，該商店將魚直接放在碎冰上。

　　品牌名與消費者的理解也有緊密聯繫。如溫迪（Windy）試圖將其「單人」漢堡改名為「超級經典」（The Big Classic），「單人」漢堡所用的餡料比麥當勞的「巨無霸」所用的餡料多，但它的名字沒有很好地傳遞這一信息，致使消費者對其實際價值缺乏瞭解。

2. 語言與符號

　　同樣的語言或符號在不同情境和不同文化背景下其含義可能截然不同。如降價，字面意思是商品價格降到正常價位以下進行銷售，但如果是時裝銷售，人們會認為是款式過時。因此，區分字、詞的字面含義和心理含義十分重要。字、詞的字面含義是指一個字或一個詞的一般含義，即辭典所解釋的含義，而心理含義是基於個人或某個群體的經歷、詞語使用時的具體情境而被賦予的特定含義。

3. 次序

　　次序對於理解有兩種類型。一是首因效應（Primacy Effect），指最先出現的刺激物會在理解過程中被賦予更大的權重。二是近因效應（Recency Effect），指最後出現的刺激物會更容易被消費者記住，並在理解時賦予更大的權重。在刺激物呈現或信息傳播過程中，企業到底是應用首因效應還是近因效應要視情境而定。比如，在廣告中是先播品牌名效果好，還是先呈現背景和產品實物再播品牌名好，取決於消費者特性和購買介入程度等多個因素。

（三）影響理解的情境因素

　　一些情境因素如饑餓、孤獨、匆忙等暫時性個人特徵以及氣溫、在場人數、外界干擾等外部環境特徵，均會影響個體對信息的理解。初步研究表明，出現在正面節目中的廣告獲得的評價也更正面和積極。因此，消費者在消費產品服務的同時也在體驗或消費知覺情境，情境的差異會影響消費者的消費體驗效果。

四、對行銷信息的誤解

　　行銷者希望消費者正確理解其傳遞的信息，但誤解均無法被避免。消費者產生誤解的原因多種多樣。有時可能是受眾注意力不集中，如在收看節目時做別的事情，或與別人聊天。誤解也有可能是由刺激物本身不明確和模糊所致。此外，消費者知識的

局限、誤導性信息均有可能引起對行銷信息的誤解。所以，企業傳遞信息應預先認真進行測試，以盡可能減少誤解。

第三節　消費者的接觸與注意

一、消費者的接觸

在任何一種行銷刺激能夠影響消費者之前，首先必須讓消費者能夠接觸到。接觸（Exposure）是指將刺激物展現在消費者的感覺神經範圍內，使其感官有機會被激活。行銷者只需把行銷刺激置於個人相關環境之內，並不一定要求個人接收到刺激信息。比如電視裡正在播放一則廣告，而你正在和家人或朋友聊天而沒有注意到，但廣告展露在你面前則是事實。

對於消費者而言，接觸並不完全是一種被動的行為，很多情況下是主動選擇的結果。研究顯示，當電視廣告播放時，只有47%的消費者觀看全部的廣告，有10%的觀眾會走出房間。網路電視的開通和遙控器的使用，使消費者更容易控制所看到的廣告。為減少廣告逃避現象和提高行銷信息的接觸水平，行銷者和廣告公司正在試圖採用各種方法，如增強廣告本身的吸引力，在多種媒體和多個電視頻道刊播廣告，將廣告置於最靠近節目開始或結束的位置等。如電視臺播放麥克爾·杰克遜為百事公司做的廣告時，只有1%~2%的觀眾換臺。

目前，我們對接觸水平的衡量主要有發行量、收聽率和收視率等指標。收視率一般是用觀眾人數來反應的，可以用電話訪問法，也可以用觀眾人數計量儀。

行銷實用技能：擴大偶然接觸機會

●企業可在那些最能引起適當的目標消費者接觸的環境中宣傳產品。如一個顧客等售貨員為他找錢的過程平均有14秒，售貨員可以讓他看包裝機，包裝機做食品、飲料廣告已足夠。

●企業可在車站、碼頭、繁忙的交叉路口、市中心等交通繁忙的地段設置零售點。一家咖啡館連鎖店經營三明治、新鮮橘子汁、新鮮法式烤麵包、松餅、新月形麵包，運用一種星羅棋布的戰略，在波士頓市中心開了16家分店，有些店相隔不到100英尺（1英尺=0.304,8米。下同），雖然沒有在每個路口安裝大廣告牌，但咖啡店本身就是最好的廣告。

●企業應注重廣告中的全方位宣傳。如，企業可使用媒體組合，利用出租車、體育館、輪船、公共汽車做廣告，在購物車上放置廣告等。

●企業提高對某一品牌偶然接觸的長期戰略是讓它進入電影和電視。企業可以雇佣一家專門為產品在電影、電視中做廣告的公司來宣傳品牌。

二、消費者的注意

(一) 注意的含義

注意（Attention）是人的心理狀態對於客觀事物指向性和集中性的體現。注意是人們獲得信息的先決條件，並且與其他的心理活動緊密相連。只有進入人們注意範圍之內的事物，才有可能被感知。

在現代行銷活動中，研究人員關心消費者對於商品及其相關信息的注意。有人認為，消費者的注意效果直接決定一個企業、一個品牌的經濟效益，因此將注意效果命名為一種經濟行為，即「注意力經濟」，其中視覺的注意占據重要的地位，有人把「注意力經濟」乾脆稱為「眼球經濟」。

(二) 消費者注意的功能

1. 維持功能

維持功能指消費者把對選擇對象的心理反應保持在一定方向上，並維持到心理活動的終結。由於注意的作用，消費者在對消費對象做出選擇後，能夠把這種選擇貫穿於認知商品、做出決策乃至付諸實施的全過程中，而不致中途改換方向和目標，由此使消費者心理與行為的一致性與連貫性得到保證。

2. 選擇功能

選擇功能指消費者選擇有意義的、符合需要的消費對象加以注意，排除或避開無意義的、不符合需要的外部影響或刺激。面對浩如菸海的商品世界，消費者不可能同時對所有對象做出反應，只能把心理活動指向和集中於少數商品或信息，將它們置於注意的中心，而使其他商品或信息處於注意的邊緣或注意的範圍以外。這樣，消費者才能清晰地感知商品，深刻地記憶有關信息，集中精力進行分析、思考和判斷，在此基礎上做出正確的購買決策。

3. 調整功能

調整功能指注意能使消費者的心理活動處於一種積極狀態，能使他們及時調整和修正由外界干擾產生的錯誤和偏差，保證感知的形象清晰和完整，從而更好地進行思維和意志活動，提高消費活動的效率。

(三) 注意的形式

1. 無意注意

無意注意又稱隨意注意，是沒有預定目的、不加任何意志努力而產生的注意。消費者在無目的地遊覽觀光時，經常會於無意之中不由自主地對某些消費刺激產生注意。刺激物的強度、對比度、活動性、新異性等，是引起無意注意的主要原因。

2. 有意注意

有意注意又稱不隨意注意，是有預定目的、需要經過意志努力而產生的注意。在有意注意的情況下，消費者需要在意志的控制之下，主動把注意力集中起來，直接指向特定的消費對象。因此，有意注意通常發生在需求慾望強烈、購買目標明確的場合。

3. 有意后注意

有意后注意又稱隨意后注意，指有預定目的但不經意志努力就能維持的注意。它是在有意注意的基礎上產生的。消費者對消費對象有意注意一段時間後，逐漸對該對象產生了興趣，即使不進行意志努力，仍能保持注意，此時便進入有意后注意狀態。在觀看趣味性、娛樂性廣告或時裝表演時，人們就經常會出現有意后注意現象。這種注意形式可使消費者不致因過度疲勞而發生注意轉移，注意相對穩定和持久。

(四) 影響注意的因素

1. 影響注意的刺激物因素

任何一種客觀事物的存在，都是刺激物作用於感官而引起反應。刺激物因素指刺激物本身的特徵，如大小、顏色、位置、運動等，是行銷者可以控制的，所以常用來吸引消費者的注意。

(1) 大小與強度

一般來說，大的刺激物比小的刺激物更容易引起人們注意。相關研究顯示，廣告版面擴大 10 倍，注意率提高 7 倍。因此廣告的慣用策略是大尺寸廣告，如瑞士鐘表廣告直徑大到 16 米，重 6 噸，垂掛在東京的摩天大樓上；國外的一些戶外廣告用大屏幕顯示，有三層樓高，面積有幾百平方米；有的飛機廣告噴濃菸，在天空拼寫文字廣告，每分鐘噴 100 萬立方英尺的濃菸 30 個左右，方圓 20 英里 (1 英里 = 1.609,344 千米。下同) 的人們都可看見。

相關的研究表明，刺激要引起反應必須達到一定的強度，在一定的範圍內，隨著強度的增加，個體的反應也會增加。高強度刺激物如強光、強音響、突出位置容易引人注意。因此廣告中多採用明亮色彩的印刷廣告、響亮的廣告聲。反覆、高頻率也是提高刺激物強度的方法。如某些牆壁上，連續貼滿許多廣告，一張不能吸引注意，但連續幾張就有強烈的刺激力量；廣播廣告中同一內容需要播報 3~6 個月，否則沒有效果。

(2) 色彩與運動

彩色畫面比黑白畫面更易引起注意。黑白廣告的注意率為 3%，彩色廣告的注意率為 50%；黑色與單色結合的廣告，比黑白廣告的注意率高出 7%；四色廣告比黑白廣告高出 54%。一項涉及報紙廣告色彩效果的研究發現，減價品新增銷售的 41% 是由於零售商在黑白報紙廣告中增加了一種顏色。另外，某些顏色如紅色、黃色更引人注目。

具有動感的、變化的刺激物更容易引起注意。所以，電視廣告吸引注意力的效果強於印刷廣告。平面廣告是靜止的，就要採用似動效果，用活動的佈局、表現動態活躍的照片來增強吸引力。

(3) 位置與隔離

刺激物的位置不同，所引起個體的關注也可能是不一樣的。如視野正中的物體較處於邊緣的物體更容易被人注意，所以企業對與視線平行的貨架位置爭奪激烈。對於雜誌來說，位於封面的廣告要比位於封二、封三以及封底的廣告更容易引起關注。就電視節目之間所插播的系列廣告來說，系列開始以及末尾的廣告更容易引起人們的

關注。

隔離（Isolation）是將某些特定刺激物與其他物體分隔開。隔離有助於吸引注意力。如報紙或印刷媒體，將大部分版面空下來而不是用文字或圖畫填滿整個版面，採用空白、花邊、邊框等形式將某廣告與其他廣告相區別。同樣，廣播廣告之前的片刻沉默或電視廣告之前畫面的片刻消失，都是運用了隔離的原理。

（4）對比與刺激物的新穎性

對象與背景有顯著差異、形成明顯對比的刺激物，更能吸引人們的注意，因為對比會造成人們的認知衝突，激活和提高信息處理水平。對比有強度對比，如明亮、暗淡、字體大小、聲音的驟然增強等；有顏色對比，如黑白、紅黑、紅綠、黃黑對比等，黑白廣告在眾多彩色廣告後更引人注目；也有動靜對比等。

由於人的感覺器官有適應性，缺乏新奇的刺激時難以被激活。所以，當刺激物具有新穎性時，出乎意料的不平常的刺激特性，與人們預期大相徑庭的畫面、內容、帶音樂或聲音的印刷廣告，更能引人注意。

（5）格式與信息量

格式是指信息展示的方式。通常，簡單、直接的信息呈現方式比複雜、間接的信息呈現方式更受到人們注意。缺乏明確觀點，移動不當如太快、太慢的廣告，會增加人們處理信息的難度。同樣，晦澀的文字、難懂的口音、不當的背景雜音，均會降低注意率。但有時，適當的模糊信息也會提高注意率。

過多的信息會使消費者處於信息超載狀態，滋生受挫感和沮喪感，從而降低信息處理水平。研究發現，隨著收到的商品目錄數的增加，消費者購買的商品也增加，但到一定階段，商品目錄數的進一步增加反而會使消費者購買商品的數量減少。其原因在於發生了信息超載現象，在此狀態下消費者會停止閱讀任何商品目錄。因此，企業應考察消費者能夠利用多少信息，只提供最重要的信息，更詳細、具體的信息及次要信息可以用表格、產品宣傳單、電子郵件等形式提供給那些感興趣的消費者。

2．影響注意的個體因素

（1）需要與動機

處於某種需要狀態時，消費者對能夠滿足這種需要的刺激物會主動關注。符合個體需要的信息最可能成為消費者注意的中心，使消費者對它產生知覺並儲存在記憶中。消費者對那些不符合其需要和興趣的無關信息則可能視而不見、聽而不聞。如饑餓的人會對食品及食品信息給予更多的注意，打算外出度假的人更關注旅遊信息，藥物廣告被健康者當作無關信息過濾掉，對於病患者來說卻是福音。

（2）態度

人們對某一問題都有自己的態度，保持一貫看法。如出現的信息與自己對某問題的看法不一致，就會出現認知衝突。認知衝突會引發心理不安和緊張。消費者出於趨利避害的考慮，更傾向於接納與其態度相一致的信息，也稱支持性信息。如吸菸者對香菸包裝上的「吸菸有害健康」視而不見，不吸菸者卻會注意到。愛爾里西有一項研究，給新的汽車買主出示了8份的汽車廣告單，這些廣告單涉及各種汽車，讓他們去挑選自己認為合適的汽車，結果表明，80%的買主選擇了自己擁有的汽車。

(3) 適應性水平

當某一刺激變得熟悉之后，它可能會喪失吸引注意的能力，這種現象被稱為適應（Habituation）。例如廣告牌剛立起來時引人注意，久了就不會引起注意了。單調、重複、司空見慣的廣告、包裝或其他行銷刺激都無法引起個體的注意，企業必須加大刺激的劑量或在內容和形式上不時做些變動，才能提高吸引力。

概念運用：褚橙的成功

曾經的「菸王」褚時健75歲二度創業，承包2,000畝（1畝≈666.67平方米。下同）荒山創業，85歲時他的果園年產橙子8,000噸。一位杭州水果業內人士曾向媒體透露，2008年以前，這個品種的冰糖橙在雲南的收購價只是幾毛錢一斤（1斤＝0.5千克。下同），在杭州地區的售價約2.5元一斤，銷量很平淡。隨著王石、潘石屹等知名人士在微博上的力捧，「褚橙」的傳奇故事引爆公眾話題，並被譽為「勵志橙」。目前，「褚橙」的市場售價為108～138元/箱（10斤），而且不愁銷路。

「褚時健賣橙，他的成功之道在於，種出高品質的好水果，然後引入創意與實力兼具的生鮮電商平臺作為產品行銷的戰略合作方，當好的產品遇到好的渠道銷售模式，猶如好馬配好鞍，成功是水到渠成的事情。」

3. 影響注意的情境因素

情境因素既包括環境中獨立於中心刺激物的那些成分，又包括暫時性的個人特徵如個體當時的身體狀況、情緒等。一個十分忙碌的人較一個空閒的人可能更少注意呈現在其面前的刺激物。處於不安或不快情境中的消費者，會注意不到很多展露在他面前的信息，因為他可能想盡快地從目前的情境中逃脫。

第四節　消費者的意象

消費者在消費過程中逐漸形成一些較為持久的知覺或意象，包括對產品、服務的印象，對零售商、製造商的印象以及對價格、質量、風險等的感知，這些知覺或意象對研究消費者行為非常有用。

一、產品形象、品牌形象和企業形象

產品形象、品牌形象是消費者對產品、品牌進行認知后得到的總體印象。產品或品牌對於消費者來說，不在於它們本身「是什麼」，而在於消費者「認為它們是什麼」。消費者對一個產品或品牌的知覺既包含它的功能屬性（特色、價格等），也包括它的象徵屬性。消費者對產品或品牌的知覺構成了產品的市場定位。企業要確定產品或品牌在消費者心目中的實際地位，可繪製知覺地圖（Perceptual Map）：先詢問什麼屬性對消費者來說是重要的，以及他們覺得競爭產品在這些屬性上的等級，然後根據這些信息，畫出產品或品牌在消費者心目中「處於」何種位置。知覺地圖可以用於制定

行銷戰略。

企業形象是公眾對企業的總體感知。同樣，消費者對企業形象的知覺既包括公司主要產品，也包括公司的其他行為，如一家公司被認為是高質量或低質量的產品的生產商，是富有社會責任感的公司還是完全自私的公司。消費者對企業形象的感知對企業的一切都有影響，如「5/12」汶川大地震中王老吉捐款 1 億元的行為獲得了消費者對該品牌的極佳印象，引發了該品牌的火暴銷售。企業的品牌名稱、標示語、公司廣告和品牌傳播均影響消費者對企業的知覺。有研究顯示，對於中國消費者而言，公司名稱的表意程度和公司名稱或品牌名稱是否「吉利」會影響消費者的反應。

二、價格感知

消費者如何感知價格（高、低或合理）對消費者的購買意圖和購買的滿意度都有巨大的影響。消費者感知到價格的合理與不合理會影響消費者對產品價值的感知，最終影響他們光顧某個商場或服務場所的意願。

當商品減價時，企業對減價商品的宣傳能夠強化消費者對價值和節約支出的感知。消費者參考價格不一樣，減價廣告產生的效果也不一樣。參考價格（Reference Price）是指消費者在比較價格時所使用的任何基礎價格。參考價格有外在的，也有內在的。一般來說，廣告者會借用一個較高的外在價格（如原價為多少，或別的地方賣價為多少）作為參考價格來襯托商品的價廉，說服消費者這是很合算的交易。而內在價格指的是消費者大腦中記憶的價格，它影響著消費者對於產品的評價、對所做廣告產品價值的感知以及對廣告中使用的外在參考價格的可信度。

對於價格，消費者一般有個可接受範圍和放棄範圍。如一位消費者最多願意花 50 元購買一個禮品，那麼 49 元是可接受的，而 51 元是不可接受的。通常消費者有明確的界限來確定可接受的範圍，處於這個界限內的視為可以接受，超出這個界限的就會放棄，這就是行銷採用尾數定價法的原因。如 49.8 元屬於 50 元以內的範圍，可接受，而 50.2 元就可能不被接受。

研究發現，消費者使用信用卡時比使用現金消費時對價格的敏感性較差，消費者在網上消費時比在現實商場中消費時對價格的敏感性相對較差。

三、認知質量

(一) 認知質量的含義

認知質量（或知覺質量）（Perceived Quality）是指消費者對產品適用性和其他功能特性適合其使用目的的主觀理解。

消費者評判質量的標準以及對各標準所賦予的權重可能與企業的不一致，消費者對產品質量的認知既和產品本身特性相關，又受到很多因素的影響。對於先驗產品，即購買前或購買時就能憑感官對產品品質做出大致判斷的產品，產品本身的內在質量或客觀質量構成評價和選擇的基礎。對於后驗產品，即在購買時無法憑客觀指標對產品質量做出判斷的產品，消費者更多地會依據產品的外在線索做出判斷。

(二) 消費者形成對產品質量的認知的方式

1. 根據產品的內在特性或內在線索形成對產品質量的認知

消費者可以根據產品的內在特性或內在線索（Intrinsic Clues）形成對產品質量的認知。產品的內在線索對不同的產品可能不同。一般而言，產品的特徵如外形、所用原材料、大小、顏色、口味等可以作為形成認知質量的內在線索。如服裝，消費者可能根據所用的布料、燙工、邊角的縫合、扣子等判斷服裝的優劣，並形成總體質量感受。上述這些產品特徵有的對決定服裝的內在質量有很大影響，有的則具有相對較小的重要性。

需要注意的是，消費者有可能透過那些相對較小的重要性的線索來評價產品質量。如汽車，決定汽車內在質量最為重要的是汽車的發動機和操作系統，但消費者可能是以坐墊所用牛皮的柔軟程度、車門把手的精細程度甚至關車門的聲音等較為次要的產品特徵作為質量認知的線索。

2. 根據產品的外在線索形成對產品質量的認知

消費者也會根據產品的外在線索（Extrinsic Clues）形成對產品質量的認知，如價格、原產地、商標知名度、企業聲譽、出售場所等。大量研究表明，當購買風險比較高、消費者對所購買產品的商標不太熟悉時，消費者就傾向於用價格來作為質量判斷的線索。

一般來說，當內在質量能夠在較大程度上預示產品質量時，消費者一般主要依據內在線索來判斷和評價產品的質量。而當產品特徵對產品質量的預示作用小、對購買缺乏信心時，消費者則可能更多地依賴產品的外在線索形成對產品質量的認知。相對於產品的質量認知而言，對服務的質量認知要難得多。

對於企業而言，應針對自己的產品和服務開展調查，以瞭解消費者主要依據哪些線索做出質量推斷，並制定相應的行銷措施。同時，企業也要充分重視形成認知質量的外在線索，瞭解這些線索對消費者的重要程度，以及不同消費者在這些評價線索上存在的差異，並據此做出應對。

四、消費者的知覺風險

(一) 知覺風險的含義及類型

1. 知覺風險的含義

知覺風險（Perceived Risk）是指消費者在不能預見購買決策後果情況下感知到的不確定性。這種不確定性主要來自人們不能得到或者評價所有與決策相關的信息。知覺風險通常有兩種因素。一是消費者知覺到的產品信息中有不確定的數量，消費者缺乏信息和有關的知識會加深對風險的知覺。二是購買結果的因素。顯然，幾乎不需要信息就能購買的產品或是幾乎沒有什麼消極結果的產品，可能被消費者知覺為低風險購物。而消費者需要大量信息，但信息又匱乏時，知覺風險可能增加。如果不良選擇會帶來不良後果，那麼消費者的知覺風險也可能增加。

消費者的知覺風險對其購買決策有非常重要的影響。消費者受他們所感知到的風

險的影響，而不管這個風險是否真實存在。沒有感知到的風險，無論其發生概率有多大或有多危險，都不會影響消費者的購買行為。不同的人知覺風險的程度以及對風險的承受能力也是不一樣的。有些人的風險承受能力高，而另外一些人的風險承受能力低。

2. 知覺風險的類型

（1）經濟風險。經濟風險是指人們擔心產品定價過高或產品有質量問題招致經濟上的損失所產生的風險。買到質量有問題的產品，消費者無論採取何種補救措施，均會涉及貨幣的額外支出，意味著經濟損失。

（2）物質風險。物質風險是指人們擔心產品如存在缺陷可能對自己或他人的健康與安全產生危害的風險。例如，食品的營養與衛生標準是否達到了法律所規定的要求，轉基因食品是否會對人體健康產生無法預料的影響，消費者的此類擔心均屬於物質風險的範疇。

（3）功能風險。功能風險是指產品不具備人們所期望的性能或產品性能比競爭產品差所帶來的風險。如汽車的耗油量比企業承諾的高、電池壽命比正常預期的短均屬於功能性風險。

（4）心理風險。心理風險是指買到有缺陷或不滿意的產品時，消費者的自我情感受到傷害，消費者常常會為此煩惱、不安，有時還抱怨自己的愚蠢和擔心別人的嘲諷。

（5）社會風險。社會風險是指消費者因購買決策失誤而受到他人嘲笑、疏遠而產生的風險。例如，消費者對所買的產品是否適合自己，家人、朋友如何看待自己的選擇，買的產品是否會被所渴望加入的群體人員所接受和欣賞等問題的關注和擔心就屬於社會風險。

（6）時間風險。時間風險是指隨著時間流逝，產品不再令人滿意。例如產品迅速過時而導致的風險。

（7）機會成本風險。它是指消費者因購買這種產品而沒有購買其他產品所帶來的風險。例如，當消費者購買了一臺冰箱，由於經濟能力有限就失去了購買電視機的機會，這就帶來了機會成本風險。

(二) 影響消費者風險知覺的因素

1. 個體差異

個體差異是影響人們風險知覺的一個重要因素。相關的研究發現，高自信、高自尊、低憂慮度和對問題不太熟悉的消費者的風險知覺比較低，在消費過程中，也更樂意接受風險。低風險的感知者在使用新產品或者服務時經歷很少的恐懼，因此他們要比高風險感知者更有可能購買新產品，更早地瞭解新東西，並且更多地捲入到「新」的事物中去。低風險知覺者在做出購買決策時，常會在比較多的備擇產品之間進行選擇，因此他們的品牌忠誠度相對比較低；而高風險知覺者為了追求安全和逃避風險，常會在比較少的備擇品（特別是他們熟悉的或者親朋好友推薦的產品）之間做出抉擇，因此一旦他們喜歡上某個品牌，就會對該品牌有相對較高的忠誠度。

此外，消費者的自身習慣或者態度也會影響他們的風險知覺。例如一項針對網上

購物者的研究發現，經常在網上購物的人比不經常在網上購物的人的風險認知低。

2. 產品或者服務

消費者的風險知覺隨產品或者服務的不同而出現差異。一般情況下，對於比較具體的產品來說，人們的風險意識相對較低，而產品或者服務越抽象，消費者的風險知覺就會越高。與有形的產品相比，服務由於其抽象、異質、不易儲存和不能分離等主要特徵，進一步降低了消費者購買決策的確定性，從而增加了消費者在購買服務過程中風險感知的程度。

消費者購買的是新產品或對所要購買的產品以前沒有體驗，風險知覺高。以往在同類產品的購買與消費中有過不滿意的經歷，消費者的風險知覺也高。消費者所購買的產品技術複雜程度很高，或對備選產品缺乏充分、可靠的信息時，風險知覺也高。

3. 購買情境

購買情境也會影響消費者的風險知覺。同一個人在不同地方購買同樣的產品，其風險知覺是不一樣的。例如，消費者在大商店購買一種品牌的化妝品與在一個批發市場購買一種化妝品的風險知覺就會有很大的差異。此外，與在商店購物相比，消費者在電話購物、網上購物以及目錄購物中不能親眼看見商品，所以消費者在這些情境下購物比在商店購物有更高的風險認知。

(三) 減少知覺風險的方法

1. 尋找更多的信息

消費者為了減少決策的不確定性，可採取尋找更多與產品或服務相關信息的方法。他們或者通過大眾媒體，如電視、網路等尋找產品信息，或者通過親朋好友的口傳信息等，對產品或者服務類別以及備選品牌有更多瞭解。在消費者高介入的情況下，常會對產品信息進行比較多的關注。

2. 維持品牌忠誠

由於尋找信息以及嘗試新產品常給消費者帶來比較大的時間和精力等方面的耗費，所以一旦使用某種品牌覺得滿意以後，消費者可能就會採取維持品牌忠誠的策略來降低風險知覺。

3. 根據產品或者購物地點的形象來購買產品

為了減少風險，當消費者沒有相關的知識或者缺乏相關的信息時，會根據品牌形象、企業形象的好壞決定購買的產品或者購買地點。知名品牌在消費者心目中是高質量產品的保證，並且會被更多的人所接受，因此消費者會選擇知名品牌以降低風險。當消費者沒有相關產品知識時，他們還會採取在知名以及信譽好的商店購物，以減少風險。

4. 根據產品價格來購買產品

當產品質量無法確定時，消費者也會根據產品的價格來降低風險知覺。例如，消費者會把價格看作是產品質量的線索，認為價格高的產品質量相應也高，因此，會購買價格較高的產品。另外，消費者有時也會購買最便宜的產品，以降低自己的經濟風險。

5. 尋求保證

消費者要通過企業或者銷售商所提供的保證信息來降低風險認知。讓消費者試用，可在一定時間內退貨、換貨等，這些都給消費者提供了比較有力的保證措施。消費者還可以尋求政府或私人機構的鑒定和保證來減少風險感。

6. 從眾購買

根據大多數人的選擇來做出購買決定，是很多消費者減少知覺風險的常用方法。在消費者看來，很多人採用同一產品或做出類似的購買決定一定有其合理的基礎。即使這種決策不是最好的，但也不至於是最糟糕的。

本章小結

消費者對產品和服務的認識首先來自感覺和知覺。感覺是人腦對直接作用於感覺器官的外界事物個別屬性的反應，是認識的開端。行銷者要想法刺激消費者的視覺、聽覺、嗅覺、味覺、皮膚覺，並利用感覺的感受性、適應性、對比性、聯覺性以獲得消費者對產品的最初認識。

與感覺不同，知覺是人腦對作用於感覺器官的客觀事物各種屬性和各個部分的整體反應。行銷刺激的呈現要利用知覺的選擇性、整體性、理解性、恒常性，根據一定的原則對刺激物進行組織和分類。消費者對行銷刺激的理解要受個體因素、刺激物因素、情境因素的影響。

行銷刺激必須展露在消費者的感官範圍內才能被消費者感知，同時還要設法引起消費者的注意。注意是消費者獲得信息的先決條件。消費者對行銷刺激的注意也要受個體因素、刺激物因素、情境因素的影響。

消費者在消費過程中逐漸形成一些較為持久的知覺或意象。質量認知的形成有兩種方式，一是根據產品的內在特性或內在線索，一是根據產品的外在線索。消費者知覺到的風險有各種類型，產生知覺風險會受到個體差異、產品或服務、購買情境等因素的影響。消費者一旦意識到風險的存在，就會採取各種手段來減少這些風險。

關鍵概念

感覺　知覺　感受性　感覺閾限　注意　認知質量　知覺風險

復習題

1. 什麼是感覺？行銷者應如何充分調動消費者的各種感覺？
2. 什麼是差別閾限？舉例說明差別閾限原理在行銷上的應用。
3. 什麼是對比、聯覺？舉例說明這兩個感覺規律在行銷中的應用。
4. 什麼是知覺？行銷者如何利用知覺的特性？
5. 知覺組織的原則主要有哪些？結合現實的行銷活動舉例說明。

6. 影響消費者理解的刺激物因素有哪些？結合現實的行銷活動舉例說明。
7. 接觸為什麼對行銷非常重要？行銷者如何擴大與消費者的接觸機會？
8. 什麼是注意？影響注意的刺激物因素有哪些？
9. 消費者價格感知有哪些特點？形成對質量的認知有哪兩種方式？
10. 什麼是知覺風險？消費者的知覺風險有哪些類型？
11. 影響消費者風險知覺的因素有哪些？怎樣減少知覺風險？

實訓題

項目6-1　影響注意和理解的刺激物因素研究

針對選定產品類別，每組成員各自找出一個平面廣告或電視廣告，就引起注意的刺激物因素、影響理解的刺激物因素進行分析，並提出相應的改進建議。

項目6-2　質量認知方式研究

針對選定產品類別，每組成員採用訪談法，詢問外班同學如何形成對該產品類別的質量認知，對訪談結果進行分析並提出行銷建議。

案例分析

蒙牛、伊利在「跑男2」上的廣告大戰

伊利全情投入的《奔跑吧兄弟》第二季亮閃閃地開播了，不論是「聖鬥士」的創意還是範冰冰和韓庚作為嘉賓的加盟，的確都是看點十足。不過極為吊詭的一幕，在節目剛一亮相就出現了——本應是「伊利安慕希希臘酸奶」斥兩億巨資冠名的「跑男2」，在插播廣告剛一出現的時候就宣告失守——3分15秒的第一廣告插口，一共出現了5次乳製品廣告，只有一次屬於伊利安慕希，而「蒙牛三杰」——蒙牛純甄、蒙牛冠益乳、蒙牛優益C輪番亮相，緊接著又是一次蒙牛純甄……接下來的第二插口，蒙牛純甄攜手蒙牛優益C再次驚豔出場，而伊利竟然一次皆無。一方「六六大順」，一方「四大皆空」，蒙牛竟然在伊利的主場連下六城，漂亮地上演了一場讓人目瞪口呆的「廣告阻擊戰」，並以6∶1的巨大分差揚長而去，深藏功與名。

據業內人士分析，本次「跑男2」節目插播廣告每條花費平均約在60萬元，換句話說，如果按照這個數字計算下去，蒙牛最終只需用兩三千萬元的廣告費，就成功讓伊利兩億多的「獨占」計劃付諸東流。尤其是在「蒙牛純甄」與「伊利安慕希」的品牌爭奪中，上演了一出「借力打力」的好戲。

討論：
1. 蒙牛、伊利在「跑男2」上為何要展開廣告大戰？蒙牛為何略勝一籌？
2. 分析蒙牛、伊利幾款產品命名的效果。

第七章　消費者的學習與記憶

本章學習目標

- ◆理解學習的含義
- ◆掌握經典條件反射理論的基本原理
- ◆掌握操作性條件反射理論的基本原理
- ◆掌握認知學習理論的基本原理
- ◆掌握觀察學習理論的基本原理
- ◆掌握記憶的三個系統
- ◆熟悉記憶的四個環節

開篇故事

GAP 的花樣折扣

那天路過 GAP（美國休閒時尚品牌）門店，我看到門口聚集了不少顧客在排隊，顧客只要現場留下手機號碼，即可抽取從 9 折至 6 折的不同優惠卡，可享受一次全單相應折扣。我覺得有意思，便留了手機號碼，抽到 3 張 8 折卡。

兩天后，我突然收到 GAP 的優惠短信，稱憑短信即可享受折扣。便宜來得這麼突然，我忍不住又去了一次，到店一看，又有其他優惠活動，於是大買特買，心滿意足。三番五次下來，我發現 GAP 簡直把折扣玩出了花樣，非常有趣，購物變得像一場遊戲。

折上折——清庫存

為了清理庫存，GAP 設置了多種折扣形式。除常見的單品折扣外，它還常採用「多買多折」的形式。比如在夏季促銷中，GAP 就會採用購買三件商品享折上 7 折、購買五件商品享折上 6 折的方式。這種折扣只針對打折貨品，新品及原價貨品不參加活動。

這種優惠，吸引了大量人群到店。GAP 還特別「貼心」地規定，全場所有打折貨品均參加活動。據我粗略估計，GAP 有折扣活動時，店內顧客至少為非折扣時期的 3 倍以上，清理庫存效果顯著。

多買多優惠的折扣，提供了超額累進的折扣階梯，顧客要在「三件商品享折上 7 折、五件商品享折上 6 折」中選擇其一，「買多件」已經被內嵌在購物選擇中，顧客表面上只啓動了一次購物循環，但其鐵定要選購多件商品。

顧客這時候已經忘記了「買東西首先是考慮自己是否需要」的購物初衷，其購買動

機已經被GAP偷梁換柱地置換成了「湊單占便宜」。對顧客而言，這可比「買一送一」更富有趣味性和刺激性。趣味性與購物慾望的釋放，正是這個打折活動的成功之處。

「買一送一」這種毫無彈性的打折方式對於現今的顧客來說吸引力已經減弱，GAP的手法則大大提高了清貨速度與客單價。

GAP的庫存折扣也會同時配合店內的一些當季折扣商品，新舊搭配，避免讓顧客覺得打折商品好像全是一些過時的服裝，再加上鞋包、內衣、配飾，每件貨品的吊牌上都貼有鮮豔的打折價標籤刺激顧客的購買欲。客單價提高了，但顧客仍然覺得占到了便宜。

這麼一來，小件帶動大件，新貨帶動舊貨，GAP的庫存迅速清了，也為下季的上新做好了準備。

單品、全單折扣——日常促銷

常去GAP就會發現，門店內的活動是長年不斷的。即使在非折扣季，顧客依然能找到不少優惠商品及活動。常規性的折扣吸引著顧客不斷來店。

GAP的促銷活動以各種不同的形式不定期推出，讓新品不會因為顧客「等待打折」而賣不出去，也讓顧客不至對同樣的活動方式感到厭煩。比如留手機號碼抽全單折扣，隨後將不定時推送短信優惠等。而抽折扣這個活動本身就充滿意外驚喜，手氣好的顧客，6折是不小的優惠，手氣差的也至少有9折優惠可享。但抽到9折優惠的顧客，往往也不會就此打住，不少人會偷偷再排一次隊，留個號碼，再抽一次，現場的工作人員也不甚嚴格，任由顧客多抽幾次。顧客越抽越開心，貨品也賣得火熱。

根據當季的銷售情況，GAP還會推出滿額送貴賓（VIP）卡的活動。名叫VIP，但這張卡並不能享受一般意義上的折扣，GAP會指定幾種品類，分別折扣。比如一張卡，可享受兩次童裝折扣、兩次牛仔系列折扣等。顧客結帳時，GAP不單純按單結，還會把貨品分類，若一單裡有牛仔也有童裝，即分別消耗一次折扣機會。

顧客在挑選貨品時，不禁會考慮到卡上的優惠內容，這既增加了同批顧客購買非目的性商品的概率，也增加了同類貨品的銷售數量，享受全單折扣的顧客顯然買得越多越合算，也就使GAP達成了特定品類的銷售目標。

這種游戲性的折扣活動是別的品牌少見的，事實也證明，顧客非常喜歡這種形式。

指定折扣——新品推薦

GAP還有一種有趣的折扣玩法，即指定商品折扣。

不少顧客都是衝著GAP的徽標系列T恤、衛衣來的，GAP就抓住顧客這樣的心理，不定時地推出全場徽標系列折扣活動。當然，GAP還有長褲折扣、裙裝折扣、牛仔折扣甚至全場藍色商品打折等。顧客來店看一看，除了折扣商品，保不齊也就看上了別的貨品。

品類折扣其實是一次小型的無差別促銷，實際上無形中給顧客一種全場折扣的暗示，會使顧客更願意進店逛逛。

而最有趣的折扣則是指定試穿折扣。牛仔系列是GAP的當家系列商品，每年都會推出幾款主打新品。當新品到店時，門店就會推出活動，顧客試穿指定牛仔褲享折扣。顧客不用留電話，不用抽獎，只要試穿一下就有折扣，也不強制購買。這對顧客來說太有吸引力了，就算不想試，也忍不住要進店看一下這條牛仔褲是什麼樣子。

這樣就大大增加了顧客對新品的接觸率。顧客就算第一次不買，再來店時也會因為之前試穿過，對這件商品特別關注而購買，從而提高了門店商品的成交概率。

折扣好玩，可不是誰都能玩

高定價才有高折扣。GAP 在同檔價位品牌中，定價位於中偏上的位置，高定價也就決定了它能利用更高的折扣來吸引顧客。與颯拉（ZARA）和海恩斯莫里斯（H&M）不同之處在於，GAP 的服裝並不很著重於設計，更多的是基本款，每季的款式也並無多大變化，設計成本本就不高，也為折扣留下了空間。

不少國內品牌折扣力度也很大，卻頻頻遇冷，GAP 為什麼就招招見效？這又和產品及品牌有關了。

首先，GAP 具有「外來」的優勢，在國內消費者喜愛洋貨的消費環境下，GAP 具有血統優勢。而從產品角度上看，儘管 GAP 大多是基本款品牌，但仍比多數國內品牌的商品美觀好看。

實際上，相較於 ZARA 的流行和 H&M 的特別設計，GAP 的設計在與國內品牌拉開距離的同時，又更加接近大眾的品位，美式休閒的定位非常容易被消費者接受。這樣的商品也讓顧客認為值得去排隊、湊單，品牌力帶來了促銷能力。

折扣玩得起來，還有一個重要原因就是，GAP 在中國的門店全部是直營形式。貨品調配、定價、活動推廣、執行都得以統一，更有效率，這也是國內品牌與加盟店溝通上的一道關卡。

如此頻繁的折扣，不會造成品牌形象折損嗎？

GAP 採取了以下策略：在常規折扣中，總體上保持較低折扣區間，雖然活動頻繁卻幾乎不會同時進行，常規性折扣活動總是單一出現。

同時，GAP 的不少單品很少打折，常常是前一年的舊款，在第二年仍是原價，一旦在折扣季打折出售，便會給顧客造成「發福利」的感覺，這也是避免品牌形象折損的有效方法。

我們回頭再看這些花樣翻新的折扣，立刻覺得合理和自然起來。和許多成功的促銷手段一樣，順應品牌特點的形式才是最合適的，強扭的瓜不甜，強打的折也沒人搶。

（資料來源：張大偉. GAP 的花樣折扣［J］. 銷售與市場：渠道版，2014（8）.）

第一節　消費者的學習

消費者的需要和行為絕大部分是后天習得的。學習是消費者在社會實踐活動中不斷累積經驗，求得知識和技能的過程，也是提高對環境的適應能力的過程。同時，在學習過程中，消費者的行為也在不斷地調整和改變。

一、學習的含義

學習（Learning）是指因經驗而導致的行為或行為潛能的相對持久的變化。

首先，學習引起的是行為或行為潛能的變化。雖然我們無法觀察學習在大腦中所

發生的變化，但從個體行為的改變即可推知學習的存在。當某人表現出一種新的技能，如學會使用電腦、駕駛汽車，我們即可推知，學習已經發生了。個體還可以通過學習獲得知識、情感、觀點和態度，這些雖然不會立即通過外顯行為表現出來，但會影響著個體今後的行為，這時個體獲得的是一種行為潛能的變化。

其次，學習引起的行為或行為潛能的變化是相對持久的。個體一旦學會了某種行為，行為或行為潛能的變化就會在適宜的場合表現出來。如個體學會了駕駛汽車，需要駕駛汽車時就知道基本的操作。無論是外顯行為，還是行為潛能，只有發生較為持久的改變，才算是學習。

最后，學習只有基於經驗才會發生。個體親身經歷的每件事，形成個體的直接經驗。個體也可以通過觀察那些對他人產生影響的事件而獲得間接經驗。個體將這些經驗以信息的方式存在頭腦中，加以評價和解釋；隨著個體不斷面對新的刺激，並隨之做出反應來影響環境，個體不斷地修正著對世界的認識。

二、消費者的學習和分類

消費者的學習可以被認為是個體獲取購買及相關消費知識和經驗以用於未來相關行為的一個過程。也就是說，消費者學習是一個過程，個體得到的新知識、實際經驗在個人實踐中不斷發展變化，為消費者未來的消費行為提供基礎。

根據學習發生的有意性，我們可以將消費者的學習分為有意學習和無意學習。有意學習是指消費者為了消費行為而發生的有意識的學習，如為了購買電腦而主動地搜尋信息，進行分析比較。無意學習是指消費者沒有預先準備、意外發生的學習，如看到一則廣告獲知一個新產品上市。儘管很多消費者的學習是有意的，但很多學習都是偶然發生的。

根據學習材料和消費者原有知識結構的關係，消費者的學習可分為機械學習與意義學習。機械學習是指消費者將符號所代表的新知識與消費者認知結構中已有的知識建立人為性的聯繫。也就是說，消費者對符號所代表的新知識並未理解，只是依據字面上的聯繫，記住某些符號的詞句或組合，如對無意義品牌的學習或科技含量較高的產品的學習。意義學習是指消費者將符號所代表的知識與消費者認知結構中已經存在的某些觀念建立自然的合乎邏輯的聯繫，如對有意義的品牌如美的、蒙牛等的學習。

第二節　有關消費者學習的理論

消費者的學習是如何發生的呢？有關消費者學習的理論主要有三個：行為主義學習理論、認知學習理論以及觀察學習理論。

一、行為主義學習理論

行為主義學習理論（Behavioral Learning Theories）認為，學習是外部事件引起的反應。這一觀點不關注人的內在心理過程，主張將消費者的大腦看成一個「黑箱」，人們

只需觀察輸入箱子的東西（從外部世界感知到的刺激或事件）和從箱子輸出的東西（對這些刺激的反應或回應），就可以對學習加以解釋。這一觀點認為學習就是因刺激和反應之間的聯結而導致的變化，因此，行為主義學習理論也稱為刺激反應理論（Stimulus Response Theories）。最重要的兩個行為主義理論是經典條件反射理論與操作性條件反射理論。

(一) 經典條件反射理論

經典條件反射理論（Classical Conditioning Theory）是由俄國生理學家伊萬・巴甫洛夫（Ivan Pavlov）提出來的。該理論認為，個體借助於某種刺激與某一反應之間的已有聯繫，經由練習可以建立起另一種中性刺激與同樣反應之間的聯繫。這一理論是建立在著名的巴甫洛夫的狗與鈴聲的實驗基礎上的。

實驗時，實驗者先給狗帶上一個束縛它的挽具，以固定的時間間隔呈現一個刺激，如一種聲音，然后再給狗一點食物。重要的是，聲音在此前與食物和分泌唾液沒有任何關係。狗對聲音的最初反應僅僅是一個定向反應——豎起耳朵，轉動腦袋，對聲音進行定位。然後，隨著聲音與食物的反覆匹配，定向反應停止了，唾液分泌反應卻出現了。在可控制的條件下，這種現象能夠被重複。實驗者採用中性的各種其他刺激，如燈光和節拍器，也驗證了這種效應的普遍性。

圖7.1說明了經典條件反射作用的過程。經典條件反射作用的核心是反射性反應。反射（Reflex）是一種無須學習的反應，如唾液分泌、瞳孔收縮、眨眼等，它是由與有機體生物學相關的特定刺激自然誘發的。任何能夠自然誘發反射性行為的刺激，如實驗中所用的食物，都叫無條件刺激（Unconditional Stimulus，UCS），由無條件刺激誘發的行為，叫無條件反應（Unconditional Response，UCR）。與無條件刺激相匹配的中性刺激，如實驗中的聲音，被稱為條件刺激（Conditional Stimulus，CS），因為它誘發UCR的力量是以它與UCS的聯繫為條件的。經過幾次匹配之后CS所引發出的反應稱為條件反應（Conditional Response，CR）。

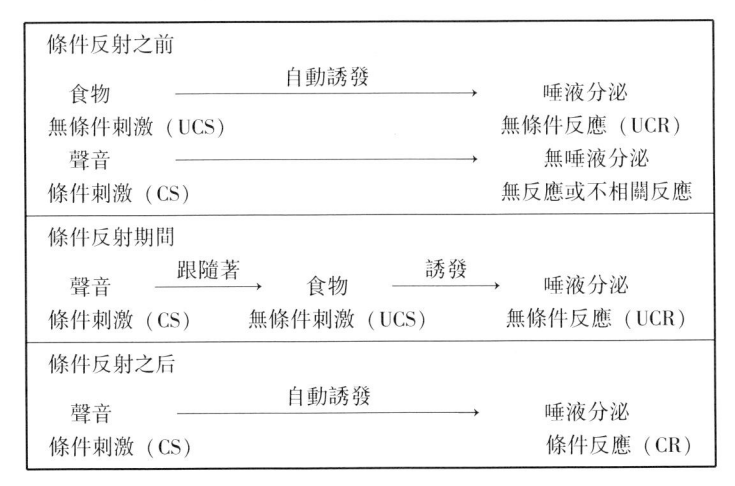

圖7.1　經典條件反射的過程

人類天生就具有無條件刺激與無條件反應之間的聯結，而學習的產生是因為經典條件作用創造了條件刺激與條件反應之間的聯結。條件刺激獲得了最初只有無條件刺激具有的影響行為的某些力量。因此，經典條件反射過程中，學習者所學到的是關於條件刺激和無條件刺激之間的關係。表面上，條件反應類似於無條件反應，如都是唾液分泌，但嚴格意義上，這兩者多半是不同的：條件反應作為學習的結果是條件刺激所誘發的任何反應，也就是說，實驗中的狗看到食物分泌唾液與聽到聲音而分泌唾液是不同的。

經典性條件反射理論已經被廣泛地運用到市場行銷實踐中，如圖 7.2 所示。一般來說，在低介入情境下，消費者對產品或產品廣告可能並沒有十分注意，也不大關心產品或廣告所傳達的具體信息。行銷者所要做的，就是將作為中性刺激的行銷信息，如產品名稱、商標、品牌或廣告等盡可能與能自然誘發消費者好感的無條件刺激物相聯繫，在一系列對刺激物的被動接觸之後，各種各樣的聯想或聯繫可能會由此建立起來，使中性刺激成為條件刺激，獲得誘發消費者好感的力量。這時，消費者所學到的並不是關於刺激物的信息，而是關於刺激物的情感反應。正是這種情感反應，將導致消費者對產品的學習和試用。而一些產品或廣告的失敗，就在於未能恰當地尋找到能自然誘發消費者好感的無條件刺激，未能建立起刺激與反應之間的聯結。

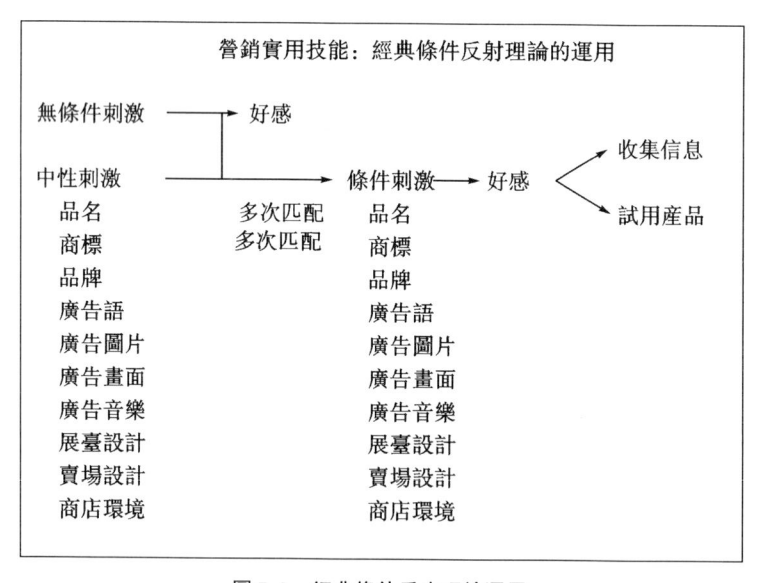

```
營銷實用技能：經典條件反射理論的運用

無條件刺激 ──→ 好感
                  │
中性刺激 ─────────┴────→ 條件刺激 ──→ 好感 ──→ 收集信息
  品名      多次匹配        品名                └→ 試用產品
  商標      多次匹配        商標
  品牌                      品牌
  廣告語                    廣告語
  廣告圖片                  廣告圖片
  廣告畫面                  廣告畫面
  廣告音樂                  廣告音樂
  展臺設計                  展臺設計
  賣場設計                  賣場設計
  商店環境                  商店環境
```

圖 7.2　經典條件反應理論運用

經典條件反射作用有三個基本概念：重複、刺激泛化和刺激辨別。每個概念在消費者行為的策略應用中都很重要。

1. 重複

重複（Repetition）能夠增強刺激和反應之間的聯繫，並防止這種聯結在記憶中淡化。行銷者如果試圖將某種聯結變成消費者的條件反射，就必須確保目標消費者能夠受到足夠多次的刺激，從而使這種刺激「黏住」消費者。有研究證明，一則行銷信息

至少要重複三次才能確保消費者獲得並加工這則信息。而有的研究者認為至少要進行 11～12 次重複來增強消費者所受到的影響。而重複的效果或多或少依賴於消費者接觸的競爭性廣告的次數。

雖然重複有利於聯結的增強，但重複次數應該有一個限制。雖然有些過度學習有利於記憶，但在某種程度上消費者通過大量的接觸獲得滿足時，注意力和記憶力會減弱，這就稱作「廣告疲勞」（Advertising Wearout）。行銷者常用這樣的策略來對付廣告疲勞：重複相同的廣告主題的時候變化其他的廣告信息，如不同的背景、不同的廣告代言人。

2. 刺激泛化

通常某個特定條件刺激能引起條件反應，與這個條件刺激相類似的刺激也能誘發該反應，如曾被一條狗咬過的小孩，很可能對所有的狗都產生恐懼反應。條件反應自動擴展到從未與最初的無條件刺激匹配過的刺激上的現象叫刺激泛化（Stimulus Generalization）。新的刺激與最初的條件刺激越相似，反應就越強烈。

消費者在某一刺激處境中學到了某一反應后，一旦出現其他類似的刺激，他會做出同樣或類似的反應。比如，使用海爾洗衣機後產生好感的消費者，可能對海爾冰箱、海爾彩電、海爾熱水器也會產生好感。

刺激泛化原理在行銷中有廣泛的運用。一是在品牌策略上的運用，如萬科在成都推出的新樓盤，如「萬科‧金域藍灣」「萬科‧金域西嶺」「萬科‧魅力之城」等，一律掛以「萬科」的品牌，就是試圖運用泛化原理建立這些產品與萬科公司的聯繫。很多企業採用了品牌延伸策略，如「康師傅」不僅用於方便面，還用於飲品、糕餅，也是運用了泛化原理。二是在包裝策略上的運用，如椰樹牌天然椰子汁獲得成功後，其後推出的天然珍珠椰子汁、天然咖啡椰子汁、粒粒天然椰汁都採用類似的包裝。三是在廣告上的運用，如「貴州小九寨——荔波」「塞上江南——寧夏」都或多或少運用了泛化原理。四是授權與加盟，利用授權廠商建立的商譽與品牌知名度，可以很快讓消費者接受一家新開的加盟店。

對企業而言，刺激泛化是一把「雙刃劍」：一方面企業可以利用它將購買者形成的關於本企業或產品的一些好的情感和體驗傳遞到新產品上，以此促進新產品被接受。另一方面，對於企業或其產品的不好信息經由刺激的泛化，會對企業的行銷活動產生嚴重的后果。

3. 刺激辨別

刺激辨別（Stimulus Discrimination）就是個體學會在某些維度上對與條件刺激不同的刺激做出不同反應的過程。對消費者而言，也要學會如何從相似的行銷刺激中分辨出不同的刺激。企業在行銷上使用的差異化策略以及基於差異化策略下的定位策略就是典型的刺激辨別原則的應用例子。有些模仿廠商企圖利用刺激泛化原則來與知名品牌魚目混珠，而知名企業或品牌則利用刺激辨別來凸顯自己與模仿者的不同。

刺激的辨別與刺激的泛化是具有內在聯繫的學習現象。美國學者霍華認為，先經刺激泛化，再進入刺激辨別階段，是新產品最終獲得成功的必由之路。對於新產品，消費者首先要弄清楚與該產品最類似的產品是什麼。只有弄清這一問題，消費者才會

將已知產品的某些特性賦予到新產品上，也就是對刺激予以泛化。同時，新產品要獲得成功，還要使消費者感覺到它具有某些與已有產品不同的獨特性，而這種獨特性就使新產品和原來同屬一類的其他產品相區分，這就是刺激辨別。只有經過這兩個階段，新產品才能成功。

很多新產品失敗的一個原因是引入時缺乏刺激的泛化，難以找到產品歸屬的類別。如果不能確認一種新產品應歸類到哪類產品中，此時消費者需建立起關於該商標和它所屬的產品類別的全新概念，而這是一個令人望而生畏的任務，除非消費者對該產品具有特別的興趣和強烈的瞭解動機，否則他會對該產品採取漠視或抵制的態度。

概念運用

一家生產口腔噴霧產品的企業，在廣州試點營運，產品主要針對都市白領，訴求口氣清新、保護口腔健康，還突出了都市白領日常交往中因口氣問題引起的尷尬。企業採取目標人群的跟隨傳播策略，主要通過電視、報紙廣告樹立產品形象，在寫字樓集中派發宣傳手冊，直達消費人群。企業表面上仿佛操作得無懈可擊，可是幾個月下來，錢沒少花，銷量卻絲毫未見起色。

分析其原因可以看到，在消費者的產品歸類裡，牙膏用來保護口腔健康，口香糖用來讓口氣清新，而對噴霧的一般印象是用來治療口腔疾病，消費者難以將該產品成功歸類。

新產品在經過泛化階段后，如果不能順利地進入被辨別的階段，難以與其他同類產品相區分，其市場前景也很難預料。也就是說，如果新產品不能提供競爭品所不具備的新的利益，消費者就沒有足夠的理由選擇該產品。

（二）操作性條件反射理論

操作性條件反射理論（Operant Conditioning Theory）又稱為工具性條件反射理論（Instrumental Conditioning Theory），是由美國著名心理學家斯金納提出來的。該理論認為，學習是一種反應概率上的變化，而強化是增強反應概率的手段。如果一個操作或自發反應出現之後，有強化物或強化刺激尾隨，則該反應出現的概率就會增加；經由條件作用強化了的反應，如果出現后不再有強化刺激尾隨，該反應出現的概率就會減弱，直至不再出現。

斯金納發明了一種操縱行為結果的裝置——操作箱。在這種特殊設計的用於研究老鼠的典型裝置裡，實驗者按壓一次槓桿就會出現一粒食丸。實驗者將饑餓的老鼠置於操作箱中，老鼠在箱中可自由活動和做出各種反應。起初，老鼠在箱內不安地亂跑，活動中偶然觸到了槓桿，結果有食丸落到食物盤中。經過多次反覆，老鼠觸動槓桿，食丸落入盤內，老鼠最后會主動觸動槓桿以獲取食物。如果將食物換成電擊，老鼠每觸動一次槓桿將遭受一次電擊，多次反覆以後，老鼠將不再觸動槓桿。

在這裡，斯金納認為，行為受到回報的巨大影響。老鼠有觸動槓桿（或不觸動槓桿）的反應（R），是因為看到了行為的結果是獲得食物（或電擊）（S），因此，行為是其結果的函數。由於觸壓槓桿（或不觸壓槓桿）是獲得食物（或逃避電擊）的一種

手段或工具，是做出動作來影響環境，因此觸壓槓桿（或不觸壓槓桿）稱為操作性行為（Operant），這種學習稱為操作性或工具性條件反射。

經典條件反射理論認為行為是由刺激誘發（S-R），而操作性條件反射理論認為行為是被強化物強化（R-S）。經典條件反射理論是通過廣告宣傳使消費者對該產品產生好感，在此基礎上吸引消費者進一步搜尋產品信息或嘗試該產品。而操作條件反射理論認為，企業應先採用諸如樣品發放、有獎銷售等方式促使消費者試用產品，在試用的基礎上，經由產品質量、特色使消費者對產品形成好感。

1. 改變行為的四種基本方法

行為改變有兩種情況，行為發生的概率增加和行為發生的概率減少。人們想改變行為，就要運用強化物進行強化。強化物（Reinforcer）是指伴隨著某一反應之後出現的、能使該反應在以後發生的概率發生變化的任何刺激。強化（Reinforcement）就是指在行為發生之後呈現強化物，以增加或減少行為發生的可能性。有四種基本方法可以改變行為：積極強化、消極強化、懲罰、消除，如表7.1所示。

表7.1　　　　　　　改變消費者行為的四種基本方法及行銷意義

	特點	對行為的影響	行銷意義
積極強化	得到了自己想要的	行為增加	市場競爭條件下，採取各種措施激發、滿足消費者的各種需要
消極強化	避免得到自己不想要的	行為增加	壟斷市場條件下，或產品匱乏條件下，或市場競爭條件下，即便沒有任何促銷措施，消費者也都會為滿足自己的基本需要而消費、購買
懲罰	得到了自己不想要的	行為減少	產品或服務不僅未能滿足消費者的需要，反而讓消費者受挫
消除	沒有得到自己想要的	行為減少	產品或服務未能滿足消費者的需要

積極強化（Positive Reinforcement）是指當某一行為出現后伴有喜愛刺激的出現，增加這一行為今后發生的可能性。如消費者購買某品牌家電產品后，產品質量穩定，使用方便、安全，那麼今后可能會繼續購買這個品牌的產品。

消極強化（Negative Reinforcement）是指當某一行為出現后伴有討厭刺激的解除，增加這一行為今后發生的可能性。如消費者定期到理髮店修剪自己的髮型，是為了避免髮型蓬亂影響自己的良好形象。

懲罰（Positive Punishment）是指當某一行為出現后伴有討厭刺激的出現，減少這一行為今后發生的可能性。如消費者到某一家餐館就餐后，發現飯菜味道不好，他以后就不會再去這一家餐館了。

消除（Negative Punishment）也稱消極懲罰，是指當某一行為出現后伴有喜愛刺激的去除，會減少這一行為今后發生的可能性。如消費者因某產品造型獨特而購買該產品，當他發現購買的產品不再具有獨特性時，就會減少對該產品的購買。

改變消費者行為的四種方法中，懲罰對消費者造成的傷害最大，這就可以理解當

消費者在消費產品或服務時受挫后，往往帶著氣憤、抱怨、不滿的情緒而不會再光顧該品牌或該商店，而且還會採取媒體曝光、投訴、傳播負面信息等行動。由此可見，對消費者實施懲罰對企業本身也是最不利的。消除可以解釋消費者停止購買、品牌轉移或商店轉移的現象，這是因為產品或服務未能滿足消費者的需要，不一定代表消費者對原品牌的不滿。消極強化讓我們理解了為什麼有的產品、服務不那麼令人滿意也會有人消費、購買，特別是在壟斷市場條件下。而在自由競爭的市場條件下，各個企業會千方百計地採取各種積極強化的方法，促進消費者的重複購買，如大打價格戰。其實，按照操作條件反射理論的觀點，企業改變消費者行為的最有效方法是積極強化和消除。對於企業而言，除了重視積極強化外，更應該關注消除。當競爭對手都在做促銷、打價格戰時，企業不如認真分析是什麼原因造成了顧客的流失。

行銷者需要注意的是，用來作為強化物的各種行銷刺激的性質對每一個消費者來說都是不一樣的。如某一產品實行低價，對於有的消費者來說是積極強化，會增加購買行為；而對於有的消費者來說則是消除，沒有得到關於產品高質高價的保證，會減少購買行為。所以，站在消費者的角度，仔細辨別各種行銷刺激對消費者行為的意義，是成功塑造消費者購買行為的關鍵。

行銷實用技能：進行積極強化

為什麼質量是產品的生命？我們從操作性條件反射理論可以得到一些答案。消費者購買產品的基本目的是為了獲得產品的功用和效能，當產品的功用和效能能夠滿足消費者的基本需要時，質量本身就作為最重要的強化物產生積極強化的作用，增加消費者對產品的購買的可能性。此外，企業常用的積極強化的手段有：
● 發送樣品，提供獎券，給予折扣，鼓勵消費者對產品的試用；
● 對消費者購買行為給予獎勵，如發送贈品、積分獎勵等；
● 進行用戶訪問，或在用戶購買產品后給予信函感謝、打電話回訪；
● 創造良好的購物環境，以使購物場所成為一種強化因素或強化力量；
● 在廣告宣傳中，強調用戶群的卓爾不凡，強調產品使用場合的特性，以此對消費者行為予以強化；
● 同客戶建立一種緊密的個人化關係。

2. 強化程序

刺激與反應之間的學習，在很大程度上取決於強化程序（Reinforcement Schedules），即對強化物的安排。如果給予連續強化（Consistent Reinforcement），即每次正確反應后就給予強化物，個體對正確反應的學習速度很快，但當強化物不再呈現或終止強化時，正確反應的消退速度也快。相反，如果間斷性地或部分強化（Partial Reinforcement），即不是對所有正確反應而只是對部分正確反應予以強化時，雖然個體最初對正確反應的學習速度較慢，但在強化物消失后，行為消退的速度也比較慢。進行部分強化的程序主要有四種，如表7.2所示。

表 7.2　　　　　　　　　　　　　四種強化程序的比較

強化程序	給予強化，行為表現水平	強化終止，行為消退的速度	行銷意義
固定間隔強化	快速高水平，不穩定	快，隨即消失	適合短時間內拉升銷量，如特價大甩賣
變動間隔強化	中等水平，穩定	較慢	保持中等的購買率、光顧率，如週期性的促銷活動
固定比率強化	快速高水平，穩定	快，隨即消失	適合較長時間內拉升銷量，如滿百送，積分獎勵
變動比率強化	較高水平，穩定	緩慢，難以消退	保持高的購買率、光顧率，如抽獎活動

　　固定間隔強化（Fixed-interval Reinforcement）：指在經過一個固定的時間間隔後，強化在個體做出的第一次行為時出現。在這種情況下，強化行為一結束，反應會減少，甚至不再做出反應；但在下一次強化的時間來臨時，人們的反應就會增多。如季度大甩賣時，人們會大量湧入，之後要等到下次季度大甩賣時，類似的情況才會發生。

　　變動間隔強化（Variable-interval Reinforcement）：指在經過一個不確定的時間間隔後，強化才會出現。在這種情況下，人們必須保持中等但很穩定的反應水平，行為消退比較慢。如商場每個月有一天實行特價，但具體是哪一天並不清楚，消費者就會保持光顧該商場。

　　固定比率強化（Fixed-ratio Reinforcement）：指個體只有完成一定數量的反應後，強化才會發生。這會激勵人們不斷地重複同一種行為，行為反應的水平高，但消退也很快。如一個消費者為了收集到獲獎的 50 個飲料瓶蓋而重複購買該飲料。但一旦集齊了 50 個，他可能就會停止購買。

　　變動比率強化（Variable-ratio Reinforcement）：指個體在完成一定量的反應後會獲得強化，但他並不知道這個量是多少。在這種情況下，個體的反應維持在一個比較高而且穩定的水平，並且這種類型的行為難以消退。

　　商家給予顧客獎券、獎品或其他促銷物品，在短期內可以增加產品的銷售，但這些手段消失後，銷售量可能會馬上下降。企業要與顧客保持長期的交換關係，需採取一些間斷性的強化手段。同理，產品或品牌形象是建立在消費者對品牌的間斷性體驗的基礎上的，是消費者在長期的消費體驗中，經過點滴的累積逐步形成的，因此構成品牌形象的各種聯想和象徵含義也需要經過很長的時間才可能逐步消退。

二、認知學習理論

　　認知學習理論（Cognitive Learning Theories）認為，學習是建立在認知活動的基礎上的。認知指的是知識表徵和加工所涉及的心理活動，如思維、記憶、知覺和語言的運用。與行為主義學習理論相比，認知主義學習理論強調內部心理過程的重要性，認為行為部分上是認知過程的產物。這種觀點把消費者看作是問題的解決者，人們積極

地運用來自周圍的信息來掌控他們的環境。這種觀點也強調學習過程中的創造力和領悟力。

最早對行為主義學習理論提出反對意見的是完形心理學家，其中以德國心理學家柯勒最為著名。柯勒通過觀察黑猩猩在目的受阻的情境中的行為反應，發現黑猩猩在學習解決問題時，並不需要經過嘗試與錯誤的過程，而是通過觀察發現情境中各種條件之間的關係，然后才採取行動。柯勒稱黑猩猩此種類型的學習為頓悟（Insight），他認為頓悟是主體對目標和達到目標之手段之間關係的理解，頓悟學習不必靠練習和經驗，只要個體理解到整個情境中各成分之間的相互關係，就會自然發生。

托爾曼開創了認知學習過程的研究先河。他以老鼠為實驗對象，設計了一個三路迷津實驗，見圖7.3。白鼠在迷津中到處遊走后，已掌握了整個迷津的認知地圖（Cognitive Map），其隨后的行為根據認知地圖和環境變化予以調整，而不是根據過去的習慣行事。由此可見，個體的行為並不是由行為結果的獎賞或強化所決定的，而是由個體對目標的期待所引導的。

實驗分預備練習與正式實驗兩個階段。在預備階段，實驗者讓老鼠熟悉整個環境，並確定它對自出發點到食物箱三條通路的偏好程度。結果發現，通路1暢通時老鼠選擇這條直接通路的偏好程度最高。

在正式實驗階段，當實驗者在A設置障礙物時，老鼠會迅速從A處退回，選擇通路2。當實驗者在B設置障礙物時，老鼠才選擇路程最遠的通路3。

老鼠的行為似乎表明，它們擁有獲取食物的最佳線路的認知地圖。

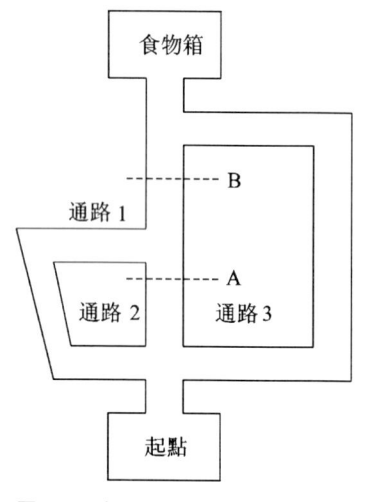

圖7.3 迷津學習中認知地圖的運用

托爾曼與霍齊克關於潛伏學習的實驗發現，在既無正強化也無負強化的條件下，學習仍可採用潛伏的方式發生。如現實中消費者可能沒有有意識地對廣告內容予以學習，在其行為上也未表現出受某廣告影響的跡象，但並不能由此推斷消費者沒有獲得關於此廣告的某些知識與信息。也許，當消費者要達成某種目標時，會突然從記憶中提取源自於該廣告的信息，此時，潛伏學習會通過外顯行為表現出來。

關於認知學習的理論很多，這些理論雖然互有差異，但共同點是強調心靈活動如思維、聯想、推理等在解決問題、適應環境中的作用，認為學習並不是在外界環境支配下被動地形成刺激與反應之間的聯結，而是主動地在頭腦內部構造定型，形成認知結構；學習是新舊知識同化的過程，即學習者在學習過程中把信息歸入先前有關的認知結構中去，或在吸收了新信息之後，使原有認知結構發生某種變化；而認知結構又

在很大程度上支配著人的預期，支配著人的行為。學習實際上是學習者頭腦內部認知結構的變化。

認知理論在行銷中的運用主要是強調消費者在消費過程中的認知學習。行銷者在詳細闡述產品的功能和效用時，要運用概念、判斷、推理等思維方式幫助消費者理解；有的時候行銷信息可以模糊點，調動消費者的好奇心、求知欲去解決所面臨的問題。

三、觀察學習理論

觀察學習理論（Observational Learning Theories）也稱為社會學習理論（Social Learning Theories），該理論認為學習發生在個體對他人行為的觀察之後。此種觀點強調學習不一定發生在直接強化的情況下，消費者通過觀察其他個體的行為及其后果，而產生自身行為的變化。觀察學習使個體突破直接經驗的限制，獲得很多來自間接經驗的知識、技能和觀念。

觀察學習主要由美國心理學家班杜拉（Albert Bandura）所倡導。他認為，所謂觀察學習也稱代理學習，是指經由對他人的行為及其強化性結果的觀察，一個人獲得某些新的反應，或使現有的行為反應得到矯正，同時在此過程中觀察者並沒有外顯性的操作示範反應。觀察學習並不必然具有外顯的行為反應，也並不依賴直接強化，不同於模仿。模仿是指學習者對榜樣行為的簡單複製，而觀察學習則是指學習者從他人的行為及其后果中獲得信息，它可能包含模仿，也可能不包含模仿。從觀察學習的分析可以看到，一方面，個體由於觀察他人的行為及其結果形成和改變自己的行為，證實了強化原理對行為的影響；另一方面，這也證實了個體有能力運用認知過程，借助替代獎賞和替代懲罰來改變行為。所以，觀察學習理論是行為主義理論和認知主義理論的綜合。

這種從觀察中學習的能力，也像從實際做的過程中學習一樣，非常有用。它使個體不必經歷逐漸去除錯誤反應並獲得正確反應的冗長的、試誤的過程，就可以獲得大量、完整的行為模式。個體可以從他人的錯誤和成功中立即獲益。

在觀察學習過程中，觀察學習的對象被稱為榜樣或示範者（Model），觀察學習的主體稱為觀察者。榜樣既可以是活生生的人，也可以是以符號形式存在的人或物。比如，個體在學習如何使用複印機時，有關複印機的使用手冊或用戶指南就是觀察學習中所指的榜樣。

行銷實用技能：最具有影響力的榜樣行為

在現場展示活動或廣告活動中，什麼樣的榜樣行為對消費者具有影響力呢？
- 觀察到的榜樣行為得到了強化的結果（突出強調榜樣人物使用產品或服務的效果）；
- 榜樣被看成是正面的、令人喜愛的和值得尊敬的（你可以理解為什麼正確選擇名人做廣告非常重要）；
- 榜樣和觀察者的相貌和特點具有可知覺的相似性（瞄準目標市場選擇榜樣）；
- 榜樣的行為可以看到並且很突出（使用產品或服務的過程要非常清晰）；

●榜樣的行為是在觀察者所能模仿的能力範圍內（關注目標市場的行為能力，包括理解能力、購買能力、使用能力）。

觀察學習包括四個相互聯繫的過程：注意過程、保持過程、再造過程、動機過程，如表7.3所示：

表7.3　　　　　　　　　　觀察學習的四個過程及行銷意義

過程	含義	行銷意義
注意過程	學習者應對榜樣或示範影響予以足夠的注意	(1) 榜樣要有影響力、吸引力 (2) 示範活動要有特點，新奇 (3) 示範行為有實用價值
保持過程	將觀察到的以表象或言語編碼形式保持下來，據此指導行為	(1) 示範信息盡量表象化，多採用圖片、畫面 (2) 言語盡量形象化，利於編碼
再造過程	個體把以符號形式編碼的示範信息轉化為適當行動的過程	(1) 現場邀請試用 (2) 創設使用情境鼓勵試用 (3) 試用中使用積極強化手段，如贈送贈品、抽獎
動機過程	產生積極的誘因，如示範行為預期能導致有價值的結果，或經由觀察所獲得的行為能提高行為滿意感，行為由潛伏狀態轉化為行動	(1) 強調產品或服務的使用效果 (2) 激發積極聯想：「當你……，會……」 (3) 利用社會比較：「某某……，你……」

事實上，消費者的學習活動中，經典條件反射理論、操作性條件反射理論、認知學習理論、觀察學習理論並沒有截然分開，而是交織在一起的。消費者學習本身就是一個複雜的過程，這些理論只不過從各自不同的角度來探討學習的基本規律，它們都為解釋複雜的學習行為做出了貢獻。行為主義學習理論的觀點較適合低介入狀況，通過產品和動人的音樂、美麗的畫面或模特動人的微笑一起出現，並不斷重複，建立消費者對該產品的良好態度，例如牙膏、飲料等產品常用這種手法。認知學習理論由於需要較大的認知資源與較多的認知活動，較適合於消費者願意花費較多認知資源的狀況，也就是較適合高介入的情況和產品，如房屋和汽車的購買。觀察學習則在與同輩群體、鄰居、家人等的互動中出現，當我們觀察到他人的消費行為及其結果時，我們也獲得行為的改變。

第三節　消費者的記憶

一、記憶的含義

記憶（Memory）是過去經驗在人腦中的反應。凡是人們感知過的事物、體驗過的情感以及練習過的動作，都可以以映象的形式保留在人的頭腦中，在必要的時候又可

以把它們再現出來，這個過程就是記憶。

記憶是一個複雜的心理過程，包括識記、保持、再認或回憶三個基本環節。識記是記憶的開端，是個體識別和記住事物從而累積知識和經驗的過程。保持是個體鞏固已獲得的知識和經驗的過程。再認或回憶是個體從頭腦中提取知識和經驗的過程。

記憶在消費者的日常生活中具有十分重要的作用。憑藉記憶，消費者在購買決策過程中能夠把過去關於某些產品的知識和體驗與現在的購買問題聯繫起來，從而迅速做出判斷和選擇。

二、記憶的系統

記憶的運作模式如圖 7.4 所示。外部信息首先進入感覺記憶系統，其中一部分信息受到特別注意進入短時記憶系統，若信息給人的刺激極為強烈、深刻，也可能直接進入長時記憶系統，那些沒有受到注意的信息則很快變弱直至消失。在短時記憶中，個體主動對信息進行處理，然後短時記憶的信息一部分通過復述和編碼，信息從短時記憶移至長時記憶做永久的儲存，另一部分則被遺忘。

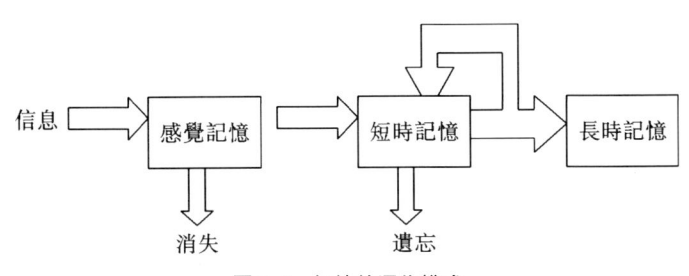

圖 7.4　記憶的運作模式

（一）感覺記憶

感覺記憶（Sensory Memory）又稱瞬時記憶，是指個體憑感覺器官感應到刺激時所引起的短暫記憶，其持續時間往往按幾分之一秒計算。感覺記憶只留存在感官層面，如不加以注意，轉瞬就會消失。如個體乘車經過街道，對街道旁的店鋪、招牌、廣告和其他景物，除非特別注意，大多是看完即忘。感覺記憶按感覺信息原有形式儲存，反應的內容是外界刺激的簡單複製，尚未經過加工和處理，因此，感覺記憶的內容最接近於原來的刺激。

感覺記憶有以下特點：一是具有鮮明的形象性，因感覺記憶中的信息未經任何心理加工，完全按信息所具有的物理特徵編碼，並按感知的順序被登記，因此具有鮮明的形象性。二是信息保持時間極短，圖像記憶為 0.25～1 秒，聲像記憶為 1～4 秒。三是記憶容量相對較大，進入感官的信息幾乎全部被登記。四是痕跡容易衰退，一部分信息經特別注意或模式識別，進入短時記憶，一部分因沒受到注意而很快消失。

因此，對行銷者來說，讓消費者看到廣告或信息也許並不太困難，但若不能引起消費者的興趣而做進一步處理，則所得到的也不過是殘存在消費者的感覺記憶中的 1～2 秒鐘。

（二）短時記憶

　　短時記憶（Short-term Memory）是指記憶信息保持時間在一分鐘以內的記憶。如你在電話簿中找到一個公司的號碼，然後記著這個號碼直到把它撥完；但事過之後，你就不記得這個號碼了。短時記憶是一種即時的信息處理狀態，是指個體運用已有的知識對獲得的信息進行編碼或解釋的記憶。

　　短時記憶的容量是有限的，大體上為 7±2 個信息塊。所謂信息塊（Information Chunks）也叫組塊，指可以方便地為個體進行信息處理的信息單位，它可以是一個數字、一個字母，也可以是一個單詞、詞組，還可以是一個短語。一個信息塊所包含的信息量可大可小，而且並非固定不變。一旦進入短時記憶內的信息超過這一容量，則會造成信息過載（Information Overload）。例如，當你到超市只購買幾樣商品（即 7 加上或減去 2 樣商品），你把這幾樣商品記住是不成問題的。但是，如果你需要購買更多的商品，你可能就記不住了，最好還是把要購買的商品寫在紙上。

　　短時記憶中的信息保持時間較短且易受干擾，只要插入新的識記活動，信息將很快消失且不能恢復。短時記憶內的信息可以經由復述的過程而轉移至長時記憶。如果個體運用內部言語形式默默地復述，可以使即將消失的微弱信息重新強化，變得清晰、穩定和順利進入長時記憶。可以說，復述是短時記憶的信息進入長時記憶的關鍵。

（三）長時記憶

　　長時記憶（Long-term Memory）是指記憶信息保持在一分鐘以上直到數年乃至終生的記憶。長時記憶是一個大倉庫，容納著從感覺記憶和短時記憶中獲得的所有體驗、事件、信息、情感、技能、詞彙、範疇、規則和判斷等。長時記憶構成了每個人對於世界和自我的全部知識。

　　長時記憶的容量是相當大的，甚至被認為是無限的，而且是以類似於網路結構的方式有組織地儲存的。長時記憶就如同一個網路（Network），由一系列代表存儲的語義概念的記憶節點（Nodes）組成，聯結這些節點的直線代表存在的聯繫（Links）。圖 7.5 是一個有關汽車的記憶網路的可能模式。

　　研究人員認為，有五種消費者信息可被存儲到記憶節點中去：品牌名稱、品牌特徵的廣告、品牌廣告、產品類別、可評估的對產品和廣告的反應。例如，在圖 7.5 中，品牌名稱雪佛萊形成了一個連接著各種概念的節點，連接著品牌特徵（速度快、價格昂貴）、品牌廣告（美國製造）、產品類別（跑車、保時捷）以及可評估的反應（有趣、迷人）。當然，消費者擁有各自不同的記憶結構，一個語義概念的激活對不同的人可能導致完全不同的關聯組合。

　　當消費者獲得更多有關汽車的信息後，整個網路結構的關係也會隨之進行調整，這個過程稱為活化作用。活化作用（Activation）是指將新知識融入舊的知識，並產生一套新的知識架構，以使整個知識內容更具意義的過程。同時，消費者經由一個概念，可以激活（Activation）並聯繫上下左右各相關概念，並在此基礎上做出推論，允許消費者對新的信息做出反應並驗證新獲信息是否與知道的相一致，而激活的節點代表一個提取出的記憶。

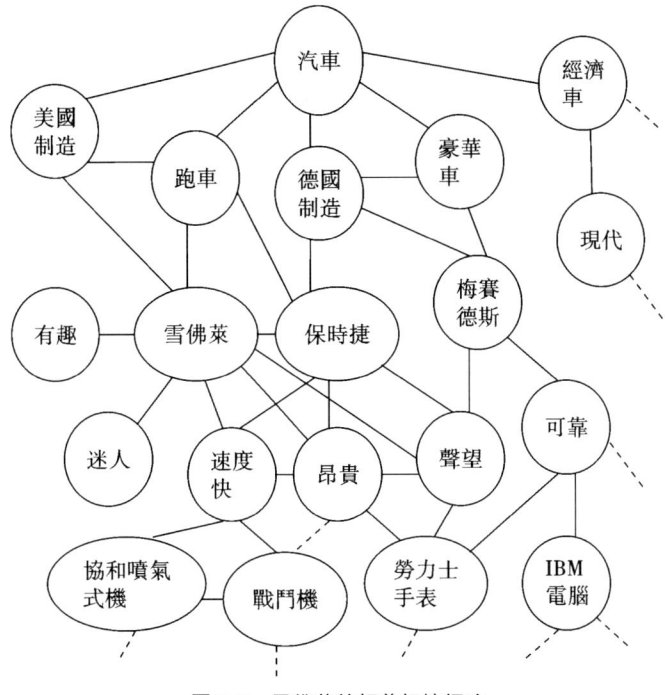

圖 7.5　雪佛萊的語義記憶網路

　　消費者對不同的品牌、店鋪、廣告擁有層次化的概念系統，這些概念及其相互聯繫對消費者的推理或推斷具有重要影響。因此，行銷者瞭解消費者有些什麼概念，這些概念是如何聯結的，對預測消費者的行為反應非常重要。

三、記憶過程的四個環節

（一）復述

　　復述（Rehearsal）是指個體在內心對進入短時記憶的信息或刺激予以默誦或進一步加工的努力。復述具有兩大功能：一是保持信息在短時記憶中被激活；二是將短時記憶中的信息轉移到長時記憶中。復述最初是指個體在短時記憶中對信息機械重複，后來復述被描述為處理容量的分配，這種容量分配是與個體的目標和任務密切聯繫的。例如，消費者記住某一產品價格或某些產品特徵，並不是反覆默誦或復述的結果，而是將其與他已瞭解、掌握的信息相聯繫的結果。

（二）編碼

　　編碼（Encoding）是對短時記憶的信息賦予意義，將其與長時記憶中已經存在的信息建立聯繫並納入長時記憶內的信息儲存體系的過程。編碼分為感覺意義的編碼和語義意義的編碼兩種。消費者有可能只憑感覺意義（Sensory Meaning）簡單處理刺激，如根據顏色或者形狀。當消費者看到刺激畫面的時候，就會激活這種感覺意義。例如，消費者看到飲料上的冰山圖案，激發涼爽的感覺。在許多情況下，刺激是在更抽象的

水平上進行語義意義（Semantic Meaning）的編碼。例如消費者對「冰川時代」這一刺激理解其象徵意義、品牌形象。

行銷實用技能：提高編碼效能

●對於個體而言，具有特殊意義的事件的編碼動機是很強烈的

如大學生對收到大學錄取通知書、進校第一天等印象非常深刻，這些特別鮮活的聯想被稱為「閃光燈記憶」（Flashbulb Memories）。行銷可喚起消費者對過去的美好回憶，如喚起結婚多年的夫妻對第一次約會的回憶，可以帶來更多的消費行為。

●採用高度形象化的商標

當商標名能很好地與產品所激起的聯想相符合時，該商標可能更便於記憶。有研究認為，高度具體化和形象化的名字更容易被記住，原因是這樣的名字可以在視覺和語意上作雙重編碼（Dual Coding）。該研究還發現，形象化程序高的名字如海洋、霧、花等較形象化程度低的詞彙如歷史、真理、將來等更容易喚起回憶。

●採用敘述、講故事、圖片方式傳遞產品信息

行銷者傳遞產品信息的一個方法是敘述（Narrative）或者講故事。敘述能夠幫助消費者對見到的信息構築一個有意義的聯繫。圖片可以幫助消費者構建一個更完善和詳細的意義聯繫。因此，廣告運用這種方法就會是一種很有效的行銷技術。

（三）儲存

儲存（Storage）是指個體將業已編碼的信息留存在記憶中，以備必要時供檢索之用。信息經編碼加工后，在頭腦中儲存，這種存儲雖然是有秩序、分層次的，但不能理解為像放文件一樣一成不變。隨著時間的推移和經驗的影響，儲存在頭腦中的信息在質和量上均會發生變化。從質上看，儲存在記憶中的內容會比原來識記的內容更簡略、更概括，一些不太重要的細節趨於消失，而主要內容及顯著特徵則被保持；同時，原識記內容中的某些特點會更加生動、突出甚至扭曲。

信息以兩種方式儲存在長時記憶中：插曲式儲存和語義式儲存。插曲式（Episodically）儲存是指依照信息取得的先后順序來儲存，由於插曲式儲存是針對單一個人所發生的事情，因此又稱為自傳式（Autobiographically）儲存。如回憶上次的休閒活動，你可能依照當天的時間先後順序，逐一地回憶出當天所經歷的各項活動。語義式（Semantically）儲存則是指依照信息中的重要觀念來儲存。如對上次休閒活動的記憶，你可依照休閒的性質（靜態休閒或動態休閒）來作為儲存編碼的主要依據。一般來說，知識大部分是屬於語義式儲存。不論是插曲式儲存還是語義式儲存，現實中的消費者是混雜使用兩種儲存方式的。

（四）提取

提取（Retrieval）是指個體將信息從長時記憶中抽取出來的過程。個體對熟悉的事物，提取幾乎是自動的和無意識的；對有些事物和情境則很難回憶，需要經過複雜的搜尋過程，甚至借助於各種外部線索和輔助工具，才能完成回憶任務。

提取和編碼、儲存等環節是相互作用、相互影響的。有時記憶中的信息提取不出來，可能與編碼有關。個體對刺激物編碼時，是同時將刺激物編成形碼、聲碼和意碼，並將三種代碼置於長期記憶中的不同部位，如果三個代碼聯結上出現困難，只能解出形碼與意碼，提取聲碼失敗，就會出現諸如叫不出人的名字、說不出某個物品名稱的情形。提取失敗或信息提取不出來，有時也可能與信息在記憶中的放置位置有關，或者是由於個體在信息搜尋過程中迷失了位置，即在錯誤部位搜尋。所以，人們在很多情況下，需要用紙筆或文字材料作為記憶的輔助工具。

長時記憶中的信息提取，也可看作是一個解碼的過程。一些學者認為，這一過程並不是對以前進入記憶中的信息原封不動地予以恢復，而很可能是採用「重建」或「重構」的方式，即運用先前儲存在記憶中的部分線索或信息，重新構建識記時的情境。

行銷實用技能：如何幫助消費者提取信息

● 提供足夠的產品信息
● 行銷信息應出現在消費者注意力較集中的環境中
● 將消費者購物時的心境狀態與見到行銷信息時的心境狀態相匹配
● 提高產品的熟悉程度
● 提高行銷信息的顯著性（Salience）
● 使用圖畫線索

四、遺忘及其影響因素

(一) 遺忘的定義

遺忘是個體對識記過的內容不能再認和回憶，或者表現為錯誤的再認和回憶。從信息加工的角度看，遺忘就是信息提取不出來，或提取出現錯誤。

最早對遺忘現象進行實驗研究的是德國心理學家艾賓浩斯。艾賓浩斯以自己為被試，以無意義音節作為記憶材料，用時間節省法計算識記效果。實驗結果制成的曲線被稱為艾賓浩斯曲線，見圖7.6。該曲線表明了遺忘變量與時間變量之間的關係：遺忘進程是不均衡的，個體在識記最初一段時間遺忘很快，以後逐漸減慢，過了一段時間後，幾乎不再遺忘。可以說，遺忘的發展歷程是先快後慢，呈負加速型。

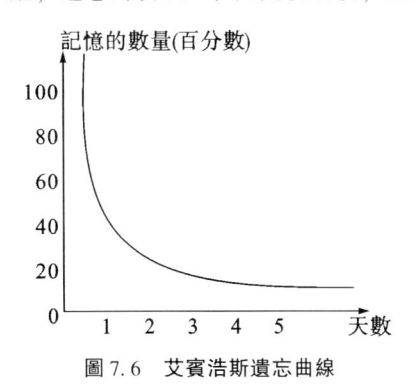

圖7.6 艾賓浩斯遺忘曲線

(二) 遺忘的原因

1. 痕跡衰退說

這種學說認為，遺忘是由於記憶痕跡得不到強化而逐漸減弱，以致最后衰退。20世紀20年代，完形心理學派的學者們最早提出記憶痕跡的概念，認為學習時的神經活動會在大腦中留下各種痕跡，即記憶痕跡。如果個體學習後一直保持練習，已有的記憶痕跡將會得到強化，反之，如果學習後長期不再練習，既有記憶痕跡將隨時間的流逝而衰退（Decay）。重複或經常提取讓個體經常接觸這些信息，可以減少衰退。

2. 干擾抑制說

該學說認為，遺忘是由於識記材料之間的干擾（Interference）產生相互抑制，使所需的材料不能提取。為這一學說提供有力支持證據的是前攝抑制和倒攝抑制。所謂前攝抑制，是指先學習的材料對後學習的材料的提取所產生的干擾作用。所謂倒攝抑制，是指新學習的材料對原來學習的材料的提取所產生的干擾作用。由於個體首先遇到或最后遇到的事項往往是最容易回憶起來的，因此許多廣告公司認為電視廣告、雜誌廣告等的最佳發布位置是第一或最后。

在語義網路聯結十分緊密時，由於干擾，個體無法記起哪些特性與品牌或概念相聯結，如頭腦中大量的汽車廣告，讓你對哪些特性與哪款轎車聯結感到相當困惑。當消費者同時接觸到兩個以上情境相似的廣告時，這種相似性會干擾品牌回憶。競爭性廣告也會導致干擾，而且當競爭品信息與本品牌信息越接近，干擾和抑制的作用越大。因此，行銷者在設計廣告主題和決定廣告內容時，一定要體現獨特性原則，力求避免與競爭廣告雷同。

3. 壓抑說

這一學說認為，遺忘既不是痕跡的消退所造成的，也不是記憶材料之間的干擾所造成的，而是由於人們對某些經驗的壓抑使然。壓抑引起的遺忘，是由某種動機所引起的，因此它又被稱為動機性遺忘。這一理論出自於弗洛伊德的精神分析說。弗洛伊德認為，回憶痛苦經驗將使人回到不愉快的過去，為避免痛苦感受在記憶中復現，人們常常對這些感受和經驗加以壓抑，使之不出現在意識之中，由此引起遺忘。

(三) 影響遺忘的因素

1. 識記材料對消費者的意義與作用

凡不能引起消費者興趣、不符合消費者需要、對消費者購買活動沒有太多價值的材料或信息，往往被遺忘得很快，相反的材料或信息則被遺忘得較慢。如有關筆記本電腦的宣傳材料，準備購置筆記本電腦的消費者與從未想到要購置的消費者對它的記憶保持時間將存在明顯差別。

2. 識記材料的性質

一般來說，熟練的動作遺忘得最慢。貝爾發現，一項技能在一年後只遺忘了29%，而且個體稍加練習即能恢復。同樣，有意義的材料較無意義的材料、形象和突出的材料較平淡且缺乏形象性的材料遺忘得慢。對於廣告主來說，要使廣告內容被消費者記住，並長期保持，廣告主題、情境、圖像等要有獨特性或顯著性，否則廣告內容可能

很快被遺忘。廣告中經常運用對比、新異性、色彩變化、特殊規模等表現手法，目的就是突出宣傳材料的顯著性。

3. 識記材料的數量

識記材料的數量越大，個體識記后遺忘得也就越多。實驗表明，個體識記 5 種材料的保持率為 100%，識記 19 種材料的保持率為 70%，識記 100 種材料的保持率為 25%。

4. 識記材料的系列位置

一般而言，系列性材料開始部分最容易被記住，其次是末尾部分，中間偏後的內容則容易被遺忘。之所以如此，是因為前後學習材料相互在干擾，前面學習的材料受後面學習材料的干擾，後面學習的材料受前面學習材料的干擾，中間材料受前後兩部分學習材料的干擾，所以個體更難記住，也更容易遺忘。

5. 學習的程度

一般來說，個體學習強度越高，遺忘越少。過度學習達到 150% 時，記憶效果最佳。低於或超過這個限度，記憶的效果都將下降。所謂過度學習，是指一種學習材料在達到恰好能背誦時個體仍繼續學習的狀況。

6. 學習時的情緒

個體心情愉快時習得的材料記憶保持時間更長，而焦慮、沮喪、緊張時所學習的內容容易被遺忘。實驗表明，積極的情緒狀態會使個體從記憶中提取出更為廣泛和更加完整的各類知識，從而有助於對當前輸入信息的編碼。

行銷者應努力營造一種氣氛，使消費者在接觸或接收有關企業產品或服務的信息時，產生一種愉快的或積極的情緒。比如，行銷者在廣告中使用幽默手法，或在向客戶介紹產品時給客戶一些小的禮品，以便盡可能使受眾或目標顧客產生積極愉快的情緒。

本章小結

消費者必須通過學習和記憶才能建立起與產品、品牌的聯繫。學習是指因經驗而導致的行為或行為潛能的相對持久的變化。對消費者學習進行解釋的理論主要有三個：行為主義學習理論、認知學習理論以及觀察學習理論，它們從不同的角度對複雜的消費者學習行為進行解釋。

最重要的兩個行為主義理論是經典條件反射理論與操作性條件反射理論。經典條件反射理論認為個體經由練習可以建立起刺激和反應之間的聯結，重複、刺激泛化和刺激辨別三個概念在行銷中要合理應用。操作性條件反射理論認為學習是反應概率上的變化，行銷者要靈活使用積極強化、消極強化、懲罰和消除四種方法去塑造消費者行為，在行銷活動設計中要充分考慮固定間隔強化、變動間隔強化、固定比率強化、變動比率強化四種強化程序對消費者行為產生的不同影響。

與行為主義學習理論相比，認知學習理論強調內部心理過程的重要性，認為學習實際上是學習者頭腦內部認知結構的變化。觀察學習理論認為，學習發生在對他人行

為的觀察之后，消費者對榜樣的觀察學習過程包括注意、保持、再造、動機這四個相互聯繫的過程。

消費者的學習離不開記憶。記憶是過去經驗在人腦中的反應。消費者的記憶系統包括感覺記憶、短時記憶、長時記憶三個相互聯繫的子系統。行銷應充分利用記憶過程中復述、編碼、儲存、提取四個主要環節的基本規律，提升消費者記憶效能。與記憶相對應的一個概念是遺忘，行銷者應採取相應措施防止消費者遺忘。

關鍵概念

學習　經典條件反射理論　操作性條件反射理論　認知學習理論　觀察學習理論　記憶　遺忘

復習題

1. 什麼是學習？消費者的學習有何意義？
2. 經典條件反射理論的基本觀點是什麼？在行銷中如何運用？
3. 什麼是刺激泛化和刺激辨別？結合現實行銷活動舉例說明。
4. 操作性條件反射理論的基本觀點是什麼？
5. 改變消費者行為有哪四種基本方法？其行銷意義是什麼？結合現實行銷活動舉例說明。
6. 對消費者進行強化的程序有哪四種？在行銷中如何運用？結合現實行銷活動舉例說明其不同的強化效果。
7. 認知學習理論的基本觀點是什麼？舉例說明其在行銷中的運用。
8. 觀察學習理論的基本觀點是什麼？結合現實行銷活動，說明觀察學習的四個過程在行銷上的運用。
9. 什麼是記憶？記憶的三個系統之間的聯繫是什麼？
10. 什麼是編碼？分為哪兩種類別？行銷中如何提高編碼效能？
11. 儲存的方式有哪兩種？消費者為什麼會出現提取錯誤？如何幫助消費者提取？
12. 什麼是遺忘？影響遺忘的因素有哪些？

實訓題

項目7-1　學習理論運用研究

針對選定產品類別，每組成員各自找出一個平面廣告或電視廣告，指出其基於何種學習理論，分析其是如何運用相應的學習原理的。

項目7-2　強化程序研究

針對選定產品類別，每組成員收集該類產品在節假日期間（如國慶節、五一勞動節、元旦節、「雙十一」等）的促銷活動，分析其積極強化的措施、使用的強化程序及效果。

案例分析

「5/20」寵愛節：分眾的「移動互聯網+」野心

「5/20」，因音同「我愛你」，成了情侶秀恩愛、品牌主借勢行銷的一大節日。基於生活圈和位置的媒體特性，分眾和移動互聯網的結合找到了一個很好的連接點。2014年，分眾在全國部署Wi-Fi熱點和近十萬個必肯（iBeacon）網路，並在25個城市、近20萬塊樓宇廣告屏裡鋪設地理位置服務（LBS）標籤網路。

在2015年「5/20」期間，分眾攜手微信，對白領市場發起了一場線上線下（O2O）行銷總攻。此輪行銷聯合了滴滴打車、大眾點評、攜程、京東、哈根達斯、蒙牛、小智超級音箱、周黑鴨、諾心、壽全齋等20多家知名品牌，引導用戶在分眾屏前「搖一搖」獲取優惠，打開未來的社會化電商行銷渠道。微信作為移動即時通信（IM）入口，擁有龐大而縱深的用戶群，掌握著人們的主動資訊模式；分眾則作為被動生活空間型媒體，覆蓋都市1.5億最具消費力的白領人群，在人們上班、回家的路徑中形成強有力的線下收口。線上與線下、主動與被動的合作，一場跨界互動的行銷戰役在寫字樓強勢鋪開。

從5月11~22日，分眾聯合微信在以一、二線城市為首的23個重點城市，發起了一場以分眾廣告屏為爆點的「搖一搖」行銷狂歡。「『5/20』寵愛節」的廣告片，每天在樓宇電視以大屏240次、互動小屏120次高頻播出，集中轟炸白領人群的眼球，告知「分眾＋微信搖一搖」的新鮮玩法。同時每塊屏幕下方都配有機身貼，不斷提示消費者進行掃碼關注或「搖一搖」互動。

用戶在分眾廣告屏前，使用微信掃碼，關注「分眾專享」帳號，就能獲得至少1元的現金紅包，直接存入微信零錢。基於微信的強大社交網路，這一無門檻的領紅包活動迅速在白領人群中蔓延開來，通過名片分享、口碑傳播的方式，不斷吸引更多人關注帳號，粉絲數目在幾天內暴漲。

而打開微信「搖一搖」，在接近分眾屏幕時，會出現「周邊」標籤，每人每天有5次搖獎機會，獎品包括現金紅包、品牌兌換券和優惠券等，獎券的使用場景廣泛，涵蓋了打車、美食、O2O服務、互聯網金融、在線旅遊等多個領域。人們在等候電梯時，無門檻、拼運氣的「搖一搖」互動，使得白領人群主動參與、相互傳播，甚而電梯間出現了人頭攢動的盛況。隨手「搖一搖」的動作，提升了分眾屏的互動和游戲屬性，將無聊的等電梯、看廣告時間，變成帶來樂趣和優惠的互動領券時間。原本在廣告屏上出現的品牌，以優惠券的形式出現在了用戶的手機裡。相比二維碼互動，這種方式對消費者的感官無侵入，操作更簡單，更能適應碎片化、多屏化的資訊模式和用戶習慣。

討論：
1. 分眾如何運用學習原理，培養消費者新的消費習慣？
2. 運用記憶原理，分析分眾在加深消費者印象方面的技巧。

第八章　消費者的態度

本章學習目標

◆ 瞭解態度的含義與功能
◆ 熟悉態度測量的方法
◆ 瞭解有關消費者態度的基本理論
◆ 掌握霍夫蘭德態度說服模式
◆ 熟悉塑造態度的三種策略

開篇故事

新品試吃，不容小覷

毛毛香菇醬是新上市產品，自上市就確定了「吸引消費者的胃」的銷售策略，圍繞賣場進行大範圍、長時間的消費者試吃。

抓住顧客的歉疚

試吃現場：

一位女性顧客推著購物車，促銷員馬上迎上去。聽了促銷員介紹之后，顧客接過一個試吃品，品嘗后，沒有任何評價，扔下牙籤后，慢慢走過陳列區，沒有購買產品，但步速明顯變慢。促銷員沒有進一步跟進。

一位男性顧客快步走過，促銷員迎上去時，顧客明顯有躲閃動作，但促銷員的微笑讓他沒有拒絕試吃。品嘗產品過后，顧客在陳列區拿著產品看了一會兒，最終放下走開了，他似乎如釋重負。

「為什麼顧客品嘗產品之后步速會比品嘗前變慢，或在做出不購買的決定時，有如釋重負的感覺呢？」張強問。

「因為他們在做思想鬥爭唄！」王麗一邊回憶著兩個細節，一邊順口回答。

「你說的思想鬥爭是表象，並不是最根本的原因。心理學中有個互惠原理，才是真正的原因。」張強直入正題。

面對王麗不解的表情，他解釋說：「互惠原理簡單說就是，當別人對我們施以恩情時，我們無法不理不睬，而是想以相同的行為予以回報！」

「顧客吃過你的試吃品后，就會在心理上產生要回報你的預期，在這種前提下，直接轉身離開事實上是一件困難的事情，所以，試吃過后顧客會步速放慢，或是如釋重負。」

張強停了一下，繼續問：「那麼，當顧客普遍有這種心理的時候，我們的促銷員怎樣把握這種心理，來提高購買率呢？」王麗搖了搖頭，期盼地看著張強。

「這個時候促銷員一定要再進行產品利益的講解，絕對不能為顧客釋放心理壓力，促銷員如果說一句『您再看一下，買不買沒關係！』，或對顧客不管不問的話，可能就會流失掉很多顧客。」

王麗筆記：試吃過後，顧客有心理上的壓力，這個時候要盡量保持這種壓力，不能強化，更不能轉移，要通過持續的產品利益介紹及強化的成交技巧，來促成購買。

利用顧客的堅持

試吃現場：

一個男性顧客打著電話走了過來，對促銷員理也不理，徑直拿起一瓶產品，問電話那頭：「你要我買的就是這個叫毛毛的香菇醬吧？」很明顯他得到了肯定，拿起就直接走了。

看到這個情景，張強又開始問王麗：「這個男顧客很明顯連吃都沒吃過我們的產品，他為什麼不在現場嘗嘗我們的試吃品再做決定呢？」

「他剛才打的電話，說明是他的家人在推薦我們的產品，所以他就沒有品嘗。」

「那麼，他的這位家人為什麼會如此強烈的推薦我們的產品，而幾乎不聽他的任何意見呢？背後難道只是因為口感嗎？」王麗本想回答是因為好吃，聽張強如此發問，不禁有些迷茫。

「顧客在試吃中，由於互惠原理無法自然離開，有一部分的顧客會選擇購買，一旦形成購買之後，顧客就會在心理上開始強化正面信息來支持自己的購買行為，回到家中，會極力地推薦自己所購買的產品，以證明自己的購買決定是對的！」

「就算我們的口感一般，顧客回去也一樣會推薦？」王麗認真思考著。「對，這被稱為承諾與一致原理。這個原理是說，人在猶豫的時候會權衡再三，但一旦做了決定，天平就會傾向於決定的方向。這也是很多品牌在追求的口碑效應形成的基礎。」

「領導，我似乎有點明白了，你的意思是不是說，試吃活動是形成口碑的基礎工作，非常重要啊！」

「是，就我們的產品而言，品牌沒有什麼知名度，也缺乏廣告拉動，如果沒有試吃活動促成的消費者購買，進而形成口碑，又何談提升銷量呢？」

王麗筆記：試吃推廣的整個鏈條中，互惠原理解決顧客「購買第一瓶」的問題，承諾與一致原理解決口碑傳播的問題，進而解決了產品的自然動銷。

（資料來源：蔡海彬. 新品試吃，不容小覷［EB/OL］.［2015-10-5］. http://www.cmmo.cn/article-174215-1.html.）

第一節　消費者態度概述

一、消費者態度的含義與功能

(一) 消費者態度的含義

態度（Attitude）一詞源於拉丁語中的 Aptus，含有「合適」「適應」的意思。在現代心理學中，態度是指對人、客體或觀念的一種穩定的基本看法，是一種傾向性的心理反應。

當我們說「L 產品還不錯」「M 店的服務太差勁了」，這類話語表達著人的態度，顯示著態度是對人、客體或觀念的積極或消極評價。「L 產品還不錯」首先意味著我們對 L 產品的特性、特點有了認識，形成肯定看法，隨後產生「還不錯」的喜歡、讚賞的積極的情緒體驗，進而顯示著我們對 L 產品有接近或接納的行為傾向。而「M 店的服務太差勁了」，則是我們在對 M 店的服務的認知基礎上形成否定看法，產生討厭、不滿等消極的情緒體驗，進而有可能採取排斥、拒絕、遠離 M 店的行為傾向。

消費者的態度總是針對某一有形的產品或無形的服務而產生的。因此，消費者的態度是消費者在消費過程中對產品、服務及觀念等表現出來的傾向性心理反應。

消費者的態度具有以下幾方面的特徵：

(1) 消費者的態度不是與生俱來的，而是后天習得的，是在對某一事物的體驗和學習的基礎上形成的。

(2) 態度是一種反應傾向，因此，它存在於人們的頭腦中，人們不一定能直接觀察到，但可從個體的臉部表情、言談舉止和行為活動中做出推斷。

(3) 態度會導致持久性的反應，也就是說，態度一經形成，具有相對持久和穩定的特點，並逐步成為個性的一部分，使個體在反應模式上表現出一定的規則和習慣性。因此，態度可以用來預測行為，而行為也可以暗示出其背後的態度。

(4) 消費者的態度與行為不一定一致，態度與行為是否一致，主要取決於購買能力、購買動機以及一些情境因素。「L 產品還不錯」意味著消費者多半可能購買 L 產品，但也有可能由於收入、銷售地點等因素沒有產生購買 L 產品的行為；「M 店的服務太差勁了」預示著消費者多半不會選擇到 M 店購物，但也有可能由於時間壓力、臨時購買任務而產生進 M 店購物的行為。

(二) 消費者態度的功能

1. 功用功能（Utilitarian Function）

功用功能也稱實利功能或適應功能，是指態度能使人更好地適應環境和趨利避害。凡能使個體滿足的東西，個體就持肯定的態度；對未能滿足個體或使個體受到懲罰的東西，個體就會形成否定的態度。態度的形成直接依賴於人們對得益或受損的知覺或體驗，所以，消費者會表現出對某些能滿足他們需要的產品或服務的喜愛，對損害他

們利益的產品或服務表示拒絕。同時，消費者形成某種態度后，能在下次遇到產品和服務時以前后一致的方式做出反應，從而節省在購買決策上的時間和精力。

2. 自我防禦功能（Ego-defensive Function）

自我防禦功能是指個體形成某種態度后能幫助個體迴避或忘卻那些嚴峻環境或難以正視的現實，從而保護個體的現有人格和保持心理健康。如收入不高的消費者也會購買一些高級美容品、抗衰老保健品或者對這種行為持積極的態度，實際上就是出於自我防禦的目的，有意識或無意識防禦由於身體衰老或自感容貌平常所滋生的不安情緒。而處於貧困階層的消費者不會對一套高級家庭影院產生好感，這個態度能幫助消費者迴避購買力有限的現實，從而保護自己的人格和心理健康。

3. 知識或認識功能（Knowledge Function）

知識或認識功能是指個體形成態度后更有利於對事物的認識和理解。事實上，態度可以作為幫助消費者理解產品或服務的一種標準或參照物。消費者在已經形成的態度傾向性的支配下，可以決定是趨利還是避害。這種方式可以使外部環境簡單化，從而使消費者集中精力關注那些更為重要的事件。另外，態度的知識功能也有助於部分地解釋品牌忠誠的影響。消費者對某一品牌形成好感和忠誠，能夠減少信息搜尋時間，簡化決策程序，並使消費者的行為趨於穩定。

4. 價值表達功能（Value-expressive Function）

價值表達功能是指個體通過態度能夠向外表達一個人的核心價值觀、生活方式和自我形象。在社會生活中，消費者會以各種不同方式來對外展示自我，通過對產品或服務的態度，可以向社會公眾展示自我所崇尚的價值觀。如消費者對綠色食品的歡迎態度表明的是關注環境、健康幸福的價值觀，而喜歡搖滾音樂顯示的是對刺激生活的追求和獨特的文化品位。

二、態度的構成與影響層次

（一）態度構成的三個成分

消費者態度是由認知、情感和行為傾向三個成分構成的複合系統。各個成分在態度系統中處於不同的層次地位，擔負不同的職能，如圖8.1所示：

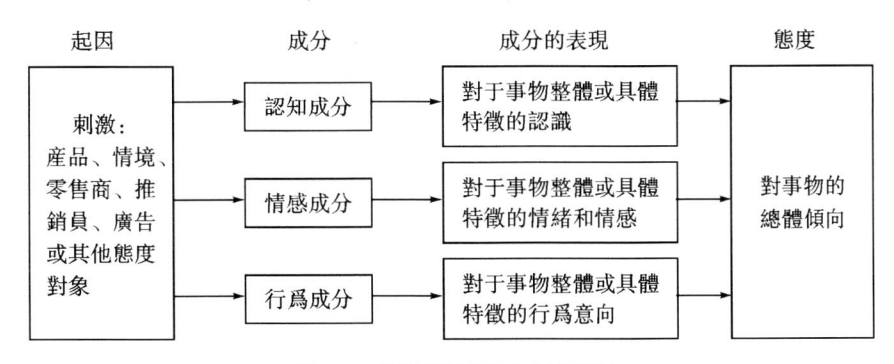

圖8.1　消費者態度的成分及表現

1. 認知成分（Cognitive Component）

認知成分是指個體對人、對事的認識、理解與評價，包括感知、思維、看法和好壞的評價，以及讚成或反對，它是態度的基礎。在消費方面，表現為消費者對所要購買的產品或服務的有關特性如質量、外觀、性能、價格、品牌等的印象、理解、觀點和意見等。消費者只有在對產品和服務有所認知的基礎上，才有可能形成對某類商品的具體態度，而認知是否正確、是否存在偏見或誤解，將直接決定消費者態度的傾向性或方向性。因此，保持公正準確的認知是端正消費者態度的前提。

2. 情感成分（Affective Component）

情感成分是指個體對人、對事是否滿足自己需要的一種主觀體驗。它是態度的核心並和人的行為緊密相連，構成消費者態度的動力。它表現為消費者對產品或服務的喜好或厭惡、欣賞或反感等各種情緒反應。情感對於消費者態度的形成具有特殊作用，在態度的基本傾向或方向已定的條件下，情感決定了消費者態度的持久性和強度。

3. 行為成分（Behavioral Component）

行為成分是指個體對態度對象的肯定或否定的反應傾向，即行為的準備狀態。在消費中表現為消費者對有關產品或服務的購買意向，其中包括表達態度的語言和非語言的行動表現。行為傾向是態度的外在顯示，也是態度的最終體現。只有通過行為傾向，態度才能成為具有完整功能的有機系統。此外，行為傾向還是態度系統與外部環境進行交流和溝通的媒介。通過語言和非語言行為傾向，消費者可以向外界表明自己的態度，其他社會成員、群體、生產者及經營者也可以從行為傾向中瞭解消費者的真實態度。

（二）態度的影響層次

態度是由認知成分、情感成分和行為成分構成的，儘管這三種成分都很重要，但是消費者對態度對象的動機水平不同，因此，態度的三種成分的相對重要性也不同。研究者提出了態度的影響層次（Hierarchy of Effect）的概念來解釋三種成分的相對影響。每一層次都規定了態度形成的固定步驟。

1. 學習層次

最常見的態度影響層次稱為學習層次。在學習層次裡，首先發生的是認知成分，然後是情感成分，最後是行為成分，見圖8.2：

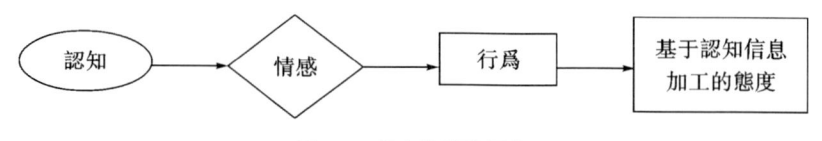

認知 → 情感 → 行為 → 基于認知信息加工的態度

圖8.2　態度的學習層次

例如，你要決定五一節到哪裡去玩：峨眉山、青城山還是九寨溝？假設你首先收集信息，到這些地方要花多少時間，花多少錢，住宿費、門票是多少，到每個景點可以進行哪些活動，然後根據這些信息來決定哪個對你來說更合適。你是喜歡峨眉山的秀麗呢，還是真正想去看看神奇的九寨。你在這些感覺基礎上，最後採取行動，選擇

一個作為你的目的地。這就是學習層次，也叫理性層次，認為個體對產品或服務的認知決定情感，而情感導致個體對產品或服務的購買和使用。因此，學習層次是基於認知信息加工而形成的態度，在學習層次下，消費者通常會進行大規模的信息搜尋，並進行廣泛的決策過程。

2. 情緒層次

在情緒層次裡，情感成分發生在先，然后是行為成分，最后才是認知成分，見圖8.3。比如，你在決定五一節去哪裡遊玩時，九寨溝的圖片浮現在你的腦海裡，很美麗，對你產生強烈的吸引力，你就決定去九寨溝，到九寨溝遊玩后，你獲得了關於九寨溝的許多認識。這就是情緒層次，認為消費者是根據他們的情感反應來做出行動的。消費者在對某一產品或服務的吸引或討厭的情感基礎上決定是接受它還是迴避它，是否購買或使用它，在經歷了體驗之后，才瞭解到更多有關它的信息。衝動性購買便是一種最典型的情緒層次方式，消費者在一時的熱情中買回產品，經過使用后，才發現該產品並不好。

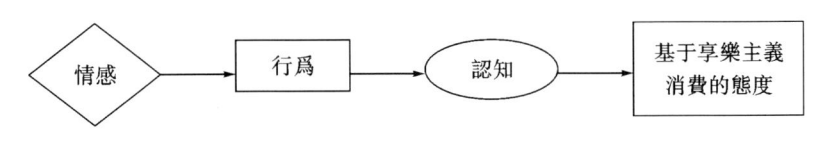

情感 → 行為 → 認知 → 基于享樂主義消費的態度

圖 8.3　態度的情緒層次

3. 行為層次

在行為層次裡，行為成分發生在先，然后是情感成分，最后才是認知成分，見圖8.4。比如你在超市裡發現一種新牙膏，你對它還沒有形成態度，你會在全面瞭解它或真正感到被它吸引之后才購買它嗎？大概不會，因此在這種情況下，理性層次或情緒層次都不適用。你所做的就是把它買回來，實際使用后你感覺還不錯，你才體會是什麼氣味，甚至仔細去瞭解它的活性成分、閱讀配方說明等。

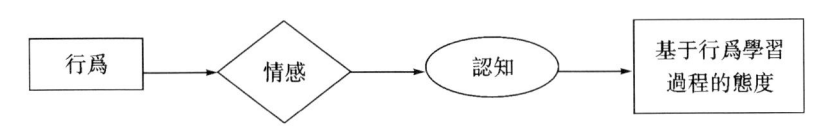

行為 → 情感 → 認知 → 基于行為學習過程的態度

圖 8.4　態度的行為層次

學習層次和情緒層次都是高介入度模式，行為層次是一種低介入度模式。產品或服務對消費者而言是高介入度還是低介入度是因人而異的；而介入度也不是鮮明的兩極分化，而是一個度的問題。因此，圖8.5顯示了介入程度與態度的層次之間的關係。

(三) 態度的三種成分的一致性

雖然態度的三種成分是按層次發生的，但它們之間是你中有我，我中有你。一般情況下，態度的三種成分作用方向是相互一致的，消費者態度往往表現出一致性原則（Principle of Consistency），會在他們的認知、情感和行為等三種態度成分上維持一致與和諧。特定的認知不可避免地導致某種情感和行為傾向，反之亦然。

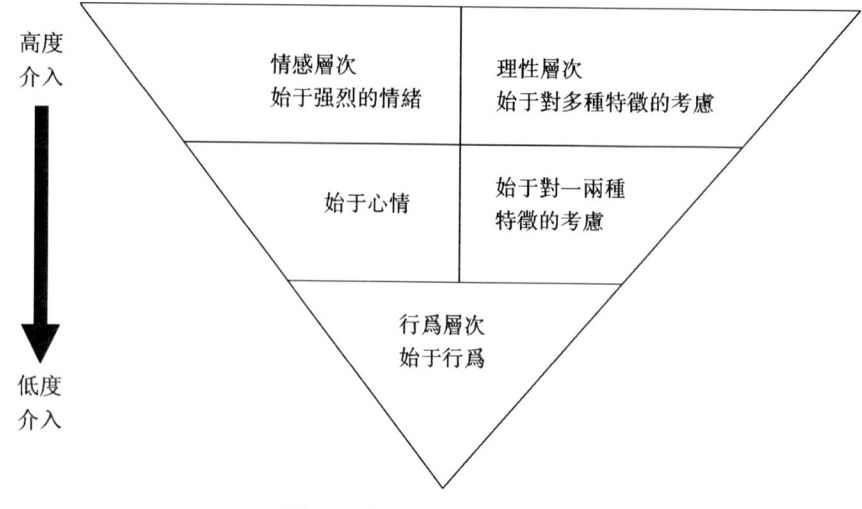

图 8.5 介入程度與態度的層次

不管三種成分發生的順序如何，它們之間必然具備一致性，它們之間都有相互塑造的作用。因此，圖 8.6 沒有按層級來顯示它們之間的關係，而是用雙箭頭來表示它們之間的相互作用。

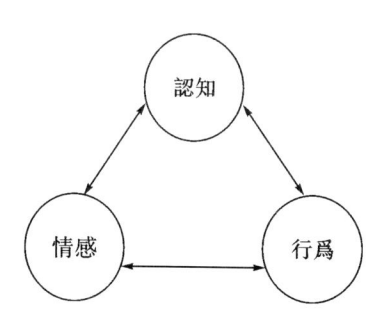

圖 8.6 態度的三種成分的相互依賴關係

三、消費者態度的測量

(一) 瑟斯頓等距量表

瑟斯頓（L. L. Thurstone）和蔡夫（F. J. Chave）在 1929 年出版的《態度的測量》一書中提出了態度測量的等距量表法。其基本步驟如下：

（1）通過對消費者的初步訪談和文獻分析，盡可能多地收集人們對某一態度對象的各種意見。這些意見由陳述句來表述，其中既有善意的意見、惡意的意見，也有肯定或否定的意見。

（2）將上述意見歸類，從極端肯定到極端否定將其分為 5、7、9 或 11 組，具體歸類可邀請若干評判人員完成。分類任務完成后，可以根據每種意見分類的分佈情況，計算出該意見的量表分值。

（3）由評判人員對各陳述意見作進一步篩選，形成20條左右意義明確的陳述，並使之沿極端肯定到極端否定的連續系統分佈開。

（4）要求被試對這20條陳述意見或其中的一部分進行判斷，讚成某一陳述意見打「√」，不讚成打「×」。由於每個意見都已被賦予了一個量表值，通過計算被試同意項數的平均量表值或這些項數的中項分值，可以得出在這一問題上的態度分數。得分越高表明態度的強度越高。

例如，某手機生產廠家為調查消費者對發展4G手機的看法，採用瑟斯頓等距量表法設計出如表8.1所示的問卷。被測者讚成該題目時，就在括號內打「√」。主測者根據得分高低判斷消費者的態度傾向。

表 8.1　　　　　　　　瑟斯頓等距量表部分項目及其分值

題號	題目	是否讚成	量表值
1	今后應發展4G手機，普通手機可淘汰	（　）	6.5
2	應以發展4G手機為主，可少量生產普通手機	（　）	5
3	4G手機、普通手機各有優點，應共同發展	（　）	3.5
4	對發展什麼樣的手機無所謂	（　）	2
5	普通手機造價低，符合中低收入者的消費水平，應以普通手機為主	（　）	0.5

註：正式測量時，各題量表值一律不在卷面上標出。

調查者運用瑟斯頓等距量表測試消費者態度，要求被試給予積極、誠實的回答和合作，否則調查結果會出現偏差。同時，它需要許多評審者對數目眾多的陳述意見進行篩選，並分別計算每一陳述意見的量表分值，是一項極為費時、費力的工作，由此也極大地限制了這一方法在實際中的運用。

（二）李克特量表

李克特量表又稱總和等級評定法，是由李克特（R. Likert）於1932年提出來的。該方法是採用肯定或否定兩種陳述性語句，要求被試對各項陳述意見表明讚同或不讚同的程度，供選擇的態度在量表中用定性詞給出，並分別標出不同的量值。程度的差異一般可作5或7級劃分。由於每一態度範疇可以從多個層面來予以測量，即可以由被試對多個陳述意見的讚同或反對程度予以刻畫，所以在實際測量中，對被試在各陳述意見上的量值加以匯總，可獲得該被試的總體態度。假如M物流公司想測量消費者對本公司快遞服務的看法，可以採用李克特量表法進行測量，如表8.2所示：

表 8.2　　　　　採用李克特量表法對態度的三種成分進行測量

態度成分	M公司的快遞服務	絕對同意				絕對不同意
認知	M公司的快遞服務非常可靠	1	2	3	4	5
	M公司的快遞服務比其他公司的服務更省錢	1	2	3	4	5
	M公司能夠根據我的快遞需要提供定制化的服務	1	2	3	4	5

表8.2(續)

態度成分	M公司的快遞服務	絕對同意				絕對不同意
情感	M公司為我快遞東西，我有種安全感	1	2	3	4	5
	M公司的快遞服務讓我非常高興	1	2	3	4	5
	我不在乎M公司會不會關門（R）	1	2	3	4	5
行為	我用M公司的快遞服務比用其他公司的多	1	2	3	4	5
	我經常向其他人推薦M公司	1	2	3	4	5
	我正在尋找其他物流公司（R）	1	2	3	4	5

註：請在合適的分值上畫圈表示你對該陳述的同意或不同意的程度。（R）項為否定陳述，應反向計分。

李克特量表法操作簡單，是目前應用最廣泛的態度測量方法之一。與瑟斯頓量表法相比，李克特量表法的工作量只有前者的幾分之一到幾十分之一，而結果與用瑟斯頓量表法所得的結果相關度達0.80，由此不難解釋李克特量表法受歡迎的程度。當然，由於採用自我報告，再加上將問題簡化處理的傾向，人們運用李克特量表測量較複雜的態度問題時，效果並不十分理想。

（三）語意差別量表

語意差別量表（Semantic Differential Scaling）又叫語意分析量表，是奧斯古德（C. E. Osgood）等人於1957年提出來的一種態度測量方法。該量表的基本思想是，人們對某一主題的態度可以通過分析主題概念的語意，確定一些相應的關聯詞，然後再根據被試對這些關聯詞的反應加以確定。

語意差別量表包括三個不同的態度測量維度，即情感或評價維度、力度維度和活動維度，每一個維度由幾對反義形容詞或兩極形容詞予以刻畫。在具體測量中，測量者先提出一個關於態度對象的關鍵詞，要求被試按自己的想法在兩極形容詞間的7個數字上圈選，各系列分值的總和即代表他對所測事物的態度。

假如S購物網站想瞭解網購者的看法，可以採用語意差別量表進行測量，如表8.3所示：

表8.3　　　　　採用語義差別量表測量態度的三個維度

維度	關鍵詞	1　2　3　4　5　6　7
評價維度	方便性	方便 ＿＿＿＿＿＿＿ 不方便
	價格	便宜 ＿＿＿＿＿＿＿ 昂貴
	選擇面	廣 ＿＿＿＿＿＿＿ 窄
力度維度	有趣性	有趣 ＿＿＿＿＿＿＿ 枯燥
	滿意度	滿意 ＿＿＿＿＿＿＿ 不滿意
	愉悅性	愉快 ＿＿＿＿＿＿＿ 不愉快
活動維度	瀏覽情況	經常 ＿＿＿＿＿＿＿ 偶爾
	購買情況	頻繁 ＿＿＿＿＿＿＿ 很少

語意差別量表構造比較簡單，適用範圍廣泛，幾乎可以用來測量消費者對任何事物的態度。局限性是，這種態度測量方法並未擺脫被試自我報告程式，而且量表中各評價項目的確定仍帶有一定的主觀性。

(四) 行為反應測量

行為反應測量是指人們觀察和測量被試對於有關事物的實際行為反應，以此作為態度測量的客觀指標。

1. 距離測量法

距離測量法（Distance Measure）是通過觀察人與人交往時的身體接近程度和親切表現來研究人的態度。人與人交往時，或在對事物進行觀察、審視時，如有好感或希望購買，都有自然趨近的動作或行為，具體表現為縮短空間距離、保持目光接觸、緊張程度的降低和親切感的增加等。通過觀察和測量這些變化，我們可以發現消費者的態度傾向。

2. 生理反應測量

生理反應測量（Physiological Measure）是指人們通過檢查被測者的生理狀態的變化來測定其對某一事物的態度的一種方法。生理反應主要測定態度中的情感成分。當人們形成某種態度時，情感成分會喚起有機體的植物性神經系統的某些變化，如瞳孔擴張、心跳加快、血壓升高等。我們通過對生理指標的監測可以推測人們的態度傾向。

3. 任務完成法

任務完成法是指讓被試去完成某項任務，人們通過觀察任務完成質量來確定被試對這件事的態度。如果被試任務完成認真、及時、質量高，表明對事物的態度是積極的，否則就是消極的。當然，任務的完成要受諸多因素影響，我們在運用任務完成法探測消費者的態度時，應設法對這些因素進行控制。

第二節　有關消費者態度的理論

西方學者在對態度的研究中提出了多種理論，這些理論對態度形成和改變所做的解釋雖然各有其側重點，但它們並不相互矛盾和衝突，而是相互補充的。

一、學習論

學習論又稱條件作用論，代表人物為霍夫蘭德（C. Hovland）。霍夫蘭德認為，人的態度同人的其他習慣一樣，是后天習得的。人們在獲得信息和事實的同時，也學習到與這些事實相聯繫的情感與價值。人的態度主要是通過聯想、強化和模仿三種學習方式而逐步獲得和發展的。

學習論認為，態度的形成和變化一般要經歷三個階段：①順從，即在社會影響下，個體僅僅在外顯行為上表現得與別人一致。這時沒有太多的情感成分，也沒有多少深刻的認知，個體的行為受獎懲原則支配，一旦外部強化或刺激因素消失，行為就可能

終止。因此，這種態度是表面的、暫時的和易變的。②認同，即指個體由於喜歡某人、某事，樂於與其保持一致或採取與其相同的表現。這種態度帶有較多的情緒與情感成分，雖然不一定以深刻的認知為基礎，但較順從階段的態度更為深刻，也更為積極主動。③內化，即個體把情感認同的事物與自己的價值觀、信念等聯繫起來，使之融為一體，對情感、態度給予理性上的支持。此時，態度以認知成分占主導，同時附有強烈的情感成分，因此比較持久而不易改變。

二、誘因論

誘因論是從趨近因素和迴避因素的衝突看態度問題，即將態度的形成看成是在權衡利弊之后做出抉擇的過程。消費者對於一種產品或服務既有一些趨近的理由，也有一些迴避的理由，前者使消費者產生積極的態度，后者則會使之產生消極的態度。消費者最終的態度是由趨近和迴避兩種因素的相對強度來決定的。

美國學者愛德華（W. Edwards）在1954年提出期望價值（Expectancy Value）概念，認為由於誘因衝突的複雜性，人們在做抉擇時，總是試圖對每種可能出現的情況及其預期的價值做出評價，並盡可能趨利避害，使主觀效用達到最大，即 $U = V \times P$。其中，U 為主觀效用，V 為預期后果的價值，P 表示預期后果出現的概率。如果消費者的購買活動帶來高的、大的主觀效用，消費者對此購買持積極肯定的態度，否則會持消極否定的態度。在涉及兩種產品的比較時，能帶來較大主觀效用者，將使消費者對其產生更為肯定的態度。

三、平衡理論

平衡理論（Balance Theory）由海德（F. Heider）於1958年提出，是指人們會考慮他所認為相互關聯的一些事物的關係。一般而言，他所考慮的關係主要包括三種：他自己（P）、他對他自己與其他人（O）關係的知覺以及他自己與其他人對態度標的物（X）的知覺，如圖8.7所示。所有的關係都是以正號或負號來標示的。正號代表肯定、

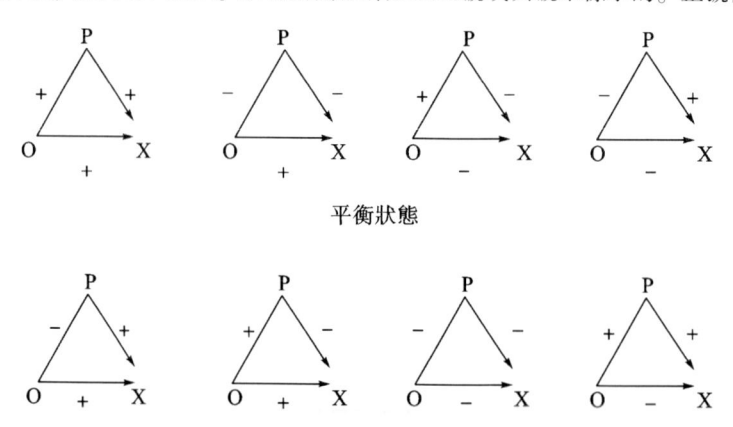

圖 8.7　態度的平衡和不平衡狀態示意圖

支持、喜歡等積極態度，負號代表否定、反對、不喜歡等消極態度。當三個關係正、負號相乘結果為正號，表明處在平衡狀態；若為負號，表明處在不平衡狀態。

平衡理論認為，平衡狀態是一種理想的或令人滿意的狀態，個體如果出現了不平衡，就會產生心理上的緊張、焦慮和不舒適、不愉快。個體為了從不平衡恢復到平衡狀態，就需要重新改變認知來達成平衡。

例如，小張（P）完全不喜歡爵士樂（X），他的好朋友小李（O）很喜歡爵士樂，這種三方關係可以見圖8.8（1），此時，出現了不平衡，因此，他可以採取以下方式之一來重新獲得平衡：

（1）改變對相關人員的態度。如不再喜歡小李，甚至討厭小李，如圖8.8（2）所示。

（2）改變自己對態度標的物的態度。如從不喜歡爵士樂變為喜歡爵士樂，如圖8.8（3）所示。

（3）說服相關人員，使之轉變對態度標的物的態度。如促使小李由喜歡爵士樂變為喜歡其他類型的音樂，如圖8.8（4）所示。

（4）當然也可以採取鴕鳥政策，刻意去忽略這件事，假裝不在乎相關人員對態度標的物的態度。如忽略小李對爵士樂喜歡的事實。

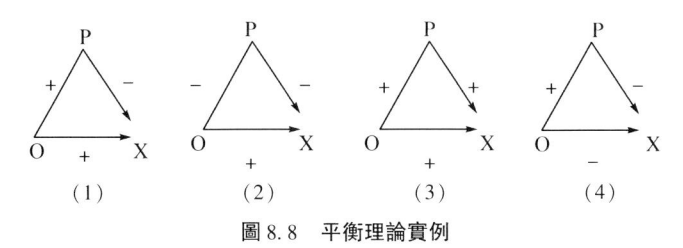

圖8.8　平衡理論實例

概念運用：平衡理論在行銷中的運用

平衡理論有助於解釋為什麼消費者會喜歡與那些能得到積極評價的物體相聯繫。當某人與一個流行產品形成一種歸屬關係（如購買和穿著時髦的衣服、開豪華的汽車），也會促使這個人與三角關係中的其他人形成正向關係。

平衡理論也有助於解釋廣泛採用名人代言的行為。行銷者可以通過產品和某位名人之間的關係，利用消費者對名人的積極情感，在產品和消費者之間創造一種積極的情感關係。當名人對某種行為給予批評時，這種行為就會受到阻止，就像著名運動員出現在反對毒品的公益廣告中所要達到的效果一樣。

值得注意的是，如果名人代言人與產品品牌之間只是一種利益的關係，並不是真心認同這個品牌，消費者也不一定會對產品品牌產生好感。而且，更有風險的是，如果公眾對名人的支持態度從正面轉向負面，名人代言會起到引火上身的反作用。

四、認知失調理論

認知失調理論（The Theory of Cognitive Dissonance）由費斯廷格（L. Festinger）於

1957年提出。費斯廷格認為，任何人都有許多認知因素，如關於自我、他人、環境等方面的看法、信念，這些認知因素之間存在三種情況：相互一致和協調；相互衝突和不協調；相互無關。當認知因素處於第二種情況，即相互衝突和不協調時，個體就會不由自主地驅使自己去減少這種矛盾和衝突，力求恢復和保持認知因素之間的相對平衡和一致。

例如，小王因為健康問題必須減輕體重，「醫生告訴我不能吃甜食，以免體重過重而造成心臟過度負荷。」當她看到香甜可口的巧克力蛋糕時，「好想嘗一口。」這時，兩個認知因素是相互衝突的，是典型的認知失調。為了消除認知的不一致，她可以採用下面的方法：

（1）改變其中的一個認知，使之與自己持有的其他認知一致。如把「不能吃甜食，以免體重過重而造成心臟過度負荷」改為「甜食不是影響體重的因素，好多體重偏輕的人還不是喜歡吃甜食」，這樣兩個認知之間便協調一致了。

（2）改變行為，使行為與其他認知相一致。如把「好想嘗一口」改為「一口都不能吃，醫生說的話我要做到」。

（3）在不改變原來兩個認知因素的條件下，增加新的認知。如增加「為了身體健康不能吃甜食是對的，但我只嘗一小口，應該沒有太大影響」等辯解性理由，以減輕不協調的壓力。

認知失調理論可以解釋為何有些消費者在購買前猶豫不決，那往往是幾種認知因素出現了衝突和不協調，甚至有些消費者在購買了產品以後，發現並沒有解決他的問題，反而進行更大規模的產品信息搜尋行為。特別是消費者花費大額金錢購買的商品，如房子、汽車等，因為不知道自己的購買決策是否正確，反而會進一步搜尋信息來判斷決策的對錯。因此，行銷者必須提供進一步的增強信息來建立更為正向的品牌態度，以解決消費者的認知失調。

五、自我知覺理論

自我知覺理論（Self-perception Theory）由達里爾·貝姆（Daryl Bem）於1972年提出，是指人們會借由觀察他們自己的行為來決定他們的態度，就像觀察他人的行為來判斷其所持的態度一樣。也就是說，消費者根據自己對某產品或服務的購買或消費行為推斷自己對於該產品或服務的態度。

自我知覺理論的一個重點是行為產生在態度之前，也就是個體先有行為，然後根據行為來形成態度。這種態度形成與低介入度有關，消費者在最初採取某種購買行為時，並不具有強烈的內在態度，事後，態度的認知和情感成分才得以統一。這就是說，習慣性的購買行為可能會在事後產生積極的態度──既然我決定買它，相比之下我是喜歡它的。

六、社會判斷理論

社會判斷理論（Social Judgement Theory）又稱為同化對比理論，其觀點認為人們會根據他已知的信息將新收到的信息加以同化。也就是說，人們會以它自己目前的態

度為一項參考架構，然后將新收到的信息進行歸類。

社會判斷理論的一個重點在於每個人的可接受標準並不相同。基本上，人們在一個態度標準上，會形成一個接受與摒棄的區間（Latitudes of Acceptance and Rejection）。新的意見落在這一範圍內，則會被接受，這表明新意見與已有意見較為一致，此時會產生一種同化效果（Assimilation Effect）。如果落在這一範圍外，則不會被接受，這表明新的意見與已有意見差異較大，此時會產生一種對比效果（Contrast Effect）。

一般來說，每個人的接受與摒棄的區間有很大差異。有很多因素會影響這一區間的範圍，其中一個因素是一個人對該態度的執著程度。當一個人對某一態度的執著程度越高，則該態度的接受與摒棄的區間越狹窄，他越不能容忍與其稍稍不同的意見，改變他的態度越不容易。反之，一個人對某一態度的執著程度越低，接受與摒棄的區間越寬闊，他就越能接受各種差異性大的意見，改變他的態度的可能性越大。

七、精細加工可能性模型

精細加工可能性模型（Elaboration Likelihood Model，ELM）是一種說服理論，描述人們有多大可能將他們的認知過程集中在精心考慮的說服性信息上。這一模型對說服路徑做了重要的區分：中心路徑和邊緣路徑。

中心路徑（Central Routes）是指人們仔細思考說服性的信息，因此態度改變與否取決於論點的強弱。如有人試圖通過論證讓你相信一種新產品具有的諸多優點，你可能就會以這種精細的方式來處理信息。

邊緣路徑（Peripheral Routes）是指人們不怎麼集中精力關注信息，而是對情境中的表面線索做出反應。如賣方採用一個有吸引力的模特來推薦新產品，目的就是希望你的思維能避開要害，利用情感性的反應來轉變態度。

人們採用中心路徑還是邊緣路徑取決於一個人的介入程度。

當介入程度高的時候，消費者會傾向仔細去評估產品的特性與優缺點，這時消費者對產品的評價主要來自深入的思考與認知處理的結果。這時消費者採用的就是中心路徑，消費者根據信息的論證來形成他們的態度。

當介入程度低的時候，消費者進行相對較為有限的信息尋找與評估，也就是這時的消費者對於產品的評價主要來自於重複、暗示、線索以及整體的知覺等，此時偏向情感性的處理。這時消費者採用的就是邊緣路徑，根據信息的表面線索如代言人、音樂、圖片等來形成他們的態度。

第三節　消費者態度的改變

消費者態度的改變包括兩層含義，一是指態度強度的改變，一是指態度方向的改變。消費者由原來有點喜歡某品牌到現在非常喜歡某品牌，涉及態度強度的變化；消費者由原來不喜歡某品牌到現在喜歡某品牌，或由原來的喜歡變成不喜歡，則涉及方向的改變。消費者態度的改變一般是在某一信息或意見的影響下發生的，從企業角度，

又總是伴隨著宣傳、說服和勸導，從這一意義上說，態度改變的過程也就是勸說或說服的過程。

一、改變消費者態度的說服模式

霍夫蘭德（C. Hovland）和詹尼斯（I. L. Janis）於1959年提出了一個關於態度改變的說服模式，見圖8.9。這一模式雖然是關於態度改變的一般模式，但它指出了是否引起態度和如何改變態度的過程及其主要影響因素，對理解和分析消費者態度改變具有重要的借鑑與啟發意義。

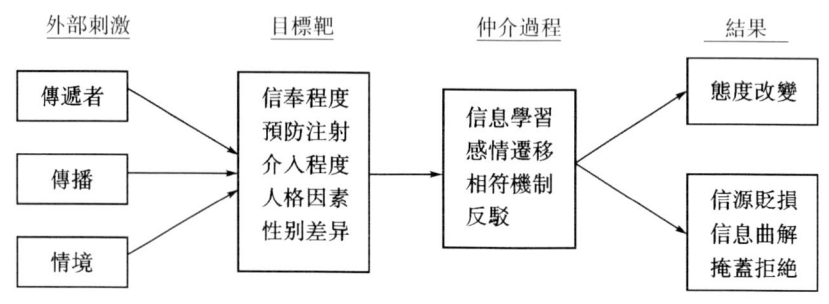

```
外部刺激            目標靶            仲介過程            結果

傳遞者 ──┐        ┌─────────┐       ┌─────────┐        ┌─────────┐
         │        │信奉程度 │       │信息學習 │     ┌─│態度改變 │
傳播  ──┼───────→│預防注射 │──────→│感情遷移 │─────┤ └─────────┘
         │        │介入程度 │       │相符機制 │     │ ┌─────────┐
情境  ──┘        │人格因素 │       │反駁    │     └─│信源貶損 │
                  │性別差異 │       └─────────┘        │信息曲解 │
                  └─────────┘                          │掩蓋拒絕 │
                                                        └─────────┘
```

圖8.9 態度改變的說服模式

霍夫蘭德認為，任何態度的改變都涉及一個人原有的態度和外部存在著的與此不同的看法。由於兩者存在差異，由此會導致個體內心衝突和心理上的不協調。為了恢復心理上的平衡，個體要麼接受外來影響，改變自己原有的態度，要麼採取各種方法抵制外來影響，以維持原有的態度。

圖8.9描繪的模式將態度改變的過程分為四個相互聯繫的部分：外部刺激、目標靶、仲介過程和結果。

（一）外部刺激

外部刺激包括三個要素：傳遞者、傳播與情境。

1. 傳遞者

傳遞者或信息源，是指持有某種見解並力圖使別人接受這種見解的個人或組織。如發布某種產品信息的企業或廣告公司，勸說消費者接受某種新產品的推銷人員等。一般來說，影響說服效果的信息源特徵主要有以下四個：

（1）傳遞者的權威性

傳遞者的權威性指傳遞者在有關領域或問題上的學識、經驗和資歷。如企業邀請專家、學者宣布新產品信息，目的就是為了增加信息的可信度和影響力。

（2）傳遞者的可靠性

傳遞者的可靠性指傳遞者在信息傳遞過程中能否做到公正、客觀、不存私利和偏見。很多消費者對商業信息來源缺乏信任，原因就在於商業信息的傳遞者難以做到客觀、公正。

（3）傳遞者外表的吸引力

傳遞者外表的吸引力指傳遞者是否具有一些引人喜愛的外部特徵。傳遞者外表的

魅力能吸引人注意和引起好感，自然會增強說服的效果。研究顯示，外表有魅力的人會被想像為更加敏感、熱忱、謙虛和幸福。大部分廣告研究表明，越是有吸引力的模特所宣傳的產品，越容易獲得好的評價和積極反應。但是，傳遞者的外表魅力不一定能單獨發揮作用，可能受制於其他一些因素。

（4）對傳遞者的喜愛程度

對傳遞者的喜愛程度指受眾或消費者對傳遞者的正面或負面情感。喜愛能引起態度的改變，因為人們有模仿自己喜愛對象的傾向，較容易接受喜愛對象的觀點，受其情趣的影響，仿效他的行為方式。喜愛程度和相似性有密切關係，人們一般更喜歡和自己相似的人接觸和相處，從而受其影響。

2. 傳播

傳播是指人們以何種方式和什麼樣的內容安排把一種觀點或見解傳遞給信息的接受者或目標靶（Target）。信息內容和傳遞方式是否合理，對能否有效地將信息傳達到目標靶並使之發生態度改變具有十分重要的影響。影響消費者態度改變的傳播特徵主要包括以下幾個方面：

（1）傳遞者發出的態度信息與消費者原有態度的差異

一般來說，傳遞者發出的態度信息與消費者原有的觀點差異越大，信息傳遞所引起的不協調感越強，面臨改變的壓力越大。在較大差異和較大壓力下，能否引起較大的態度改變則要看兩個因素：一是差距的大小，差異越大，越難以改變；二是看信息源的可信度，差距太大時，信息接收者不一定改變態度來消除不協調的壓力，而可能以懷疑信息源、貶低信息源來緩解不協調感。多項研究發現，中等差異引起的態度變化量大，當差異超過中等差異之后再進一步增大，態度改變則會越來越困難。

（2）信息的生動性

當信息通過圖片等視覺刺激出現時，容易引起接收者的注意並能更深刻地留在接收者的記憶中，更能產生審美方面的評價，引發情感反應。因此行銷者常常運用生動、富於創新的插圖或照片。因為視覺因素會引發聯想推理，並使消費者因圖像中的意象而改變信念，所以能影響消費者的品牌態度。

行銷者用文字形式展現信息時，會影響對產品功能效用方面的評價。由於處理文字表述需要付出更多的努力，它更適合高度介入的情況。文字材料很容易被忘掉，因此，需要經常出現才能達到改變態度的效果。當然，行銷者在傳遞具體實際的信息時，將文字表述與圖片相結合，尤其在圖的信息與文字強相關時，文字表述將更有效。

（3）單面論述與雙面論述

在說服過程中，是陳述一方面的意見與論據好呢，還是同時陳述正反兩方面的意見與論據好？研究顯示，雙面論述給消費者一種客觀、公正的感覺，可以降低或減少消費者對信息和信息源的抵觸情緒，但可能降低信息的衝擊力，從而影響傳播效果。一般來說，對與消費者觀點一致的信息和消費者不太熟悉的問題，單面論述效果較好；如果傳遞的信息與消費者的觀點不一致，並且消費者對該問題又比較熟悉時，採用雙面論述效果會更好。

（4）對比信息

對比信息是指行銷者將本產品或服務的信息與競爭者的信息進行對比。對比信息可以分為兩種，一種是間接對比信息，即行銷者將本產品或服務與不具名的競爭者進行對比。一種是直接對比信息，即行銷者將本產品或服務與具名的競爭者進行對比。研究表明，直接對比信息在引起注意和品牌意識方面是有效的，可以正面提高信息的處理、態度、意圖和行為。新產品或低市場份額的品牌可以通過強調它是如何區別於或優於其他品牌的來改進消費者態度，從而給消費者一個購買該品牌的可信的理由。

3. 情境

情境因素是指對傳播和信息接受者有附帶影響的周圍環境。情境雖然由一些暫時性的事件和狀態構成，然而它對說服的效果會產生重要影響。

（1）預先警告

如果某一消費者在接觸說服信息前，對勸說企圖有所瞭解，可能發展反駁觀點，從而增強抵禦說服的能力，改變其態度較為困難。研究表明，預先警告的作用與意見內容是否涉及個人利益有緊密關係，預先警告對沒有個人利益介入的人能促進其態度改變，而對於有較深利益牽連的人能阻撓其態度的轉變。

（2）分心

分心是指個體由於內外干擾而分散注意力或不能使注意力集中的現象。在勸說過程中，若情境中存在「噪音」，如有吸引力的模特、背景，反而會使受眾分心，影響勸說的效果。

（3）重複

重複對消費者態度的變化亦會產生重要影響。當消費者接收重複性信息時，一方面，信息的重複減少不確定性，增加對刺激物的瞭解，帶來積極和正面的反應；另一方面，重複增加，厭倦和膩煩也增長，在某一點上，超過正面影響，引起消費者反感。所以，行銷者為了避免或減少受眾的厭倦感，最好是在不改變主題的條件下對廣告的表現形式不時做一些小的變動。

（二）目標靶

目標靶即信息接收者或企業企圖說服的對象。在同樣的說服條件下，有的消費者容易被說服，有的消費者較難或根本無法被說服，這主要取決於目標靶的以下幾個特徵：

1. 對原有觀點、信念的信奉程度

如果消費者對某種觀點的信奉程度很高，如在多種公開場合表明了自己的立場和態度，或者根據這一信念採取了行動，此時，要改變消費者的態度將是相當困難的。反之，說服消費者改變其原有的態度相對會容易一些。

2. 預防注射

預防注射是指消費者已有的信念和觀點是否與相反的信念和觀點做過交鋒，是否曾經構築過對相反觀點的防禦機制。一個人已形成的態度和看法若從未與相反的意見有過接觸與交鋒，就易於被說服而發生改變。相反，如果他的觀點、看法曾經受過抨擊，他在應付這種抨擊中建立了一定的防禦機制，想要改變其態度就非常困難。

3. 介入程度

消費者對某一購買問題或關於某種想法的介入程度越高，他的信念和態度可能就越堅定，要改變比較困難。比如消費者購買手機，可能要投入較多的時間、精力，從多個方面搜尋信息，然後形成關於手機的功能、特性等一些信念，這些信念一旦形成，可能相當牢固，要使之改變就比較難。而在低介入的購買情況下，如購買紙巾，消費者在沒有遇到原來熟悉的品牌時，可能就會隨便選擇售貨員所推薦的某個品牌。

4. 個體因素

個體因素包括自尊、智力。研究發現，低自尊者較高自尊者更容易被說服，因為前者不太重視自己的看法，遇到壓力時很容易放棄自己的意見；而後者往往很看重自己的觀點與態度，不會輕易放棄自己的觀點。總體上，高智商者和低智商者在被說服的難易程度上沒有顯著差異，但高智商者較少受不合邏輯的觀點的影響，低智商者則較少受複雜論證的影響。

5. 性別差異

大量實證研究顯示，男性與女性在誰更容易被說服的問題上並不存在顯著差異。差異主要集中在雙方各自擅長的領域。如在技術、管理等方面，女性可能較為缺乏自信，與此有關的問題可能較男性更易被說服。但在家務和孩子撫養上，女性較為自信，與此有關的問題可能較男性更難被說服。

(三) 仲介過程

所謂仲介過程，是指說服對象在外部勸說和內部因素交互作用下態度發生變化的心理機制，包括信息學習、感情遷移、相符機制、反駁等。信息學習是指說服對象接收外在信息，獲取信息的意義，並將其整合進已有的認知結構中去的過程。感情遷移是指外在信息的輸入引起說服對象強烈的情感反應，從而使態度發生變化。相符機制是說服對象的內在調適過程，對外在影響是否滿足自己的需要，是否與自己已有的價值觀、觀點一致等進行衡量、匹配後做出態度變化的調整過程。反駁是指說服對象出於自我防禦的目的，運用各種觀點、實例對外在影響者的觀點進行駁斥的過程，也就是在內心中論證是否接受外在影響的過程。

(四) 勸說效果

勸說效果不外乎兩種：一是接受信息傳遞者的勸說，改變態度；一是對勸說予以抵制，維持原有態度。從勸說方的角度看，能改變目標靶的態度當然是理想的，但很多情況下，勸說可能並未達到理想目標，目標靶對外部影響加以抵制，以維護自己原有態度。常見的方法有：

(1) 貶損信源，比如目標靶認為信息發送者存有私利和偏見，其信譽很低，以此降低勸說信息的價值。

(2) 歪曲信息，如目標靶對傳遞的信息斷章取義，或者故意誇大某一論點使其變得荒唐而不可信。

(3) 掩蓋拒絕，即目標靶採用斷然拒絕或美化自己的真實態度的方法抵禦外部的勸說和影響。

行銷實用技能：如何引發人們的依從

● 互惠

社會中人們遵循互惠規範（Reciprocity Norm），當某人為你做了些事情，你也應該為他做些事情。「我給你打八折」「這是免費贈送的樣品」這種策略往往讓消費者出於回報而購買產品。從互惠規範衍生出來的一個說服技巧是「走面子」技巧（The Door-in-the-face Technique）。當人們對於一個較大的請求說「不行」之后，他們往往會對一個小的請求說「行」。

● 承諾

人們也會遵循自己的承諾，由此衍生出的一個說服技巧是「腳踏入門」技巧（The Foot-in-the-door Technique）。人們一旦有一只腳跨入了門檻，就能利用承諾感增加更多的依從性。你同意一個小的要求后，你更有可能接受較大的請求。「我一看就知道你是那種買東西挑質量的人，所以，我知道你也不在乎多花幾個錢」就是運用了「腳踏入門」技巧。

● 稀缺

人們喜歡獲得其他人得不到的東西，討厭得不到某種東西的感覺，這就是稀缺性原理。推銷人員很清楚，如果他們讓商品顯得稀缺，就能增加你購買的可能性。「我手裡就剩這最后一件了，所以我不敢肯定你是否應該等到明天。」「剛才有人讓我留著，他等會兒回來買。」這會讓你覺得正在失去一個關鍵的機會，除非你立刻購買。

● 示範

人們都有從眾心理，人們一旦從眾，就會接受參照群體的影響。通過示範所期望的行為可以促成消費者的改變。即使情境中沒有看得見的模特，行銷人員也依然試圖利用規範性和信息性的影響。如「這些汽車我只賣給聰明、自信的人」「這款項鏈最走俏，適合那些時尚的人」。

二、消費者態度塑造的策略

消費者態度構成的三種成分以及態度的影響層級，可以為消費者態度的改變帶來一些啟示，幫助行銷者改變消費者的態度。由於認知、情感和行為三種成分之間相互一致，因此行銷者可以首先通過塑造或改變某一種成分來塑造態度（所有三種成分）。所謂態度塑造，既包括行銷者幫助消費者形成以前不存在的態度，也包括改變消費者已經存在的態度。相應地，態度塑造有三種策略：基於認知的、基於情感的、基於行動的。

（一）基於認知的態度塑造

基於認知的態度塑造，是根據態度的學習層次而展開的，態度的認知成分形成了，然后認知成分會產生相應的情感成分和行為成分。其具體方法為：

1. 為產品和服務賦予一定的聯想意義

如 A 品牌具備×屬性。如果消費者接受了這種聯想意義，品牌信念就形成了，消

費者就能形成某品牌與某屬性相聯繫的認知活動。如「海飛絲，能有效去除頭屑」「工商銀行，你身邊的銀行」。

2. 為消費者介紹新知識

行銷者向消費者介紹有關某一事物的新知識，消費者就有可能改變舊有的看法。如果你對網上購物的安全性持懷疑態度，行銷者向你介紹網上帳號信息的安全編碼方法，並且提供個人隱私保護聲明，你的原有看法可能就會發生改變。

3. 讓消費者主動陳述信息

當人們主動論述，比他們被動地聽他人的論述，其態度會有更大的改變。比如，讓消費者談談使用某產品的感受，消費者會對有關信息進行認真思考，而且往往還有即席發揮的一些言論，當話講完了，那些具有高支持性的論據會繼續影響著講話人的看法，對消費者的態度產生持久的影響。

(二) 基於情感的態度塑造

基於情感的態度塑造，是根據態度的情緒層次而展開的，態度的情感成分先發生，然后會產生相應的行為成分，最后引起認知成分的改變。其具體方法為：

1. 為消費者創造情感聯繫

行銷者將產品或服務與積極的、美好的情感相聯繫，如以愛國主義、母愛、友愛、愛情、親情、故土等為訴求，激發消費者的愛、快樂、希望，可以使消費者產生強烈的情感感受。當消費者不能區分品牌之間的差別，尤其是已經成熟的品牌，採用情感訴求策略效果更好。

2. 創設激發情緒的環境

行銷者可以在行銷環境中使用音樂、色彩等調節消費者的心情。如輕緩舒適的音樂使消費者流連忘返，容易沉浸在特定的氛圍中不舍離去。紅色具有讓人興奮的傳染力量，春節促銷採用鋪天蓋地的紅色能渲染節日氣氛。

3. 幽默手法

行銷者用幽默的手法可以吸引消費者的注意力。幽默的作用是使消費者放松認知防禦，抑制消費者思辨，因此增加了被接受的可能性。巧妙的幽默不會取笑潛在的消費者，沒有「淹沒」品牌信息，而且符合產品的形象，會產生更好的效果。

4. 恐懼手法

恐懼手法強調的是如果消費者不改變他們的行為或態度就可能導致消極的后果。恐懼手法被廣泛運用到行銷活動中，如 IBM 公司利用 FUD 因素——恐懼（Fear）、不確定性（Uncertainty）、懷疑（Doubt）——來宣傳其電腦的風險是最小的。在社會行銷環境中恐懼手法用得更為普遍，如戒菸、安全駕駛等。研究顯示，只有恐懼程度適中，並且給出解決問題的方案，信息源可信度很高時，恐懼手法才會有好的效果。

行銷實用技能：如何運用恐懼性訴求

為了使恐懼訴求的運用更為有效，行銷者在傳播內容時應注意以下幾個方面：
- 對如何減少恐懼給出具體明確的指導

● 指出根據指導行事是解決問題的有效途徑
● 對有威脅感和易受恐嚇的受眾避免傳遞高恐懼內容的信息
● 對低自尊者和自卑感強的受眾避免高恐懼信息
● 包含迅即解決問題的信息

5. 藝術手法

由於行銷傳遞的產品利益是無形的，因此行銷者必須以一種具體而鮮明的方式來表達才能給予其真正的意義。行銷者可採用比喻、寓言、故事、戲劇等藝術手法，將抽象的概念、深層的意思通過隱喻變得淺顯易懂，讓消費者產生情感共鳴，使產品或服務更加個性化。

(三) 基於行為的態度塑造

基於行為的態度塑造，是根據態度的行為層次而展開的，態度的行為成分發生在先，然後是情感成分，最後才是認知成分。行為會直接受到諸如免費使用、打折等促銷活動的影響。一旦行為受到影響，認知和情感也會變得很清楚。所以，無風險的試用活動越來越普遍。其具體方法為：

1. 促銷活動

價格促銷、優惠券、返款等都是促使消費者按照某種方式行事的常用方法。通過促銷活動改變行為的情況有三種：一是低介入產品和服務；二是當兩種或幾種品牌比較相似，消費者對它們的喜好程度相同，促銷活動就會引導許多消費者的行為；三是如果消費者對產品或服務已經有了正面的態度，但還不足以使他採取行動，促銷就起到一個推動作用。比如，消費者不會因為促銷活動購買任何一款手機，而只會購買他已經考慮購買的那種品牌的手機。

2. 設計購物環境

行銷者可以通過設計消費者購物的環境來直接促使他們進行衝動性購買或下意識購買。如行銷者在超市的收銀臺擺上口香糖、雜誌或一些新奇的小玩意兒促進衝動性購買，或利用吸引人的店鋪陳設，令人愉悅的色調、音樂、寬敞的走廊和較好的照明條件等來促使消費者的下意識購買。

3. 政府命令

相關部門可頒布政府命令或消費禁令來促使消費者採取行為，從而轉變態度。需要採取禁令的一種情況是消費者缺乏知識和能力進行判斷，如吸菸禁令、購買汽車保險等。另一種情況是消費者個人只有長遠的利益，或者集體的公眾利益超過了個人的利益，如廢物回收、使用無鉛汽油、超市禁塑令等。

4. 商業操作

行銷者也可以通過一些商業操作的規定來設定某種行為，並引起消費者對這些規定的注意來塑造消費者行為。如行銷者規定在特定時間段購物，拿號碼排隊的管理方式，店內增加監督設備，對消費者提出著裝要求等。

5. 安排信息結構

行銷者還可以通過恰當地安排信息的結構來引導消費者朝某個方向行動。有的銷

售人員或零售商會有選擇地提供一些信息，如宣稱出清存貨，或在那些能夠提高商店品牌形象的商品品牌上加上商店名稱；也可以針對一個潛在消費者安排特殊的信息。前面提到的走面子技巧和腳踏入門技巧就是對信息結構進行了巧妙的安排。

本章小結

　　消費者的態度決定著對產品和服務的評價和接受程度。態度是指個體對人、客體或觀念的一種穩定的基本看法，是一種傾向性的心理反應。消費者態度是由認知、情感和行為傾向三種成分構成的複合系統。按照三種成分對態度形成的影響的不同，態度可以劃分為學習層次、情緒層次、行為層次這三種影響層級。不管三種成分發生的順序如何，它們之間必然具備一致性。消費者態度的測量，主要有瑟斯頓等距量表、李克特量表、語意差別量表及行為反應測量四種方法。

　　人們對態度的解釋有很多理論，雖然這些理論各有其側重點，但它們並不相互矛盾和衝突，而是相互補充的。學習論、誘因論主要解釋了態度形成的基本過程，平衡理論和認知失調理論解釋了態度不一致的原因和協調方法。自我知覺理論、社會判斷理論、精細加工可能性模型則分析了個體態度形成中的判斷標準、參考構架和信息加工的路徑問題。

　　霍夫蘭德提出了改變消費者態度的說服模式，指出了是否引起態度和如何改變態度的過程及其主要影響因素。該模式主要包括外部刺激、目標靶、仲介過程、結果四個相互聯繫的部分。由於認知、情感和行為三種成分之間相互一致，相應地，態度塑造有三種策略：基於認知的態度塑造、基於情感的態度塑造、基於行動的態度塑造。

關鍵概念

　　態度　態度的影響層次　平衡理論　認知失調理論　精細加工可能性模型　霍夫蘭德態度說服模式

復習題

1. 什麼是態度？消費者的態度有何功能？
2. 態度由哪三種成分構成？相應地，態度的影響層次分為哪三個？結合現實行銷活動舉例說明。
3. 消費者態度測量方法有哪些？試比較各自的特點。
4. 平衡理論的基本觀點是什麼？消費者可以採取哪些方式來重新獲得平衡？
5. 認知失調理論的基本觀點是什麼？怎樣消除認知的不一致？
6. 精細加工可能性模型的基本觀點是什麼？結合現實行銷活動，舉例說明其在行銷中的運用。
7. 闡釋霍夫蘭德的態度改變說服模式。

8. 列舉一則不適當地運用名人形象代言人的廣告，並說明理由。
9. 影響消費者態度改變的傳播特徵主要有哪些？結合具體行銷實例說明。
10. 目標靶的哪些特性會影響說服的效果？結合自身情況舉例說明。
11. 消費者態度塑造的策略分為哪三種？分別有哪些具體方法？結合現實行銷活動舉例說明。

實訓題

項目8-1　說服路徑研究

針對選定產品類別，每組成員各自找出一個平面廣告或電視廣告，分析其態度說服的路徑，並評價其效果。

項目8-2　態度塑造設計

針對選定產品類別，每組成員運用所學的態度塑造策略設計一個宣傳方案。

案例分析

大白——暖男

如果你在某網站搜索「超能陸戰隊大白」，便跳出來「7.95萬」件商品記錄，種類從最普通的抱枕、T恤、公仔到手機殼、小夜燈、U盤、保溫杯，甚至首飾、紙巾盒等都有，衣食住行，大白的身影無處不存。

2015年，大白確實很火，而大白的火，還催熱了「暖男」，掀起了一股中國企業產品和品牌推廣的超強「暖流」——似乎只要自己的產品訴求裡有一些「暖男」精神，只要自己的品牌推廣活動上放一個大白，就能俘獲人心無數。

每個女人都希望有一個「暖男」，女人的希望就成了男人的渴望，而企業「暖男」行銷的關鍵就是要把這種希望和渴望精神化和物化於自己的產品推廣上。55℃杯被稱為「暖男神器」，華為G7是「暖男手機」，而滴滴打車官方微博用「你想讓超級大白幫你叫車嗎」來打動消費者。

討論：

1. 大白是如何打動消費者的？請用霍夫蘭德態度說服模式進行分析。
2. 結合案例，思考企業如何為消費者創造情感聯繫。

第九章　消費者的個性、自我概念與生活方式

本章學習目標

◆瞭解有關個性的理論
◆掌握個性理論對消費者購買行為的影響及行銷應用
◆掌握自我概念的含義、測量方式
◆掌握自我概念與消費者購買行為的關係及其在行銷中的應用
◆掌握生活方式的含義與測量
◆瞭解生活方式研究在行銷中的運用

開篇故事

「跑步熱」的紅利效應

近兩年來，越來越多的都市人群開始關注並參與到跑步這一基礎性的體育運動項目中來，朋友圈裡我們經常會看到朋友們曬的跑步里程，這已經成為人們刷存在感、展現自我的潮流方式。

The Color Run，地球上最歡樂的 5 千米

The Color Run（彩色跑）在國內外可以用風靡來形容。它有一個最有趣的地方：該比賽不會計時，力求給跑者一種前所未有的體驗。比賽規定參賽者穿白色衣服參加，賽道每一千米都設有一個色彩站，當跑者經過色彩站時，都會被從頭到腳撒上不同的玉米澱粉制成的顏色粉末。此外，衝過終點的參賽者會聚集在派對舞臺，將自己手中的彩色粉末向空中拋灑。絢麗的色彩讓人們忘記了跑步帶來的痛苦和疲憊，沉浸在這場彩色狂歡的喜悅之中。The Color Run 是以趣味來取代路跑比賽的專業性，讓更多的人能夠更加歡快地體驗整個跑步的過程。

Nike＋，技術改寫跑步生活

當裝備加上科技，跑步就變成了一項可以測量的運動，而不再是一種茫然的付出了。我們所熟知的體育運動品牌耐克（Nike），除了擁有廣受歡迎的運動服飾之外，還為運動愛好者開發了 Nike＋系列產品，包括追蹤跑步的 Nike＋Running App、Nike＋Sportwatch GPS、追蹤訓練的 Nike＋Training Club App 以及全天追蹤的 Nike＋Fuelband SE、Nike＋Move App 等。Nike＋的產品可謂是穿戴與移動設備軟件的智能結合，不僅可以用全球定位系統（GPS）對跑步進行追蹤、記錄分段配速、提醒跑步，還可以記

下個人記錄。

「李寧跑步沙龍」，體驗增添瞭解

運動品牌李寧去年在其運動科學研究中心舉辦了第一屆「李寧跑步沙龍」活動。該活動在虎嗅網進行發布徵集，吸引了眾多報名者前來參觀體驗並與李寧運動科學專家近距離交流。帶著對跑步中的問題，體驗者通過了「足底壓力測試」「運動學及動力學參數採集及對比分析」「足底壓力及步態測試」「跑臺體驗不平穩路面」「足型測試」等各種直觀體驗的趣味測試。體驗者還可以向運動科學專家們提出自己對於跑步的其他疑問，讓人們可以在趣味體驗的過程中，更深入地領略跑步的科學性。

（資料來源：谷虹，何晨.「跑步熱」的紅利效應［J］．銷售與市場：管理版，2015（7）.）

第一節　消費者的個性

在現實生活中，受動機驅使的消費者的行為，建立在感覺、知覺、記憶、思維、想像等心理活動的基礎上，受個體的情緒、情感、態度、意志等影響。消費者的行為還具有明顯的個人特色，消費者的個性不同，表現出來的行為方式迥然不同。

一、個性的含義

個性有時也稱人格，來源於拉丁語 Persona，其意是指古希臘羅馬時代戲劇演員在舞臺上戴的面具，以此代表劇中人的身分。心理學家引申其含義，把個體在人生舞臺上扮演的角色的外在行為和心理特質都稱為個性。

消費者行為學意義上的個性是指一個人的整個心理面貌，是一個人在一定社會條件下形成的、具有一定傾向的、比較穩定的、可以影響別人並使他和別人在整體行為上有所區別的心理特徵的總和，也即消費者所具有的和經常表現出來的特徵性的行為模式。

二、個性的理論

（一）西格蒙德·弗洛伊德（Sigmund Freud）的精神分析論

西格蒙德·弗洛伊德的精神分析論既是一種動機理論又是一種人格理論。弗洛伊德認為，個體是一個由本我（Id）、自我（Ego）和超我（Superego）組成的人格結構系統，人的個性表現和個性發展是三種力量相互作用的結果。弗洛伊德還認為，個性發展是有階段的，個性的形成取決於個體在不同的性心理期如何應付和處理相應的各種危機。如在口腔期即 0~1 歲，嬰兒的慾望主要靠口腔部位的吸吮、咀嚼、吞咽等活動獲得滿足，嬰兒的快樂也多得自口腔活動。當嬰兒斷奶或不再用奶瓶吮吸，危機就發生了，如果嬰兒的口腔需要沒有得到很好的滿足，個體在成人后就會「固著」（Fixation）在這一階段，會展現出諸如依賴和過度的口腔活動等行為傾向，如抽菸、過度飲食以及導致成人后的性格特點為被動性、易上當等。總之，弗洛伊德的個性理論

是以本能尤其是性本能為基礎的理論。

在行銷領域，弗洛伊德精神分析學說也有一定的作用。受到弗洛伊德強調性本能是人類行為的原動力的影響，行銷者在廣告中使用性象徵手法屢見成效，現實中以成人為對象的廣告常常大力宣傳廣告產品在吸引異性方面的好處。

(二) 卡爾・榮格（Carl Jung）的個性類型說

榮格曾是弗洛伊德精神分析論的支持者，后因觀點不同而自創分析心理學。個性類型說認為，人格結構由很多兩極相對的內動力所形成，如感覺對直覺、思維對情感、外傾對內傾、知覺對判斷等。具體到一個人身上，這些彼此相對的個性傾向常常是失衡的或有所偏向。例如，有的人更多地憑直覺、憑情感進行決策，另外一些人更多地憑理智和邏輯做出判斷。個性類型的四個維度和八種機能類型如表9.1所示：

表 9.1　　　　　　　　個性類型的四個維度和八種機能類型

1. 內傾—外傾維度	
用以表示個體心理能量的獲得途徑和與外界相互作用的程度，即個體的注意較多地指向於外部的客觀環境還是內部的概念建構和思想觀念	
內傾（I）	外傾（E）
主體的注意力和精力指向於內部的精神世界	主體的注意力和精力指向於客體
心理能量通過內部的思想、情緒等而獲得，在內部世界中獲得支持並看重發生的事件的概念、意義等	需要通過經歷來瞭解世界
許多活動是精神性的，傾向於在頭腦內安靜地思考以加工信息	更喜歡大量的活動，並偏好於通過談話的方式來思考，在語言的交流中對信息予以加工
經常勤於思考而缺乏行動	經常先行動后思考
2. 感覺—直覺維度	
用以表示個體在收集信息時注意的指向，即傾向於通過各種感官去注意現實的、直接的、實際的、可觀察的事件還是對事件將來的各種可能性和事件背後隱含的意義及符號和理論感興趣	
感覺（S）	直覺（N）
傾向於接受能夠衡量或有證據的任何事物	自然地去辨認和尋找一切事物的含義
關注真實而有形的事件	重視想像力，更注重將來
維持事物的現狀	努力改變事物
較具有實際意識	較有改革意識
3. 思維—情感維度	
用於表示個體在做決定時採用什麼系統，即做決定和下結論的方法，是客觀的邏輯推理還是主觀的情感和價值	
思維（T）	情感（F）
較少受個人感情的影響	期望自己的情感與他人保持一致
通過對情境做出客觀的、非個人的邏輯分析來做決定	做決定的基石是什麼對自己和他人是重要的
理性判斷時注重因果關係並尋求事實的客觀尺度	理性判斷的依據是個人的價值觀

表9.1(續)

4. 知覺—判斷維度		
用以描述個體的生活方式，即傾向於以一種較固定的方式生活（或做決定）還是以一種更自然的方式生活（或做決定）		
知覺（P）	判斷（J）
偏好於知覺經驗	以一種有序的、有計劃的方式對其生活加以控制
不斷地收集信息以使其生活保持彈性和自然	期望看到問題被解決，習慣並喜歡做決定

值得強調的是，將上述兩極相對的個性傾向每兩組配對，還可以組成很多彼此不同的組合，如外傾感覺型、內傾思維型、直覺思維型等。在行銷實踐中，分析人的個性類型，有助於行銷者瞭解每種類型的個性在行為上的特點，從而據此制定更加有效的行銷策略來滿足消費者的需要。

(三) 新弗洛伊德個性理論

弗洛伊德的一些同事和門徒並不同意弗洛伊德關於個性主要是由本能或性本能所決定的觀點，他們更多地注意環境因素，尤其是社會文化因素對人類行為的影響。這些被稱為「新弗洛伊德者」的學者認為，個性的形成和發展與社會關係（Social Relationships）密不可分。在20世紀40年代到60年代，精神分析的中心從歐洲轉移到美國，形成了大量的新精神分析理論，其中以阿德勒、沙利文、凱倫·霍妮等學者為代表。

阿德勒（A. Adler）認為，自我在個性的組織和形成上所占的地位最為重要，他認為人具有相當的自主性，並非受制於本我與潛意識內盲目的欲力衝動。他認為，作為無助的、依賴的兒童，人人都會體會到自卑感，克服自卑感才是個人行為的原動力。人能夠自己立定目標，並且設法達到目的，具有與生俱來的追求卓越的內在動力，它是人類共同的人格特質。由於在實際生活中所用的追求方式及由此產生的后果的不同，每個人會逐漸形成彼此各具特色的生活格調。個人的生活格調一經形成，就不易改變，它對以后的行為方式將產生深遠的影響。

沙利文（Harry Stack Sullivan）則認為，人們不斷追求與他人建立具有互惠價值的關係，他提出自我系統概念，主張人生來就有追求滿足和安全的需要，在人際關係中逐漸形成了穩定的人格模式，因此他特別關注個體為緩解各種緊張、焦躁和不安所做的努力。

凱倫·霍妮（K. Horney）特別強調環境因素對個性形成的影響，認為是兒童期的不正常的人際關係，特別是那種製造焦慮的家庭環境，使兒童的需要受挫，會導致焦慮感以至成年后的神經症表現，而焦慮感在引發和指導個人行為上要比性欲來得強而有力。她將人分為三類：①順從型或依賴型（Compliant）。這一類型的人傾向於與他人打成一片，特別希望獲得別人的愛和被別人欣賞。②攻擊型（Aggressive）。這一類型的人渴望權力和出人頭地，好動、自信和堅強。③我行我素型或離群型（Detached）。這一類型的人傾向於獨立、自給自足和擺脫各種各樣的束縛。三種類型的人在消費行為上也表現不同。研究顯示，高依賴型的人喜歡購買品牌的產品如拜耳阿司匹林；攻擊型消費者對老香料（Old Spice）牌除臭劑情有獨鐘，因為該品牌具有男性化形象；我

行我素型消費者嗜好喝茶（或許是為了顯示不妥協性）。

新精神分析學派的個性理論沒有受到消費者研究人員的應有注意，但是還是有不少的實用價值。例如，依據阿德勒關於個體總是不斷追求卓越的觀念，我們可以將提供傑出技術或性能的產品的目標顧客定位為社會成功人士。運用霍妮的分類體系對探查消費者的行為選擇方向具有良好的效果。

（四）特質理論

與類型理論不同，特質理論強調根據具體的心理特徵來測定人的個性，是一種實證和定量分析取向的個性理論。特質理論認為，特質（Traits）一般是指人擁有的、影響行為的品質或特性，也即個體之間有所不同的任何可加辨別且較為持久的屬性，例如風險性、自信、社交性等。特質理論認為，特質具有共通性，人們之間的差異在於特質絕對量的多寡。不管人們面對的情境或環境是什麼，這些特質都是相當穩定的，同時其對行為的影響具有普遍性，也就是基於特質能夠預測很多行為。我們可以由行為指標的衡量來推論出特質的內涵，常見的量表包括加利福尼亞心理調查表（California Psychology Inventory，CPI）以及愛德華個人偏好量表（Edwards Personal Preference Scale，EPPS）

卡特爾（B. Cattell）將構成個性的特質分為兩類，即表面特質和根源特質（Surface Traits and Source Traits）。前者是個體每個具體行為中表現出來的個性特點，后者則反應一個個體的總體個性，是依據表面特質分析推斷而來的。卡特爾及其同事在前人的基礎上經過長期的研究，確定了16種根源特質，並據此編製了16種個性因素問卷來測定每一個人的特質，見表9.2：

表9.2　　　　　　　　卡特爾的16種個性特質及典型表現

特質	低分者的特點	高分者的特點
A：樂群性	緘默、孤獨	樂群、外向
B：聰慧性	遲鈍、學識淺薄	聰穎、富有才識
C：穩定性	情緒激動	情緒穩定
D：恃強性	謙虛、順從	好強、固執
E：興奮性	嚴肅、審慎	輕鬆、興奮
F：有恒性	權宜、敷衍	有恒、負責
G：敢為性	畏縮、退卻	冒險、敢為
H：敏感性	理智、著重實際	敏感、感情用事
I：懷疑性	信賴、隨和	懷疑、剛愎自用
J：幻想性	現實、合乎成規	幻想、狂妄不羈
K：世故性	坦白、直率天真	精明能幹、世故
L：憂慮性	安詳沉著、有自信心	憂慮抑鬱、煩惱多慮
M：實驗性	保守、服從傳統	自由、批評激進
N：獨立性	依賴、隨群附眾	自主、當機立斷
O：自律性	矛盾衝突、不明大理	知己知彼、自律嚴謹
P：緊張性	心平氣和	緊張困擾

近年來發展出來的一個人格特性衡量工具是包含五個基本維度的五因素人格特性結構（Five Factor Personality Structure），又稱為五因素模型（Five-factor Model），見表9.3。五因素模型經過大量的實證研究，被認為比其他人格特質理論更具有普遍性。[1]

表9.3　　　　　　　　　　　　　　五因素模型

因素	雙極定義
外向性	健談的、精力充沛的、果斷的/安靜的、有保留的、害羞的
和悅性	有同情心的、善良的、親切的/冷淡的、好爭吵的、殘酷的
負責性	有組織的、負責的、謹慎的/馬虎的、輕率的、不負責任的
情緒性	穩定的、冷靜的、滿足的/焦慮的、不穩定的、喜怒無常的
創造性	有創造性的、聰明的、開放的/簡單的、膚淺的、不聰明的

在消費者行為研究領域，我們可以測定某些與企業行銷活動密切相關的個性特質，如消費者的創新性、對人際影響的敏感性等。實踐表明，這類研究對於理解消費者如何做選擇、是否消費某一大類產品頗有幫助。

三、個性與消費者行為

從行銷學角度看，絕大多數個性研究都是為了預測消費者的行為。心理學和其他行為科學關於個性研究的豐富文獻促使行銷研究者認定，個性特徵應當有助於預測品牌或店鋪偏好等購買活動。儘管影響消費者的行為和行銷策略的因素和條件很多，但是人們不應忽視關於個性與產品選擇和使用之間存在的相關關係。

（一）品牌個性

研究表明，在許多產品上，一方面，個性與產品選擇存在聯繫，相關係數一般都在0.3以上。這些產品有兩個共同的特徵：一是能引起自我介入；二是具有較高的社會能見度，像家具、電器、服裝、汽車等。另一方面，當某個品牌的個性和消費者的個性保持一致時，這個品牌將會更受歡迎。既然個性會影響產品和品牌的選擇，在行銷實踐中，企業的產品和品牌自然就不可避免地要迎合消費者個性的狀況，體現出其個性與特質。因此，現代社會裡品牌個性就順理成章地得以張揚和發展。

品牌個性是指產品或品牌特性的傳播以及在此基礎上消費者對這些特性的感知，品牌個性是品牌形象的一部分，是一個品牌與另一個品牌相區別的重要因素。現在，越來越多的研究人員認為具體的品牌具有激發消費者一致性反應的作用。正是從這個角度講，各類商業廣告在創造品牌「個性」以便吸引具有類似個性的消費者前去購買等方面功不可沒。

既然品牌具有個性，行銷策劃與管理者必須重視產品的品牌個性。品牌個性可以從三個方面挖掘：一是品牌的物理或實體屬性如顏色、價格、構成成分等。二是品牌

---

[1] 理查德·格里格，等. 心理學與生活 [M]. 王磊，等，譯. 北京：人民郵電出版社，2003：390.

的功能屬性，如汰漬洗衣皂較普通肥皂具有去污漬力更強的特性。三是品牌的形象特質，即消費者對品牌社會形象方面的評價和感受。當然品牌的個性具有一定的主觀性，然而它一旦形成就會與其他刺激因素共同作用於信息處理過程，使消費者得出這一品牌適合我或不適合我的最為重要的第一印象。品牌個性既有激發情緒和情感，為消費者提供無形價值的作用，又有引發消費者生理反應和購買慾望，從而擴大消費支出、提高消費的功效。

(二) 與採用創新產品相關的個性特徵

1. 消費者的創新性（Consumers of Creativity）

由於消費者的個性不同，因而在接受新產品、新服務、新的消費活動和新消費理念與模式方面也必然有差異。消費者的創新性反應的實際上是消費者對新事物的接受傾向與態度。有些人幾乎對所有新生事物都採用排斥和懷疑的態度，另外一些人則採用開放和樂於接受的態度。消費者採用新產品是有先有後的，有些人是新產品的率先採用者或叫創新採用者，而另外一些人則是落後採用者。創新採用者和落後採用者有哪些區別性特徵，這是行銷者特別希望瞭解的。

消費者的創新性可以用一定的方法進行測量，表9.4 就是這樣一個量表，雖然僅有6個項目的測量，但是這些項目具有代表意義，可以在很多產品和領域的消費者的創新性測量中使用。

表9.4　　　　　　　　一種衡量消費者創新性的量表

1. 通常，當新產品（蘋果產品）出現時，在朋友圈中我是最遲購買的 *
2. 如果我聽說商店有新的（蘋果產品）出售，我會很感興趣並去購買
3. 相對於我的朋友來說，我擁有的（蘋果產品）很少 *
4. 一般來說，我在朋友圈子中最遲知道這種新的產品（蘋果產品）*
5. 即使我以前沒有聽說過它，我也會買一種新的（蘋果產品）
6. 我比別人更早瞭解這種新產品（蘋果產品）的名稱

說明：採用5點「同意」量表衡量；* 表示在這些陳述句上的得分越高，創新性越低，反之則越高；括號內的產品可以根據研究目的加以替換。

2. 教條性或教條主義（Dogmation）

教條主義反應個體對不熟悉的事物或與其現有信念相抵觸的信息在多大程度上持僵化立場。與靈活的消費者相比，教條主義的消費者不太願意接受新事物，在對待不熟悉的新事物時抱有防禦的心態。一般來說，僵化的人對陌生事物非常不安並懷有戒心，相反，少有教條傾向的人對不熟悉或相對立的信念持開放的立場。現實生活中，靈活的消費者更可能選擇創新性產品，而教條傾向嚴重的消費者則更可能選擇傳統產品。另外，教條主義傾向重的人比較願意接受帶有權威訴求的新產品廣告。部分企業正是出於這一目的，運用名人和專家權威作為形象代言人來推廣其新產品，這在使那些疑心重重的消費者認知和購買新產品方面效果十分明顯。

3. 社會性格（Social Character）

社會性格是用來描述個體從內傾到外傾的個性特質。有證據顯示，內傾型消費者傾向於運用自己內心的價值觀或標準來評價新產品，他們更可能成為創新採用者；相反，外傾型消費者傾向於依賴別人的指引做出是非判斷，因此較少地成為創新採用者。同時，這兩種類型的消費者在信息處理上也存在差別。一般來說，內傾型消費者似乎較喜歡強調產品特性和個人利益的廣告，而外傾型消費者更偏愛那些強調社會接受性的廣告。由於后者傾向於根據可能的社會接受性來理解促銷內容，所以這類消費者更容易受廣告影響。可見對於內外傾不同類型的消費者，行銷者在廣告促銷和營業推廣中的手段應該慎重選擇。

4. 最適激奮水平（Optimum Stimulation Level，OSL）

不同類型的消費者具有不同的激奮水平，有些人喜歡過簡樸、寧靜的生活，而另外一些人則喜歡過具有刺激和不尋常體驗的生活。最適激奮水平測量值反應的是個體所渴望的生活方式。個體渴望的生活方式與個性特質有很多聯繫，同時還會影響消費者的行為。一般來說，一個人的實際生活方式與 OSL 相適應，他就會對自己的生活相當滿意，如果其生活方式缺乏刺激，即 OSL 低於現實水平，他就會感到乏味和苦悶。如果 OSL 比現實水平高，個體則會尋求寧靜與安逸。由以上分析可知，消費者目前的生活方式與 OSL 之間的關係會影響他們對產品和服務的選擇，對此，企業應引起足夠的重視。

(三) 個性與決策

個性特質是將消費者劃分為不同群體的重要依據，它與消費者的決策也有千絲萬縷的聯繫，這可從以下三個方面得到體現和印證：

1. 認知需要（Need for Cognition）

認知需要是指個體進行思考的努力程度，或更通俗地說它是指個體喜愛思考活動的程度。由於消費者的民族、職業、年齡、文化程度、生存環境和經歷各不相同，因而喜愛思考活動的程度自然有差別。不同的促銷手段對不同認知需要的個體有不同的影響，比如廣告如何影響消費者對產品態度的形成與認知需要有密切的關係。研究發現，高認知需要者更多地被廣告的內容與陳述質量所影響，而低認知需要者更多地被廣告的邊緣刺激如陳述者的吸引力所影響。

2. 風險承擔（Risk Taking）

風險本意為活動或實踐主體對未來活動或實踐行為結果的不確定性或將要發生損失的可能性。風險分為不可控的系統性風險和可控的非系統性風險。在消費者行為學上，風險承擔指是否願意承擔風險將直接影響消費者對諸如新產品推廣和目錄銷售等行銷活動的反應。風險是可以進行管理的。規避風險的措施主要有四種，即完全迴避風險、風險損失控制、轉移風險和風險自留。任何一個消費主體天生有一種防範風險的意識和能力，當然這種意識和能力是有差別的。

一些消費者被描繪成「T 型顧客」（Thrillseekers），這類顧客較一般人具有更高的尋求刺激的需要，很容易變得厭倦，他們具有追求冒險的內在傾向，更可能將成功和能力

視為生活的目標。與此相反，風險規避者更可能將幸福和快樂視為生活的首要目標。

  3. 自我掌握或自我駕馭（Self Monitoring）

  自我駕馭反應個體是更多地受內部線索（Internal Clues）還是更多地受外部線索（External Clues）的影響。消費者自我駕馭程度是高低不一的，自我駕馭程度低的個體，對自身內在的感受、信念和態度特別敏感，並認為行為主要受自己所持有的信念和價值觀等內在線索的影響。與此相反，自我駕馭程度高的個體，對內在信念和價值觀不太敏感。國外學者凡恩和舒曼（Schumann）發現，消費者與銷售人員的自我駕馭特質存在交互影響。當雙方自我駕馭水平不同時，互動效果更加正面和積極。相反，當雙方自我駕馭水平不相上下時，互動效果不甚明顯。

第二節　消費者的自我概念

  與個性一樣，消費者的自我概念也是客觀存在的，而且有著持續性。消費者的自我概念使得其具有不同於其他消費者的消費行為，消費者的自我概念不是一成不變的，隨著環境的變化，自我概念也會發生改變。

一、自我概念的含義與類型

（一）自我概念的含義

  自我概念（Self-concept）是對「我是誰」的理解，即一個人對自我的看法、對自身存在的體驗，是個體對自身一切的知覺、瞭解和感受的總和。自我概念是一個有機的認知機構，由態度、情感、信仰和價值觀等組成，貫穿整個經驗和行動，並把個體表現出來的各種特定習慣、能力、思想、觀點等組織起來。一般認為，消費者將選擇那些與其自我概念相一致的產品和服務，避免選擇與其自我概念相抵觸的產品和服務。如在穿著方面，性格外向的人喜歡新穎、時髦的款式和對比強烈的色彩，以此顯示自我。服飾最初只是一個象徵性的東西，穿著者試圖通過它引起別人的讚譽。正是在這個意義上，研究消費者的自我概念對企業特別重要。

（二）自我概念的類型

  自我概念是一個多層次的複雜的心理系統，實際生活中每一個消費者都可以有多重的自我概念。消費者自我概念的類型見表 9.5：

表 9.5　　　　　　　　　消費者自我概念的類型

1. 實際自我（Actual Self）：一個人實際上如何看待自己
2. 理想自我（Ideal Self）：一個人希望如何看待自己
3. 社會自我（Social Self）：一個人感到別人如何看待自己
4. 理想的社會自我（Ideal Social Self）：一個人希望別人如何看待自己
5. 期望自我（Expected Self）：一個人期望將來如何看待自己，介於真實自我和理想自我之間

在不同的時期與地域，消費者可以選用不同的自我概念來指導他的態度和行為。例如，對某些個人消費品而言，消費者的購買行為可以採用實際的自我概念來指導，而對於某些社會可見度較高的商品消費品而言，他們則可能以社會的自我概念來指導其決策購買行為。當然，諸如轎車、住房等一些昂貴的大宗消費品，消費者則可以用理想的自我概念來規劃按揭消費行為。

二、自我概念的測量

消費者不僅對自身進行評價和知覺，同樣也對產品等進行評價，形成產品意象，這種產品意象與消費者自我概念的相似性是制約消費者決策的重要因素之一。馬赫塔（Malhotra）發展了一種既可測量自我概念又可測量產品形象的語意差別量表，由15對彼此對應的形容詞構成，它們可以在許多不同的場合應用，借此來測定消費者的自我概念，如表9.6所示。馬赫塔提出的這一量表在描述理想的、實際的和社會的自我概念以及汽車與名人形象方面很有效。

表9.6　　測量自我概念與產品形象的馬赫塔量表

1	粗糙的	精細的
2	易激動的	沉著的
3	不舒服的	舒服的
4	主宰的	服從的
5	節約的	奢侈的
6	令人愉快的	令人不快的
7	當代的	非當代的
8	有序的	無序的
9	理性的	感性的
10	年輕的	成熟的
11	正式的	非正式的
12	正統的	自由的
13	複雜的	簡單的
14	黯淡的	絢麗的
15	謙虛的	自負的

在行銷實踐中，企業應該設法使產品代言人的形象、產品或品牌形象與運用與目標市場的消費者的自我概念相匹配。企業用馬赫塔量表對消費者進行調研，往往會收到滿意的效果。

三、自我概念與產品的象徵性

(一) 自我概念與產品的象徵性的聯繫

日常生活中，消費者追逐商品或勞務的使用價值是消費行為的直接目的，但是，在現代社會，有時消費者購買產品或勞務不僅僅是為了獲得其使用方面的功效，而是為了獲得產品所代表的象徵價值。某些產品對擁有者而言具有特別重要的意義，這些東西對他們而言超出了它們的市場價值，往往被用來表明關於他們的某些特別重要的方面，能向別人傳達關於自我的獨特的信息。一個人的衣著、住房、轎車抑或是具有獨特意義的小物品如紀念品、相片、禮物、隨身物品等都凝聚著情感或記憶。貝爾克（Belk）用延伸自我（Extended Self）這一概念來說明產品與自我概念的關係。貝爾克認為，延伸自我由自我和自我擁有物兩部分構成。換句話說，人們傾向於根據自己的擁有物來界定自己的身分（Self Identity），某些擁有物不僅是自我概念的外在顯示，也是自我身分的有機組成部分。我們如若喪失了那些關鍵性的擁有物，我們將成為不同的或另外的個體。一件物品融於延伸自我的狀況可以用表9.7進行測量。

表9.7　　　　　　　　測量一件物品融於延伸自我的量表

1	我的＿＿幫助我取得了我想擁有的身分
2	我的＿＿幫助我縮短了「現在的我」和「我想成為的我」之間的鴻溝
3	我的＿＿是我身分的中心
4	我的＿＿是現實自我的一部分
5	如果我的＿＿被偷了，我將感到我的自我從我身上剝離了
6	我的＿＿使我獲得了一些自我認同
備註	以上「＿＿」上可以填充手錶、電腦或任何其他自己的物品

就消費者個體而言，消費者會選擇一些和其自我概念相符的產品或商店，這種相符與否除了受自己本身的看法影響外，還受其他人的看法的影響，也就是自己和其他人都必須認可產品所具有的符號象徵意義。象徵性產品的購買具有傳遞自我概念的重要意義，如圖9.1所示。消費者首先會購買某種能向公眾傳遞自我概念的產品，希望他人特別是參照群體體會到產品的象徵性，最為重要的是他希望參照群體能將產品特有的象徵品質視為他人格或自我的一部分。一句話，消費者購買這個產品是為了象徵性地向社會傳遞關於自我概念的信息。例如，消費者不是因為摩托車的性能才購買摩托車，而是因為摩托車象徵著獨立自主；另外，耐克運動鞋也不是因為舒適性和耐磨性而受歡迎，消費者購買耐克運動鞋主要是要強調他的自我形象。

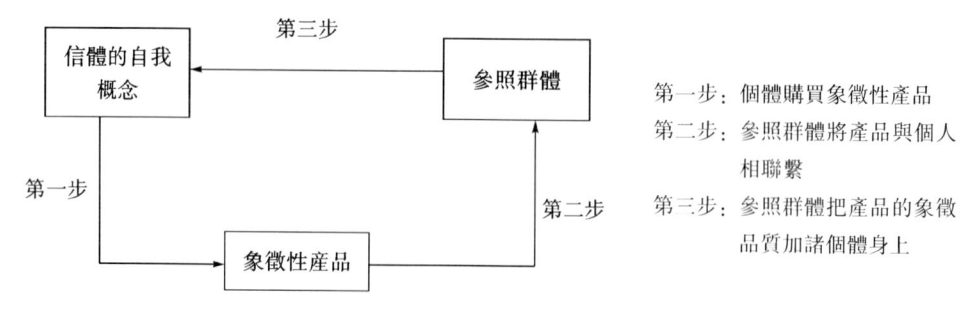

```
第三步
信體的自我概念  ←──────  參照群體        第一步：個體購買象徵性產品
                                        第二步：參照群體將產品與個人
   │                        ↑                    相聯繫
 第一步                   第二步           第三步：參照群體把產品的象徵
   │                        │                    品質加諸個體身上
   └──→  象徵性產品  ──────┘
```

圖 9.1　運用象徵性產品傳遞自我概念

那些最可能被當成象徵符號用來向他人表達自我概念的產品具有三個特徵：第一是可見性，它們的購買、消費和處置對他人是很明顯的。第二，產品必須具有變動性，也就是說一些消費者有資源來擁有該產品，而另外一些人則沒有資源來擁有它，如果每個人都能擁有這個產品或使用這種服務，這就不能成為一個象徵符號。第三，應具有擬人化性質，能在一定程度上體現出使用者的典型形象。從這個意義上講，華麗的珠寶首飾成為現代社會時髦的象徵品。

消費者不僅購買單一象徵性產品來表達自我，而且還通過購買一群產品來對外傳遞自我概念。產品族群（Product Constellations）是指在象徵意義上具有高度聯結的一群互補性產品，例如同樣能塑造高級形象的一群不同產品類別的產品，別墅、豪華遊艇、勞力士名錶、勞斯萊斯名車就可能形成具有某種象徵意義的產品族群。從行銷和廣告商的角度來說，同一產品族群的不同品牌產品可能存在著聯合行銷的空間。

（二）自我概念與產品的象徵性的行銷應用

自我概念與產品的象徵性可以大量運用於行銷活動中，比如行銷者運用它進行行銷戰略和策略的謀劃。表 9.8 揭示了自我概念與行銷戰略的關係。

表 9.8　　　　　　　　　　　　自我概念與行銷戰略

維度	與行銷的關係	例子
實際自我	作為顯示給世界的臉，最希望去影響他人	對汽車、房子等以及化妝品、時裝和髮型的明顯消費
理想自我	是導致最多地購買自我提高產品的部分	課程、化妝品、整容手術、樂器等
社會自我	它在改變一些觀點或強化被感知為正面的形象時影響我們	一個認為他的朋友把他視為沉靜或令人厭煩的人，可能為改正形象去買一輛賽車

圖 9.2 揭示了自我概念與品牌形象影響之間的關係，自我概念對產品品牌形象也有極大的支持作用，產品品牌形象可以體現並強化自我概念。產品可以通過強化或保持理想的或社會的自我概念來促銷，例如勞力士手錶、皮爾·卡丹套裝、阿迪達斯跑鞋以及寶馬汽車產品強化了追求時尚、豪華的自我概念，在促銷時理應作為高端消費群體的理想選擇產品。

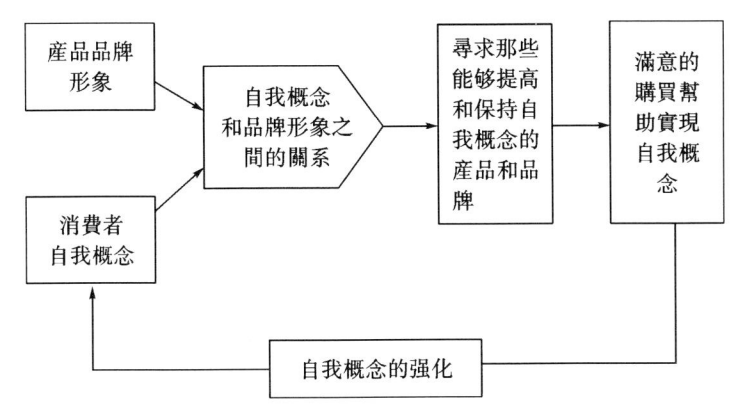

圖 9.2　自我概念與品牌形象影響之間的關係

四、身體、物質主義與自我概念

(一) 身體與自我概念

自我意識是一種隱藏在個體內心深處的一種心理結構，是個體意識的高度發展，每個個體都會形成對自己身體及各個構成器官的看法，這些看法也構成自我概念的一部分。國外學者肖頓（Schouten）採用了深度訪談方式訪問了 9 位做過整容手術的消費者，以考察整容與消費者自我概念的關係。結果發現，消費者一般是對自己的身體不滿才做這類手術，手術後他們的自尊得到了極大的滿足和改善。

個體在形成自我概念的過程中，身體的各個組成部分或不同的器官的重要作用是不同的。身體裡形成自我概念的核心器官有眼睛、頭髮、心臟、生殖器等，而其他器官就沒有這麼重要。

(二) 物質主義與自我概念

自我概念從某種意義上講是由個體所擁有的那些物質性的東西所界定的，然而不同的個體對這些世俗物的注重程度是存在差別的，有的人特別關注這些物質類產品，並將他們作為追求的目標，另一些人則可能淡化他們存在的價值。物質主義是指個人通過擁有世俗物而追求幸福、快樂的傾向。物質主義傾向極端化的人往往將世俗擁有物置於生活的最高位置，認為他們是滿足感的最大來源。由於不同個體在物質主義傾向上存在明顯差別，因此，測量這種差別是很重要的。表 9.9 提供了一種測量物質主義傾向的基本思路。

表 9.9　　　　　　　　貝爾克測量物質主義傾向的量表

1	租一輛車比買一輛車對我更具吸引力（R）*
2	我對那些也許應該扔掉的東西總是戀戀不捨
3	即使是價值很小的東西被偷，我也會非常不安（R）
4	我掉了東西後並不會特別不安
5	較之於大多數人我較少把東西鎖起來（R）

表9.9(續)

6	我寧願買某種東西也不從朋友處借用
7	我很擔心別人拿走我的東西
8	旅遊時我很喜歡照很多照片
9	我從不丟掉任何東西

*說明:「R」表示該項得分應該轉換,即表示得分越高,物質主義傾向越低,反之則越高。

第三節 消費者的生活方式

生活方式是一個人自我概念的外在表述,它與消費者個性密切聯繫。社會由不同的群體構成,不同的人群個性與自我概念不一,這就使得生活方式必然也多種多樣。

一、生活方式的含義

生活方式(Lifestyle)是指消費者個體在其與環境發生交互作用過程中所形成和表現出來的不同於他人的活動、興趣和態度的模式,也就是在他們的生活環境中他們認為什麼比較重要以及他們對自己和周圍世界的看法,具體表現為消費者怎樣生活,在自我導向、他人導向、環境導向作用下對時間和金錢花費的態度等。

有學者認為,研究生活方式有兩種途徑:一是研究人們一般的生活方式,二是將生活方式分析用於具體的消費領域,如戶外活動、與公司所提供產品服務最為相關的東西。一般的消費者很少意識到生活方式在購買中的作用,但從事戶外活動等方面的消費者例外,因為他們戶外活動的特殊方式使得他們對其有益的商品如登山鞋、帳篷等十分感興趣。

生活方式與個性、自我概念既有聯繫又有區別:一方面,個性、自我概念影響甚至決定著生活方式;另一方面,生活方式更多的是體現人們的外顯行為,而個性與自我概念更多的是側重於從內在角度體現思維、情感等個體特徵。行銷活動中,區分個性與生活方式有十分重要的意義,人們不應該以個性而應該以生活方式劃分市場,這可以讓行銷者識別出大量的具有相似生活方式的消費者群體。

二、生活方式的測量

目前國內外較為流行的生活方式的測量方法主要有兩種:一是 AIO 方法,即活動、興趣、意見結構法;二是 VALS 方法,即價值觀念和生活方式結構法。

(一) 活動、興趣、意見測量法(AIO)

消費者活動(Activity)、興趣(Interest)、意見(Opinion)測量法(AIO 方法)是指測量者通過問卷調查的方式瞭解消費者的活動、興趣和意見以區分不同的生活方式類型。這是一種心理描述法,是目前用來測度生活方式的最常用的一種方法。研究人員首先設計一份 AIO 問題清單,然後從消費者中抽取大量樣本,以問卷的方式向被調

查者提出一系列問題和答案，請消費者以文字表述或選擇答案的方式回答。提出的關於活動方面的問題是消費者做什麼、買什麼、怎樣打發時間等，興趣方面的問題是消費者的偏好和優先考慮的事物，意見方面的問題是消費者的世界觀、道德觀、人生觀、對經濟和社會事物的看法等。最后，研究人員運用計算機分析消費者的回答，把回答相似的消費者歸為一類，以此識別不同的生活方式。表9.10列出了AIO清單的主要構成，包括測量消費者活動、興趣和意見因素的主要指標以及回答者的統計項目。

表9.10　　　　　　　　　　AIO清單的主要構成

活動	興趣	意見	統計項目
工作	家庭	自我	年齡
愛好	家務	社會問題	教育
社會活動	工作	政治	收入
度假	社區事務	商業	職業
娛樂	流行	經濟	家庭規模
購物	休閒	教育	居住
社區活動	食物	產品	地理
體育活動	媒介	未來	城市大小
俱樂部會員	成就	文化	生命週期階段

一般來說，AIO問卷中的問題可分為具體性問題和一般性問題兩種類型。前者與特定產品相結合，測試消費者在某一產品領域的購買、消費情況；後者與具體產品或產品領域無關，意在探測人群中各種流行的生活方式。兩種類型的問題均有各自的價值。表9.11列舉了AIO問卷中的一些典型問題。

表9.11　　　　　　　　AIO問卷表中的一些典型問題

---

1. 活動方面的問題
(1) 何種戶外活動你每月至少參加兩次？
(2) 你一年通常讀多少本書？
(3) 你一個月去幾次購物中心？
(4) 你是否曾經到國外旅行？
(5) 你參加了多少個俱樂部？

2. 興趣方面的問題
(1) 你對什麼更感興趣？運動、電影還是工作？
(2) 你是否喜歡嘗試新的事物？
(3) 出人頭地對你是否很重要？
(4) 星期六下午你是願意待在家裡陪家人還是一個人外出釣魚？

表 9.11（續）

> 3. 意見方面的問題（回答同意或不同意）
> (1) 俄國人就像我們一樣。
> (2) 對於是否流產，婦女應有自由選擇權利。
> (3) 教育工作者的工資太高。
> (4) 我們必須做好應付核戰爭的準備。

（二）綜合測量法

綜合測量法就是研究人員在活動、興趣、意見測量的基礎上，增加態度、價值觀、人口統計變量、媒體使用情況和產品使用頻率等方面的測量。研究人員從大量的消費者（通常是 500 人或更多的人）身上獲得數據，然後使用統計技術將他們分組，大多數研究從兩個或三個層面上對消費者進行分組，其餘層面的數據則用來對每個小組提供更完整的描述。

下面是綜合測量法在分析化妝品市場生活方式中的運用。表 9.12 列出了對年齡在 15～44 歲之間的英國婦女生活方式進行分析的一部分成果，它是一種對與產品和活動相關的生活方式分析。這裡以外表、時尚、運動、健康作為分析的重點。依據消費者在外表、時尚、運動、健康四個領域的態度和價值觀，研究人員把研究的女性分成 6 個組，並逐一進行測試。測試結束後的分析表明，在產品使用、購物行為、媒體使用模式、人口統計特徵方面，各個組存在顯著差異。

表 9.12　　英國化妝品市場的生活方式分析

化妝品市場生活方式細分	
1. 自我意識型	關心外表、時尚，注重身體鍛煉
2. 時尚導向型	關心外表、時尚，對鍛煉和體育不很關注
3. 綠色美人型	關注體育運動與健康，較少關注外表
4. 滿不在乎型	對健康與外表持中立態度
5. 良心惶恐性	沒有時間從事「自我實現」，忙於應付家庭事務
6. 衣冠不整型	對時尚漠不關心，對運動不感興趣，穿著講求舒服

三、VALS 生活方式分類系統

（一）原 VALS 生活方式分類系統

VALS 意即價值觀及生活方式，是英文 Values and Lifestyles 的縮寫。VALS 由美國斯坦福國際研究院（SRI）於 1978 年提出來的。VALS 基於人口統計、價值觀念、姿態/傾向和生活方式變量，根據 2,500 多名美國消費者對 800 多個問題的回答設計出一個把消費者分為 9 個生活方式群體的系統，即 VALS 系統或 VALS 生活方式分類系統。該系統以動機和發展心理學作為理論基礎，將美國成年人的生活方式分成三大類別九種類型。

類別一：需求驅動型。這類消費者的購買活動是被需求而不是偏好所驅動，他們可進一步分成求生者（Survivors）和維持者（Sustainers），前者生活在社會的底層，是社會中處境最艱難的群體。

類別二：外部引導型。該類消費者可分成歸屬者（Belongers）、競爭者（Emulator）和成就者（Achievers）三種類型。他們是大多數產品的消費主體，非常在意別人的評價，緊跟時代潮流。

類別三：內部引導型。這類消費者的生活更多地被個人需要、內心的情感體驗而不是外界的價值觀所支配。他們可進一步分為我行我素者（I—Am—Me）、體驗者（Experiential）、社會良知者（Socially Conscious）、綜合者（Integrated）。具體情況如表9.13所示：

表9.13　　　　　　　　　　　　　　VALS 消費者類型

在18歲以上人口中占的%	消費者類型	價值觀與生活方式	人口統計情況	購買模式
需求驅動型				
4%	求生者	為生存而掙扎、多疑、社會處境不佳、被食欲所支配	收入在貧困線以下、教育程度很低、大多是少數民族、生活在貧民窟	價格出於第一位考慮、集中於基本必需品、購買是為了即時需要
7%	維持者	關注安全、時時有不安全感、較求生者自信且較樂觀	低收入、低教育、較求生者年輕、很多是失業者	對價格很敏感、要求保證、謹慎的購買者
外部引導型				
35%	歸屬者	從眾、傳統、懷舊、家庭觀念強	低於中等收入、低於社會平均教育水平、藍領工作	家庭、住宅、追求時尚、中低大眾化市場購物
10%	競爭者	雄心勃勃、好炫耀、重地位和身分、上進心和競爭意識強	年輕、收入高、大多住市區、傳統上男性居多但正在經歷變化	炫耀性消費、模仿、追逐流行、更多地花費而不是儲蓄
22%	成就者	成就、成功、聲望、物質主義、領導、效率和舒適	收入豐厚、商界或政界名流、良好教育、住城市或郊區	顯示成功、高品質、奢侈品和禮品、新產品
內部引導者				
5%	我行我素者	極度個人主義、求新求變、情緒化、衝動、重情緒體驗	年輕、大多未婚、學生或剛開始工作、富裕的家庭背景	展現品位、購買剛上市的時尚品、結伴購買
7%	體驗者	受直接體驗驅動、活躍、自信、好參與和嘗試新事物	中等收入、良好教育、大多於40歲以下、成家不久	喜歡戶外活動、喜歡自己動手

表9.13(續)

在18歲以上人口中占的%	消費者類型	價值觀與生活方式	人口統計情況	購買模式
8%	社會良知者	社會責任感強、生活簡樸、重內在成長	較高收入、良好教育、年齡和住地呈多樣化、白人為主	關注環境、強調自然資源的保護、節儉、簡單
2%	綜合者	心智成熟、內外平衡、寬容、自我實現感、具有全球視野	良好收入、一流的教育、多元化的工作和居住分佈	各式各樣的自我表現、講究美感、具有生態意識

上述調查和分類結果讓不少企業受益匪淺，一些企業和經濟組織運用上述分類系統瞭解不同生活類型的消費者在某些具體活動和產品消費上的差異，並以此指導行銷策略的制定。

(二) VALS2生活方式分類系統

SRI於1989年引進了被稱為VALS2的新系統。較之於VALS系統，VASL2具有更廣泛的心理學基礎，VASL2更加強調對活動與興趣方面的問題的調查，試圖更多地選擇那些具有相對持久性的態度和價值觀，用以反應個人的生活方式。此外，該模型基於4個人口統計變量和42個傾向性的項目，它比VALS更接近消費。

VALS2根據兩個層面將美國消費者分成8個細分市場（見圖9.3）：第一個層面是資源的多寡，消費者資源不僅包括財務或物質資源，而且包括心理和體力方面的資源。第二個層面是自我取向即反應看待世界的不同方式。自我取向分成三種類型：原則取向、地位或身分取向、行動取向。

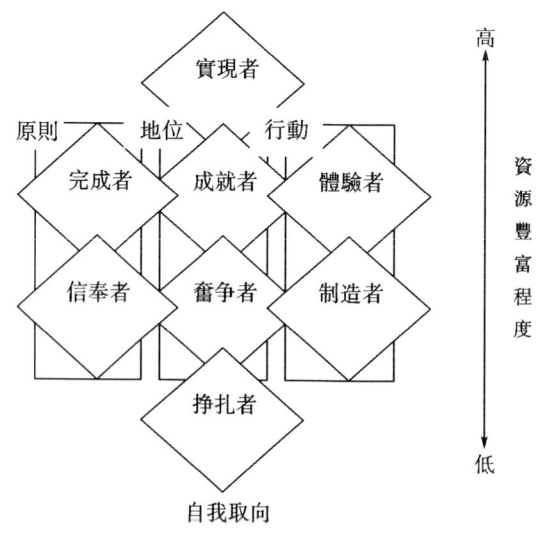

圖9.3 VASL2生活方式分類系統

（1）原則取向。持原則取向的人主要是依信念和原則行事，而不是依情感或獲得認可的願望做出選擇。

（2）地位或身分取向。持這種取向的人很大程度上受他人的觀點、態度影響。

（3）行動取向。持這一取向的人熱心社會活動，積極參加體能性活動，喜歡冒險，尋求多樣化。

表 9.14 就這 8 個細分市場進行了簡單描述。

表 9.14　　　　　　　　對 VALS2 的 8 個細分市場的簡要描述

1. 實現者（Actualizeers），約占人口的 8%。他們是一群成功、活躍、獨立、富有自尊的消費者。他們的資源最豐富，是大學文化，平均年齡在 43 歲左右，年收入達 58,000 美元。他們在消費活動中喜歡「精美的東西」，容易接受新產品、新技術，對廣告的信任度低，經常廣泛地閱讀出版物，看電視較少

2. 完成者（Fulfillers），約占人口的 11%。他們採取原則導向，是一群成熟、滿足、善於思考的人。他們擁有較豐富的資源，受過良好教育，從事專業性工作，平均年齡為 48 歲，年收入約為 38,000 美元，一般已婚並有年齡較大的孩子。他們在消費活動中對形象或尊嚴不感興趣，在家用產品上他們是高於平均水平的消費者，休閒活動以家庭為中心，喜歡教育性和公共事務性的節目，廣泛並經常閱讀

3. 信奉者（Believers），約占人口的 26%。他們採取原則導向，是傳統、保守、墨守成規的一群人。他們資源較少，是高中教育程度，平均年齡為 58 歲，年收入約為 21,000 美元。他們的生活超過平均水平，活動以家庭、社區或教堂為中心，購買美國製造的產品，尋找便宜貨，看電視，閱讀有關養老、家居、花園的雜誌，不喜歡創新，改變習慣很慢

4. 成就者（Achievers），約占人口的 13%。他們採取身分導向，是一群成功、事業型、注重形象、崇尚地位和權威、重視一致和穩定的人。他們擁有豐富資源，受過大學教育，平均年齡為 36 歲，年收入約為 50,000 美元。在消費活動中，他們對有額外報酬的產品特別有興趣，看電視的程度處於平均水平，閱讀有關商業、新聞和自己動手一類的出版物

5. 奮鬥者（Strivers），約占人口的 13%。他們採取身分導向，尋求外部的激勵和讚賞，將金錢視為成功的標準，由於擁有資源較少，因而常因感到經濟的拮据而抱怨命運不公，易於厭倦和衝動。他們平均年齡為 34 歲，年收入約為 25,000 美元。在消費活動中，他們中的許多人追趕時尚，注重自我形象，攜帶信用卡，錢主要用於服裝和個人護理，看電視比讀書更令他們喜歡

6. 體驗者（Experiences），約占人口的 12%。他們屬於行動導向、年輕而充滿朝氣的一群人。他們擁有較豐富的資源，一般是單身、尚未完成學業，平均年齡為 26 歲，年收入約為 19,000 美元。他們追逐時尚，喜歡運動和冒險，將許多收入花在社交活動上，經常衝動性購物，關注廣告，聽搖滾音樂

7. 製造者（Makers），約占人口的 13%。他們採取行動取向，是保守、務實、注重家庭生活、勤於動手、懷疑新觀點、崇尚權威、對物質財富的擁有不是十分關注的一群人。他們擁有的資源較少，受過高中教育，平均年齡為 30 歲，年收入約為 30,000 美元。在消費活動中，他們的購買是為了舒適、耐用和價值，不去關注豪華奢侈的產品，只購買基本的生活用品，聽收音機，一般閱讀雜誌中涉及汽車、家用器具、時裝和戶外活動的內容

8. 掙扎者（Struggles），約占人口的 14%。他們生活窘迫，受教育程度低，缺乏技能，沒有廣泛的社會聯繫。一般年紀較大，平均年齡為 61 歲，年收入僅為 9,000 美元，常常受制於人和處於被動的地位。他們最關心的是健康和安全。他們在消費上比較謹慎，屬品牌忠誠者，購物時使用贈券並留心降價銷售，相信廣告，經常看電視，閱讀小報和女性雜誌

上述結果是在進行相當系統性和綜合性的測量和分析的基礎上取得的。需要指出的是，雖然 VALS2 較原 VALS 系統有較大的改進，但它同樣存在 VALS 系統所具有的某些局限。如 VALS2 中的數據是以個體為單位收集的，而大多數消費決策是以家庭為單位做出或很大程度上受家庭其他成員的影響。另外，很少有人在自我取向上是「純而又純」的，SRI 所識別的三種導向中的某一種可能對消費者具有支配性影響，然而支配的程度及處於第二位的自我取向的重要性會因人而異。

(三) 生活方式研究在行銷中的應用

生活方式在消費者行為中有著重要地位，它在整個消費活動中具有承上啓下之功效，絕不是可有可無的。部分緣於自我概念的影響，不同群體的生活方式有著明顯的差別。生活方式研究在行銷中具有重要的意義，它為行銷人員理解消費者行為提供了一個有效的途徑，對此，行銷工作者應有充分的認識。越來越多的人支持企業基於消費者生活方式開展的行銷活動，因為這是企業瞭解消費者並制定恰當的行銷策略的依據。

生活方式研究在行銷中最為直接的運用就是利用 VALS 數據，探索社會變化趨勢，勾勒市場細分圖，預測消費者的行為，抽取產品定位概念，並激發廣告創意。如有的企業選擇電視廣告，有的企業則選擇報刊文字廣告，主要是緣於目標消費者的文化生活方式的差異。生活方式研究在行銷中的啓迪意義還表現在可以選擇目標消費者並為之定制合身的產品。企業可依據消費者的生活方式及其變化進行新產品或服務的開發，將產品定位於某一特定的生活方式，使之與目標消費者的生活方式相匹配，更好地滿足消費者的慾望與需求。

本章小結

個性、自我概念和生活方式是密切關聯的三個概念，它們是消費者消費行為的內在傾向性和與之相應的外在行為表現系統。

消費者購買行為的千差萬別乃個性影響的結果，個性是一個人在一定社會條件下形成的、具有一定傾向的、比較穩定的可以影響別人並使他和別人在整體行為上有所區別心理特徵的總和，是衡量個體差異的一個變量。個性理論包括精神分析論、個性類型說、新弗洛伊德個性理論、個性特質論等多重理論。正確認識個性與消費者行為的關係，把握品牌個性，對行銷者來說意義重大。

自我概念是個體對自我的看法、對自身存在的體驗，是個人將他或她自身作為對象的所有思想和情感的總和。消費者有多重的自我概念，我們可以用馬赫塔量表測量自我概念與產品形象。現實生活中，消費者傾向於購買與自我概念一致的產品，並通過購買象徵性的產品向社會傳遞自我概念，所以企業應當瞭解目標顧客的自我概念，並塑造與這種自我概念相一致的產品或品牌形象，賦予產品一定的象徵意義。

生活方式是指消費者個體在其與環境發生交互作用過程中所形成和表現出來的對不同於他人的活動、興趣和態度的模式，它主要由內在的個性決定。活動、興趣、意

見測量法和綜合測量法是兩種典型的測量生活方式的方法，行銷者把對生活方式的測量和對個性內在價值態度的測試相結合從而對市場進行細分，VALS 生活方式分類系統的理論為企業提供了一幅心理地圖，對行銷企劃和產品研發具有重要的價值。

關鍵概念

個性　品牌個性　自我概念　延伸自我　生活方式　AIO　VALS

復習題

1. 什麼是個性？個性具有哪些特徵？
2. 弗洛伊德精神分析學說在行銷中如何運用？結合現實行銷活動舉例說明。
3. 榮格的個性類型說怎樣影響消費者的消費活動？結合自身情況舉例說明。
4. 如何看待品牌個性？
5. 與採用創新產品相關的個性特徵有哪些？個性特質如何影響消費者決策？
6. 什麼是自我概念？自我概念的類型對行銷有何意義？
7. 象徵性產品應具備哪些特徵？消費者如何運用象徵性產品傳遞自我概念？結合現實行銷活動舉例說明。
8. 列出構成你的延伸自我的所有擁有物。這對行銷有何啟示？
9. 什麼是生活方式？生活方式的測量有哪些方法？
10. VALS、VALS2 生活方式分類系統的劃分依據是什麼？它們在行銷中如何運用？結合現實行銷活動舉例說明。

實訓題

項目 9-1　品牌個性研究

針對選定產品類別，每組成員各自找出一個平面廣告或電視廣告，運用有關的個性理論分析廣告品牌的個性。

項目 9-2　生活方式研究

針對選定產品類別，採用 AIO 法，調查大學生的生活方式，分析調查結果，提出對該產品類別行銷的建議。

案例分析

2013 年，絕對是讓眾人眼前一亮的時間節點。當可口可樂與五月天聯合召開新聞發布會的時候，《傷心的人別聽慢歌（貫徹快樂）》已經開始在網上熱播，可口可樂順勢推出了二十幾款「快樂昵稱瓶」，選用流行的網路用語印在飲料瓶上，如「喵星人」「文藝青年」「小清新」「純爺們」等，希望通過這種方式，更貼近消費者的互聯網社

交方式和溝通習慣，讓消費者能通過分享，拉近彼此的距離。同時，五月天的五位成員也分別拿到了專屬定制「昵稱瓶」，借助粉絲的力量，累積了品牌傳播的強大勢能，為后面的摧枯拉朽之勢打下了很好的基礎。

此外，「快樂昵稱瓶」在國內某些城市推出時，還有極具地方特色的昵稱，例如重慶的「重慶妹兒」，湖北的「板尖兒」，湖南的「滿哥」等。消費者還可以參加相關活動，定制自己的個性「昵稱瓶」。通過明星的號召力，「昵稱瓶」的創意，瞬息之間，使可口可樂形成了一股新聞風暴潮，席捲各大社交平臺。

2013年的夏天，買一瓶帶昵稱的可口可樂，絕對是非常時髦的事情。

2014年，從「昵稱瓶」升級版的「歌詞瓶」，又一次讓消費者見證了可口可樂行銷人的奇思妙想。

「你是我最重要的決定」「陽光總在風雨后」「我和我最后的倔強」「我願意為你」等幾十款流行歌曲歌詞被印在可口可樂的瓶身和易拉罐上。據可口可樂公司提供的數據顯示，僅這個六月份，「歌詞瓶」帶來可口可樂整個汽水飲料銷量的增長高達10%。

2013年，「昵稱瓶」採用的模式「明星+歌曲+演唱會+社會化傳播+線下資源整合」，實質僅僅是品牌的曝光和傳播；2014年，「歌詞瓶」採用的「歌詞+社會化傳播+線下資源整合+電商渠道」，實質是O2O——線上線下互動，並通過與一號店的合作，消費者可以直接從網上選擇自己心儀的包裝。這一轉化，影響深遠。

討論：

1. 可口可樂的「昵稱瓶」「歌曲瓶」瞄準什麼個性的消費者？怎樣幫助消費者向外傳遞自我概念？

2.「昵稱瓶」「歌曲瓶」的成功與可口可樂公司把握年輕人的生活方式有什麼關係？

第四篇
影響消費者行為的環境因素

第十章　影響消費者行為的經濟和文化因素

本章學習目標

◆ 熟悉不同收入人群的消費行為
◆ 瞭解亞文化對消費行為的影響
◆ 掌握文化價值觀的種類、形式
◆ 熟悉中國文化的特點及對消費者購買行為的影響
◆ 瞭解文化習得的基本工具
◆ 理解消費中文化意義的傳遞

開篇故事

百事中國 再次玩轉賀歲行銷「把樂帶回家」

在 2015 年辭舊迎新的關鍵時間節點，百事摒棄了以往群星薈萃的大片路線，亮出更親民的「眾創」法寶——號召大家拿起手機用自己的方式講故事，借此提升 90 后「隨便族」的互動參與度和情感黏度。

2015 年，百事嘗試了一個不再是品牌方拍攝的官方製作（比如，2014 年音樂片式的賀歲廣告），把鏡頭交給消費者，最後以與消費者共同創作的精彩片段為素材，剪輯成 2015 年《把樂帶回家》的眾創大電影。這部電影將由李蔚然執導，以春節放假到在家過年為故事主軸。此次活動，百事與最受年輕人歡迎的短視頻互動 App 美拍跨界合作。消費者可圍繞六大主題（2014 沒白過、扭羊歌、把樂帶回家、拜年神器、高手在民間、每逢佳節），用自己獨特的方式真實還原家庭團圓的味道，演繹最真實的「把樂帶回家」。這部眾創微電影不僅在國內活動中首映，還將在紐約時代廣場的大屏幕上同步直播，主打的兩個品牌是百事可樂和樂事。

百事根據最近一項網路調查發現，「低頭族」的規模越來越大。51% 的人即使在有親友在旁時仍然使用手機；超過 45% 的人春節回家期間在「手機和計算機」上花費時間最多，而不是陪伴父母親友。許多人甚至把過年回家當成了任務，以至於「人回家了，心沒回家」。春節本是寶貴的團聚時刻，可這些時間卻在人們的頻頻「低頭」中流逝。因此，百事在今年的「把樂帶回家」春節活動中，倡議年輕人少做「低頭族」；與其望著手機，不如通過自己做「移動導演」，用自拍自導的方式，記錄和家人朋友相處的每一個瞬間。

在手機社交平臺活動如火如荼開展的同時，愛奇藝也為此次活動量身定做了兩檔

節目：「新年大變 YOUNG」和「一起過 YOUNG 年」。在「新年大變 YOUNG」中，百事選擇與知名度非常高的《奇葩說》節目合作，在1月份會分6期進行不同的話題討論活動，而話題會圍繞著「回家」「過年」「年夜飯」「春晚」等，由兩位選手打擂臺，各自闡述觀點。

作為2015「把樂帶回家」系列活動之一，百事以企業社會責任與品牌傳播融為一體的慣例弘揚社會大愛，聯合中國婦女發展基金會發起「眾籌微公益」。消費者可通過騰訊公益平臺或愛奇藝捐款互動頁面，為婦基會的「母親郵包」項目進行捐贈，每籌集200元就能為1位貧困媽媽送去「母親郵包」。

並且此次活動是百事在社交媒體上的升級之作，首先，與美拍這樣的社交 App 聯動的活動內容，已經預示著百事開始了流行文化的社交合作；美拍大量的視頻參與群體，更多元化地幫助百事提升了社交媒體的投入價值；除此之外，在2015年1月1日的活動上線的開始階段，百事此次真正開展了社交和戶外公關的結合。百事在2014年12月31日的眾多城市的迎新年倒數的屏幕中完整啓動了符合年輕群體口吻的「I CAN I UP」的標示，並且引導年輕群體作為社會核心群體，一起把樂帶回家。此外，在社交陣地上，百事第一次推出把樂帶回家「眾創大地圖」，再次從消費者的手中玩轉眾創概念，並再次引發社交傳播熱潮。

百事大中華區首席市場官李自強表示：「今年是『把樂帶回家』第一次走出國門，也是第一次顛覆往年傳統的微電影形式。我們將導演權利交還給消費者，讓每一個華人都能切身參與進來，一起把樂帶回家。」

百事的宗旨圍繞著「讓不同世代之間的家庭價值觀達成共識」，背景基於移動社交工具從某一方面阻隔了年輕人與家人朋友間的情感溝通，淡化了春節這個傳統節日家庭團聚的歡樂味道。對於快消品行業的品牌，要是不充分利用社會化平臺的優勢來擴散核心理念，再大型的廣告戰役也只會收效平平。現如今越來越多的年輕人喜愛在社交媒體上自拍分享生活點滴，美拍的優勢是可以讓任何人變身導演或主角，而這與90後正在成長為家庭「主角」相契合（畢竟，年紀最大的90後已經25歲了）。從這一點來看，百事牽手美拍再合適不過。作為中國人最看重的傳統佳節，春節自然是所有零售商家都不願錯過的必爭之節。作為快消品品牌，要想打個漂亮仗，就得跳脫「家庭」「節日」「禮物」等俗套的口號，以差異化策略博取人心。

「把樂帶回家」是百事的春節傳統活動，2012年是「你回家是父母最大的快樂」，2013年是「有愛的地方就有家，有家就有快樂」，將小家提升到大家，小愛昇華為大愛；2014年，「把樂帶回家」倡導：家不以遠近，樂無為大小，快樂是互相給予，人人皆可為「中國夢」貢獻力量。2015年，百事以「眾創」策略玩轉參與性行銷，這不禁令人想起其幾年前在超級碗投放的廣告——利用粉絲自發產生的內容，進行二次創作，形成全新的內容去傳播。雖然算不上是突破性的創新，但百事2015年的活動卻真正讓消費者參與其中，而並非跟往年一樣只是簡單號召。

百事的品牌代言人之一黃曉明首次帶上爸媽，一家三口上演包餃子大賽，真實而溫暖，遠比打出經過狠狠 PS 過的明星臉更有意義。

（資料來源：佚名. 百事中國 再次玩轉賀歲行銷「把樂帶回家」[EB/OL]. [2015-10-5]. http://jiangsu.china.com.cn/html/finance/zh/1068759_1.html.）

第一節　影響消費者行為的經濟因素

一、收入與消費者行為

對於絕大多數人，收入是其消費或支出的主要來源。一些人能住別墅、開小車、穿著時髦的服裝，而另外一些人住房簡陋，穿一般衣服，出門騎自行車或擠公共汽車，原因主要在於他們的收入存在差別。收入作為購買力的主要來源無疑是決定消費購買行為的關鍵因素，也是行銷者十分關心和希望瞭解的。

(一) 消費者的收入

1. 收入的構成

我們一般認為收入由工資、獎金、津貼、紅利和利息等構成。在不同的人群，收入構成存在較大的區別。在中國城鎮地區，工資和獎金是居民收入的主要來源。農村居民的收入來源則較複雜，大部分居民以種植或養殖為主，他們收穫的農副產品或土畜產品一部分是供自用，另一部分則作為商品在市場出售。隨著越來越多的農民進入城市謀生，很多農村家庭可能既有成員在家務農，也有成員外出經商或進城打工，由此使收入的來源和結構趨於多樣化。由於收入分佈的差別和職業的不同，不同的個體，其收入構成可能千差萬別。比如有的人是以工資作為收入的主要來源，另外一些人獎金超過工資，還有的人大部分收入是紅利、利息、股票收入等。

2. 收入的測量

(1) 人均國民生產總值 (GNP) 和人均國內生產總值 (GDP)

國民生產總值是指本國常住居民在一定時期 (通常是一年) 生產的產品與服務的總價值，它包括居住在本國的常住居民所生產的最終產品的市場價值與本國公民在國外的資本和勞務所創造的價值。國內生產總值同樣是用來反應一國經濟在一定時期內所創造的產品與服務的總價值。它包括居住在本國的常住居民所生產的最終產品的市場價值與外國公民在本國的資本與勞務所創造的全部產值與收入。由於 GDP 較 GNP 能更準確地反應一國經濟的實際運行狀況，所以自 20 世紀 90 年代以來，世界上絕大多數國家均採用 GDP 這一指標。人均 GDP 反應了一個國家或一個地區的消費者的購買力水平，是分析消費者收入的一個基本參照點。

(2) 個人收入、可支配收入和個人可任意支配收入

個人收入是指個人在一年內獲得的工資、獎金、紅利、利息和其他福利收入。個人可支配收入則是個人收入扣除稅款和非稅負性負擔 (如強制性保險) 後的餘額，它是支出與儲蓄的來源。可任意支配收入是指個人可支配收入中扣除用於維持個人與家庭生存所必需的支出 (如房租、水電、食物、燃料、保險等) 后的那部分收入。由於人們只有在保證日常生活開支之后才考慮購買高檔耐用品、奢侈品和外出度假、旅遊，因此，提供這類產品和服務的企業，尤其需要關心、研究消費者的可任意支配收入。

（3）名義收入與實際收入

名義收入是指人們以貨幣形式獲得的收入，實際收入則是考慮通貨膨脹和各種隱形所得等因素之後所測算出的收入。

（4）現期收入、過去收入與未來收入

消費者既受現期收入的影響，也受過去收入和對未來收入的預期的影響。一個人過去收入很高，即使現期收入水平已大幅度地下降，他仍保持過去的某些消費習慣。一個對未來充滿信心的人，或認為未來收入將較現在有較大提高的人，可能突破現行收入的限制，通過信貸等方式擴大消費能力。消費者對未來收入的預期，涉及消費信心問題。消費信心對耐用品的購買、是否舉債消費、消費中儲蓄與支出安排均產生重要影響。

(二) 收入對消費者需求結構的影響

德國統計學家恩格爾早在1857年就發表了有關收入與食品支出之間關係的研究報告，並得出著名的恩格爾定律：隨著家庭收入的增加，食物支出的比重在整個家庭支出中的比重逐步下降，而用於住房、教育、健康、休閒等方面的支出比重增加。

儘管各個家庭在花錢方式上不可能完全相同，但大體上來說，家庭在支出類別的分配方面的模式還是比較一致的。對不同收入水平的家庭進行的數據分析表明：

（1）貧困的家庭將大部分收入用在食品、住房和基本的服裝上。

（2）隨著收入不斷增加，食品種類更加豐富，非主食食品也越來越多，但食品上的花費占其收入的比例卻下降了。

（3）在收入很低的層次中，住房上的花費占收入的比例會隨著收入水平的提高而提高，但隨著收入水平提高到一定程度，它的比例就趨於穩定。

（4）隨著收入水平的提高，人們用在服裝、汽車和奢侈品上的花費比例增長很快，一直到收入水平增加到一個非常高的上限時其比例增長才會停止。

（5）儲蓄隨收入的增加而大量增加，而且從不會下降。

(三) 不同收入人群的消費行為特點

1. 不同收入人群成員獲取信息的渠道不同

一般來說，高收入的消費者比低收入的消費者更多地利用多種渠道獲取商品信息。

2. 不同收入人群對商店選擇不同

不同收入人群的消費者喜歡光顧的商店類型有明顯不同。高收入的消費者樂於去高檔、豪華的商店購物，因為在這種環境裡購物會使他們產生優越感和自信，得到一種心理上的滿足。而低收入的消費者在高檔購物場所則容易產生自卑、不自在的感覺，因而他們通常選擇在與自己地位相稱的商店購物。

3. 商品投向的差異

高收入人群一般擁有較多的財富，這一人群是名貴珠寶、古董、高級時裝、高等住宅及品牌商品的消費者。

4. 對新產品採用程度不同

在影響新產品採用的因素中，消費者的經濟狀況起到一定作用。具體來說，收入

高的消費者，在消費心理方面表現為求新、求好，因此常常是新產品的最先使用者；收入一般的消費者，在消費心理方面表現為謹慎、求實，因此是新產品的晚期採用者；當消費者收入很低的時候，他/她一般不可能對新產品產生任何的奢望，因而表現在消費心理方面是守舊者。

二、財產與消費者行為

財產或淨財產是指個人所擁有的資產的總現金價值與所有負債的總現金價值之差，是一個人富裕程度的重要指標。從長期來看，它與收入存在高度相關性。然而，收入與財產不能劃等號。具體到個體而言，高收入並不意味著一定擁有大量財產。同樣，擁有大量財產的人，也可能是通過繼承或過去投資獲得這些財產的，現在的收入不一定很高。即使其他條件不變，完全處於同一收入水平的兩個人和兩個家庭，所擁有的財產也可能存在很大差別，因為他們可能採取完全不同的消費和儲蓄的模式。

（一）財產的構成

財產既包括住房、土地等不動產，也包括股票、債券、銀行存款、汽車、古董及其他藏品。財產可以通過繼承，投資股票、珠寶或藝術品，中彩票等方式獲得。政府機構和私人組織很少系統地收集居民財產及其分佈的數據，因此，行銷者以財產為依據分割市場和制定行銷策略相對比較困難。

（二）不同財產擁有者的消費行為特點

擁有較多財產的家庭相對於擁有較少或很少財產的家庭，將會把更多的錢用在接受服務、旅遊和投資上。富裕的家庭一般處於家庭生命週期的較后階段，不一定特別在意裝修新房子和購買大件商品之類的事情，因此他們在這方面的支出並不高。由於特別珍惜時間，他們對商品的可獲性、購買的方便性、產品的無故障性和售后服務等有很高的要求，並且願意為此付費。另外，富裕家庭的成員對儀表和健康十分關注，因此，他們是高檔化妝品、皮膚護理產品、健康食品、維生素、美容美髮服務、健身器材、減肥書籍和減肥服務項目的主要購買者。為了保證身體和財產安全，他們還大量購買家庭保護系統、保鏢、各種保險、防火與防盜器材等產品與服務。

三、信貸與消費者行為

中國各商業銀行已經陸續開辦了個人住房消費貸款、個人大額耐用消費品貸款、旅遊消費貸款、教育助學貸款、汽車消費貸款等消費信貸業務，這是國家作為擴大國內需求採取的重要貨幣政策，且被大多數人認同。在某些領域如住房、汽車等領域，消費信貸已得到相當程度的推進，並取得顯著效果。

第二節　文化與消費者行為

一、文化概述

(一) 文化的含義及特點

1. 文化的含義

文化一詞源於古拉丁語，原意是指「耕作」「教習」和「開化」的意思。在中國，最早把「文」和「化」兩個字聯繫起來的是《易經》，提出了「觀乎天文，以察時變；觀乎人文，以化成天下」的主張，其意思是用儒家的詩書禮樂來教化天下，使社會變得文明而有秩序。

廣義的文化是指人類創造的一切物質財富和精神財富的總和。狹義的文化是指人類精神活動所創造的成果，如哲學、宗教、科學、藝術、道德等。

在消費者行為研究中，由於研究者主要關心文化對消費者行為的影響，所以我們將文化定義為一定社會經過學習獲得的、用以指導消費者行為的信念、價值觀和習俗的總和。

信念包括大部分社會成員所共有的知識、神話、宗教信仰、傳說等有形認知，是大量的心智或語言的表達（如我相信……），這些表達反應了一個人有關某物的特有知識和評價。

價值觀是個體為了達到終極性存在的最終狀態而提供的各種具體行為或判斷的指南或觀念。價值觀不等於信念，它們在數量上相對少一些，是某一特定文化的指導，具有持久性且難以改變，並不局限於特定事物或情況，為一定社會的成員所普遍接受。

文化中的規範，是反應特定社會的文化價值，規範社會成員行為的標準。這種規範不僅影響消費者產品和品牌的選擇，而且影響消費者購買方式、購買場所的選擇以及產品的使用方式。根據行為的約束力和重要性，我們可將文化規範分為風俗、社會習俗、法律規範。風俗一般與傳統習慣相關，是指支配人們的飲食、著裝、禮儀、禮節等日常行為類型的規範。社會習俗是社會道德價值的具體表現。對父母的尊敬、對長輩的尊重，是「應該做」的積極規範；但有些習俗是「不應該做」的消極規範，如近親不通婚，這種消極規範被稱為社會禁忌（Taboo）。法律規範是一種明確而正式化的規範。

一個社會的文化為社會中的成員應付各類問題提供了普遍的答案和可行的手段，在外顯行為上，也就規定了人們在特定場合情境中應以何種方式行事。

2. 文化的特點

(1) 文化的習得性

文化不是通過人體的基因遺傳得到的，而是通過學習得到的。學習有兩種類型：一是所謂的「文化適應」（Enculturation），即學習自己民族（或群體）的文化。人類學

家認為，文化適應分為三種不同形式：正式習得，即家長或年長的親人教家裡的小孩子「怎樣為人處事」；非正式習得，即模仿那些特定成員如家人、朋友或電影明星的行為；技術性習得，即學校裡的正規訓練。正是這種文化適應，保持了民族（或群體）文化的延續，並且形成了獨特的民族（或群體）個性。二是「文化移入」（Acculturation），即學習外來文化。一個民族（或群體）的文化在演進過程中會不可避免地學習、融進其他民族（或群體）的文化內容，甚至使其成為本民族（或群體）文化的典型特徵。

（2）文化的動態性

文化不是靜止不變，而是不斷變化的。儘管文化變化通常十分緩慢，但文化確實會隨著環境變化而改變。當一個社會（或群體）面臨新的問題或機會時，人們的價值觀念、行為方式、生活習慣、偏好就可能發生適應性改變，形成新的文化內容。在文化的適應性演進過程中，新文化模式的形成或引入會受到人們感興趣的程度和原有價值觀念、行為準則的影響。有關研究表明，那些為社會最感興趣而又與現有價值觀念、行為準則分歧程度最小的新事物最容易被人接受。

（3）文化的群體性

文化是特定社會群體的大部分成員共有的，因此，文化通常被看成把一個社會成員聯繫起來的群體習慣。每個民族或國家，每個城市，每個企業，乃至每個部落和家庭，都會形成相應的文化特質，從而形成各自特有的社會（或群體）文化。

（4）文化的無形性

文化是無形的、看不見的，它對人的影響也是潛移默化的，在大多數情況下，人們根本意識不到文化對他們的影響。人們總是與同一文化下的其他人一樣行動、思考、感受，這樣一種狀態似乎是天經地義的。只有當人們被暴露在不同文化價值觀或習慣的社會（或群體）時，人們才會意識到自己特有的這種文化對自己及社會（或群體）成員的觀念、思維和行為的影響。

（5）文化的規範性

由上代傳承下來的習慣和思維模式，包含著促進同一文化中成員之間的相互交往、相互作用的社會實踐。共同的語言，對象徵、符號和生活方式的共同理解，以及共同的溝通方式和信息傳遞方法，是某一文化區別於另一文化的主要標誌。正是這些共同的語言、理解和信息傳遞方式，促進了同一文化中成員間的相互瞭解以及同一文化群體的內部和諧和群體的相對獨立性。「社會規則」是文化的重要組成部分，文化通過提供行為準則和規範來維持社會的秩序。某一社會和群體越是堅持某種行為準則，集體對違反這種準則的成員進行懲罰的可能性就越大。文化還通過提供基本價值觀念告訴人們什麼是對的、好的和重要的。因此，文化是滿足社會存在和發展需要的重要因素。

（二）亞文化

根據人口特徵、地理位置、宗教信仰、國家和倫理背景等的不同，我們可以將一種文化分成幾種亞文化。所謂的亞文化（Subculture，又稱副文化、次文化），是指某

一文化群體所屬次級群體的成員共有的獨特信念、價值觀和生活習慣。亞文化群體在共享整體文化的同時還享有他們獨特的文化要素。在同一亞文化群體內部，人們的態度、價值觀和購買決策要更加相似。因此，行銷人員往往可以根據各亞文化群體所具有的不同需求和消費行為，選擇不同的亞文化群體作為自己的目標市場。

1. 民族亞文化

幾乎所有國家都是由不同民族所構成的。不同的民族各有其獨特的風俗習慣和文化傳統。中國各民族雖然都帶有明顯的整個中華民族的文化烙印，但是各民族還都繼承和保留著自己傳統的宗教信仰、消費習俗、審美意識與生活方式。

2. 宗教亞文化

不同的宗教群體具有不同的文化傾向、習俗和禁忌。如中國有佛教、道教、基督教、天主教、伊斯蘭教等，這些宗教的信仰者都有各自的生活方式和消費習慣。宗教因素對於企業行銷具有重要意義。宗教可能意味著禁用一些產品，如印度教禁食牛肉，伊斯蘭教禁食豬肉。這些禁忌一方面限制了消費者對部分產品的需求，另一方面又會促進消費者對另一產品特別是替代產品的需求。伊斯蘭教禁止教徒飲用含酒精飲料，使碳酸飲料和水果飲料成了暢銷品；牛奶製品在印度教徒、佛教徒中很受歡迎，因為他們當中很多人是素食主義者。同時宗教可能帶來與一定宗教節日有關的高需求、高消費期，如基督教的聖誕節。對企業來說，宗教節日往往是一年當中難得的商機。

3. 種族亞文化

種族是指一個人由遺傳決定的所屬的人種。白種人、黃種人、黑種人各有其獨特的文化傳統、文化風格和態度。他們即使生活在同一個國家甚至同一個城市，也會有自己特殊的需求、愛好和購買習慣。

4. 地理亞文化

自然地理環境不僅決定一個地區的產業和貿易發展格局，而且間接影響一個地區消費者的生活方式、生活水平、購買力的大小和消費結構。地理環境上的差異也會導致人們在消費習慣和消費特點上的不同。例如，在中國聞名的川菜、魯菜、粵菜等八大菜系，風格各異，就是因地域不同形成的。長期形成的地域習慣一般比較穩定。同是面食，北方人喜歡吃餃子，南方人喜歡吃包子，西部人喜歡吃餅和饃。

5. 年齡亞文化

消費者的年齡不同，其生理機能和心理活動也不同，因而其購買行為表現出不同的特點。按照一般的分類方法，消費者在年齡段上被分成少年兒童、青年、中年和老年。兒童的消費具有模仿成人、情緒化、娛樂化等特點。少年處於依賴與獨立、成熟與幼稚、自覺與被動性交織在一起的時期，消費上表現出獨立消費意識逐漸成熟、消費受同伴影響大的特點。青年消費表現出追求時尚、追求新穎、重感情、追求個性、表現自我等特點。中年人在消費方面具有理性購買多於衝動性購買，計劃性購買多於盲目性購買，注重商品的實用性和便利性等特點。老年人的消費特點表現在對消費品的種類和結構具有特殊需求，有比較穩定的消費習慣和品牌忠誠，購買商品講究方便等。

概念運用：笛塞爾牛仔褲廣告

在一個西部小鎮，一天清晨，善良、英俊、樂於助人的牛仔與一個壞蛋不期而遇，一場槍戰在所難免。他們拔槍對射，英俊的牛仔倒在了塵埃之中，而壞蛋繼續作惡。這則廣告打破了傳統文化意義下正義戰勝邪惡的定式，顛覆了觀眾的慣常審美期待，給予觀眾的心理定式以強烈的衝擊和刺激。這一點恰好迎合了青少年受眾反傳統的心理喜好。

二、消費者的文化價值觀

(一) 文化價值觀的含義及種類

1. 文化價值觀的含義

價值觀（Values）指的是在同一文化下被大多數人所信仰和倡導的關於理想的最終狀態和行為方式的持久信念，它代表著一個社會或群體對理想的最終狀態和行為方式的某種共同看法。文化價值觀為社會成員提供了關於什麼是重要的、什麼是正確的以及人們應追求一個什麼最終狀態的共同信念。它是人們用於指導其行為、態度和判斷的標準，而人們對於特定事物的態度一般也是反應和支持他的價值觀的。因此，人們在研究一定社會文化對消費者行為的影響時，研究文化價值觀的影響將是重要的。

2. 文化價值觀的種類

文化價值觀有核心價值觀和次要價值觀之分。文化的核心價值觀是指特定的社會或群體在一定歷史時期內形成並被人普遍認同和廣泛持有的占主導地位的價值觀念。所謂文化的次要價值觀，則是特定的社會或群體在一定時期內形成和持有的居於從屬地位的價值觀念。每一社會或群體都有居於文化核心地位的價值觀。例如，對於中國廣大老百姓來說，「成家立業」是一種核心價值觀，應該早婚或「多子多福」就是一種次要的價值觀。核心價值觀和次要價值觀之間是相輔相成的關係，兩者共同構成文化的核心，但是兩者的地位又不一樣。核心價值觀居於主導的、核心的地位，並具有極強的穩定性。次要價值觀則居於從屬的、次要的地位，服從於核心價值觀，並體現核心價值觀的內涵。

文化價值觀的另一種分類方法是由心理學家米爾頓·J. 諾克奇提出來的。他把價值觀區分為終極價值觀（Terminal Values）和工具性價值觀（Instrumental Values）。終極價值觀是人們理想的終極狀態，即人們期望最終實現的生活理想。工具性價值觀是指人們為達到理想的終極狀態所採取的基本方法。表10.1顯示的是一組諾克奇價值量表（Rokeach Value Scale）。

表 10.1　　　　　　　　　　　諾克奇價值量表

終極價值觀	工具性價值觀
舒適生活	有野心的
刺激的生活	寬容的
成就感	有能力的
平等	興奮的
自由	整潔的
完美無缺	獨立的
家庭安全	理智的
幸福	富有想像的
快樂	有邏輯頭腦的
內心的平靜	有責任感的
自尊	有自制力的
社會承認	眼界開闊的
聰明	有勇氣的
忠誠的友誼	助人的
成熟的愛	服從的
世界和平	有禮貌的
美麗的世界	真誠的
拯救	充滿愛的

　　某一社會或群體的人們所共同持有的核心價值觀，具有極強的穩定性，在相當長的歷史時期不會改變。這些價值觀念是該群體所共有的，即使這一群體的成員不斷更新，它們也會被延續下去，並且具有較強的抵制變革的慣性。對於這些核心的價值觀，任何企業都無法或很難改變，合理的策略選擇應是努力去適應，並在其經營理念中有所反應，保持企業理念與社會核心價值觀念的一致，否則，失敗將是難免的。

(二) 與消費者行為有關的文化價值觀

　　德爾·L. 霍金斯認為，企業要瞭解消費者行為上所體現的文化差異，首先要瞭解不同文化背景下人們價值觀的差異。他把影響消費者行為的價值觀分為三種形式：即有關社會成員間關係的價值觀、有關人類環境的價值觀以及有關自我的價值觀。

　　1. 有關社會成員間關係的價值觀

　　這一類價值觀反應的是社會對於個體之間、個體與群體之間以及群體與群體之間應如何相處或建立何種關係的基本看法。這些看法對消費者的行為會產生重大的影響。

　　在自己與他人之間的關係上，有的文化強調個人利益和自我滿足，有的強調社會利益和滿足他人方面。

　　在個人與集體關係上，有的文化強調的是團隊協作和集體行動，並且往往把成功的榮譽和獎勵歸於集體而不是個人；相反，有的文化強調的是個人成就和個人價值，榮譽和獎勵常常被授予個人而不是集體。

在成人與孩子關係上，有的文化是圍繞孩子的需要而不是成人的需要。

在青年、老年關係上，有的文化強調榮譽、地位、重要的社會職務都屬於老年人；有的文化則可能強調它們屬於年輕人。

在男女關係上，在具有不同文化的社會，男人與女人的社會地位可能存在很大差異。

在競爭與協作關係上，有的文化崇尚競爭，信奉「優勝劣汰」的自然法則，有的文化則傾向通過協作取得成功。

關於浪漫主義，在法國、美國等許多國家中，浪漫主義的廣告主題容易獲得成功，而在婚姻由父母包辦，青年人沒有戀愛、擇偶自由的社會文化中，浪漫主義主題的廣告容易遭受冷落。

2. 有關環境的價值觀

這類價值觀反應的是一個社會對其經濟、技術和物質環境之間相互關係的看法。

在個人成就與出身關係上，有的文化注重個人成就取向，機會、報酬和具有較高榮譽的社會職位會更多地提供給那些個人表現和成就突出的人。有的文化重視家庭出生和家庭背景，個人的機會往往取決於他的家庭、家庭的社會地位及其所屬的社會階層。

在傳統與變革關係上，有的文化非常重視傳統，有的文化則比較接受變革，允許人們打破傳統，建立新的模式。在重視和維護傳統的社會裡，新產品往往受到人們的抵制。

在風險與安全關係上，有的社會文化具有很強的冒險精神，勇於冒險的人受到社會的普通尊敬；另一些文化則可能具有很強的逃避風險的傾向，把從事冒險事業的人看作是十分愚蠢的。

在樂觀與悲觀關係上，有的文化注重用信心去克服困難和災難，而有的文化注重聽天由命，採取宿命論的態度。當宿命論者購買到不滿意的產品或服務時，一般都不會提出正式的抱怨。

在有關清潔的價值觀上，發達工業社會與落后的農業社會之間具有明顯的差異。在一個重視清潔衛生和環境保護的社會，人們對清潔衛生產品或服務存在大量的需求。

關於自然的價值觀，一些人覺得他們受到自然的奴役，另一些人認為他們與自然之間是和諧的，還有些人認為他們能夠徵服自然。

3. 有關自我的價值觀

有關自我的價值觀反應的是社會各成員的理想生活目標及其實現途徑。這些價值觀對消費者和企業的市場行銷都具有重要的影響。例如，在一些及時行樂的社會裡，消費者信貸有著巨大的市場；而在一個崇尚節儉的社會裡，消費者信貸的推行將是艱難和緩慢的。

在動與靜上，不同的社會文化會導致人們對待各種社會活動有不同態度，並且形成不同的「好動」或「好靜」傾向。

在物質與非物質主義的價值觀上，有的社會文化奉行極端的物質主義，廣告訴求一般強調產品能給購買者帶來物質利益和效用。有的社會文化更加強調非物質的內容，

行銷者做廣告時如果注意消費者的精神方面的需求如宗教信仰、民族氣節與自尊等，可能更為有效。

在工作與休閒關係上，有的文化使人們較傾向於在工作中獲得自我滿足，有的文化則使人們在基本的經濟需求滿足后傾向於更多地選擇休閒。

在現在與未來關係上，為今天而活還是為明天而活，這對於企業的促銷和分銷策略，鼓勵消費者儲蓄或使用消費信貸，都具有重要意義。

在慾望與節制關係上，社會文化的差異體現在是傾向於自我放縱、無節制，還是傾向於克制自己、節制慾望等方面。

在幽默與嚴肅關係上，社會文化的差異體現在幽默在多大程度上被接受和欣賞，以及什麼才算是幽默等方面。

(三) 中國文化的特點及對消費者購買行為的影響

1. 中國文化的特點

中國文化是中華民族在東亞這片廣袤的土地上創造的一種獨特文化，它深刻影響著中國人的消費模式和消費習慣。中國文化有強大的生命力和凝聚力，具體體現在文化心理的自我認同和超越地域、國界的文化群體歸屬感方面。中國文化具有多樣性與異質性，不同地理區域的人們形成了不同的生活方式、思想觀念和風俗習慣。安土樂天的文化心態，以人為本的人本主義，尊老崇古的傳統觀念，重整體、倡協同的文化內核，構成了中國文化的特質。

概念運用：中國人的三種文化特徵與消費

● 中國人的面子文化與面子消費

「人要臉樹要皮」，為人處世，面子不是個小問題。林語堂先生在《臉與法治》一文中說：中國人的臉，不但可以選，可以刮，並且可以丟，可以賞，可以爭，可以留。面子消費帶來的是中國人的攀比消費（你有我也有，而且要更好）、炫耀消費（高檔消費品甚至奢侈品的消費有目共睹）和象徵消費（看重品牌消費）。

● 中國人的關係文化與關係消費

中國人講究人情，一個人在社會上沒有點關係是萬萬不能的。為維護人情和關係，而產生的關係消費、公關消費及公款消費是消費的重要領域。人情消費占中國人的消費支出的比例較大，送禮文化特別昌盛，逢年過節、婚喪嫁娶、生日壽辰、升官遷徙，凡此種種，親朋好友、街坊鄰居無不親臨，孕育了巨大的消費市場。

● 中國人的根文化與根消費

中國人的根情結強烈而持久，香火、宗族意識、裙帶關係、鄉土情結表現非常明顯。這便衍生出中國人獨特的根消費，主要表現在：教育消費（看重下一代）、祭祖消費（對祖先的哀思）、儀式消費（婚禮、葬禮、滿月酒、壽宴、拜師宴、謝師宴等）、節慶消費（春節、端午節、中秋節等傳統節日）、房地產消費（家族傳承的象徵）等。

（資料來源：盧泰宏，等. 消費者行為學——中國消費者透視 [M]. 北京：高等教育出版社，2005.）

2. 中國文化對消費者購買行為的影響

文化作為企業重要的宏觀環境因素，對消費者行為，進而對企業行銷的影響廣泛而深遠。文化的各個要素，如價值觀、規範、習俗、物質文化等，對消費者行為都具有一定的影響。

（1）認識問題階段

認識問題即消費者察覺到了需要解決的問題，產生了對產品的需要，這是購買決策的起點。在不同社會文化背景下，有的需要被肯定和強化，有的需要則被貶抑和壓抑。例如，中國人在「君子謀道不謀食」傳統觀念的影響下，個人的物質慾望和生理需要往往受到壓抑，「知足常樂」「節欲有度」「居安思危」的生活觀和人生觀得到提倡和鼓勵。傳統宗法觀念和知恩圖報的觀念使人情消費非常突出。在勤儉節約觀念的影響和支配下，消費者的需求，特別是高檔奢侈產品和服務的需求及其增長相對受限制，在購買中也會更多重視產品和服務的實際效用和價值，避免盲目攀比和鋪張浪費。

文化價值觀也反應在人們對各種外在刺激（廣告、櫥窗陳列等）的態度上。中國素以禮儀之邦著稱，以性為主題的廣告對於消費者來說不僅不會引起需要和慾望，反而會激發他們的反感。

（2）信息收集

一般來說，消費者的信息來源主要有四個途徑：個人來源、商業來源、大眾來源和經驗來源。其中，商業來源告訴消費者信息，而非商業來源則對這些信息起驗證和評價作用，非商業來源往往是購買行為的最終決定因素。如果文化背景不同，人們對各種信息來源的依賴和信任程度將會不同。中國的消費者對待商業信息更加謹慎，更容易相信和接受非商業來源信息，更依賴於口頭傳播的信息。

此外，符合特定社會的文化價值觀的廣告內容也更容易引起目標受眾的關注，並激發他們的興趣和購買慾望。例如，中國人一般具有很強的家庭觀念，因此，許多廣告便出現了以幸福的家庭生活為背景的廣告訴求。

（3）判斷選擇

消費者通過信息收集，獲得大量的屬於同類產品的各種不同品牌的信息，在對這些品牌進行評價和選擇的過程中，會受到文化價值觀的影響和制約。一個人的文化價值觀會影響他的生活方式、社會活動、媒體習慣、個人興趣等，這些因素又會進一步影響他所可能熟知的品牌，從而形成不同的熟知品牌組。

文化價值觀同樣也會影響消費者所考慮以及重點考慮的品牌。在中國，一些具有崇洋崇名傾向的消費者，或者較為強調社會身分地位和聲望的消費者，在許多產品的購買中往往只考慮進口品牌或知名品牌，對其他品牌的價值常常做出不公正的評價。而一些崇尚節儉的消費者，則往往重點考慮價格較低的品牌，對高檔定位的品牌不重視或不感興趣，沒有關於這些品牌的太多知識。

由於中國文化傳統注重群體效應的意識，消費者一般傾向於具有較高的品牌忠誠度和企業忠誠度。他們往往只選擇已贏得其信任的企業和品牌，並且通常只光顧少數幾家零售商店。他們樂於購買熟人推薦的產品或品牌。在中國人看來，市場上佔有較高市場份額的品牌是得到了大多數人認可的，占統治地位的品牌是最好的，人們不應

該懷疑它。這種群體傾向引導了消費者消費觀念的形成,並為品牌忠誠提供了暗示作用,從而確保了主導品牌的生存。

(4) 購買決策階段

經過評價後,消費者會產生一定的購買意圖。文化價值觀在這時也會產生一定的影響作用。中國文化強調群體意識,要求個人服從整體,這一文化特點在消費者購買決策中有多重體現:在購買決策方式上,人們往往以集體為單位進行決策,如家庭成員的大部分收入都集中起來統籌安排,在具體購買決策中,特別是單筆支出的較大的購買決策,還需要家庭成員的集體討論。在產品和品牌選擇上,人們較少標新立異,強調與他人保持一致。在購買決策的最后確定上,特別是在購買一些社會意義較強的產品如汽車、服裝等的時候,他人態度具有重要甚至決定性的影響。

另外,中國文化強調「存天理,滅人欲」的理性優先的價值原則,因此,在家庭和個人消費中強調節欲勤儉,主張精打細算、量入為出,反對奢侈浪費,更反對及時行樂的生活態度,從而使收入變化對購買決策具有迅速和直接的影響。當收入減少時,消費者會很快節省開支,先前開支額較大而又非必需的購買意圖將被最先取消或者被暫時擱置起來。

(5) 購后評價階段

文化價值觀也影響著消費者購后的評價和購后行為,如重複購買、退換貨、投訴和抱怨,以及產品的處置等。中國的消費者在遇到不滿意的購買或者感到自己的權益受到商家的侵害時,一部分消費者會通過投訴向商家提出正式抱怨,少部分人也會用訴諸法律的途徑獲得權益的保障,但大多數消費者會忍氣吞聲,最多只是向朋友、同事、鄰居或其他熟人傾訴不滿,因嫌麻煩而放棄投訴,這就是「和為貴」「息事寧人」「多一事不如少一事」的傳統思想的影響。

對產品和包裝的處置上,中國消費者在「節儉」的思想觀念的影響下,直接扔掉顯得太浪費,同時受「輕利重義」的傳統思想的影響,用於交換、出租、出借的市場行為也較少,因此,大多數喜歡採取保留、出售的方式,而且出售多以賣廢品的方式進行,而不是像西方國家的通過「跳蚤市場」「二手貨市場」來處理。

三、文化意義的傳遞與消費

(一) 文化習得的基本工具

不管是學習本土的文化,或是學習外來的文化,人們在文化的學習上經常使用的工具都包括語言、神話、符號與儀式。

1. 語言

語言是最基本的文化學習工具。行銷人員必須正確理解語言的正式內涵,才能將產品介紹給一些不同文化下的消費者。

概念運用:產品或品牌命名中的語言文化差異

美國可口可樂有一款 SPRITE 飲料,其 SPRITE 品牌名翻譯成漢語是「魔鬼」「妖精」。為了適應中國市場,可口可樂公司將其譯為「雪碧」,並以此作為它在中國使用

的品牌名。「雪碧」在漢語中有純潔、清涼的含義，與其產品的功效高度一致，深受消費者的喜愛。

「紅豆」牌服裝出口國外市場時沒有被直譯為「REDSEED」，而是翻譯為「LOVE-SEED」——「愛的種子」。也就是說，中國品牌的國際名稱也必須符合一些消費者對西方文化和生活方式的追求心理，迎合普遍存在的外國產品的科技含量比國產產品高的觀念。如「雅戈爾 YOUNGOR」「海信 HISENSE」等，也是為了適應消費者這樣的心理和觀念。

安施德工業集團原有的名字為英文名 Amsted，進軍中國市場就需要一個響亮得體的中文名字。首字母為 A 的品牌及企業如 Abbott（雅培）、Armani（阿瑪尼）、Adidas（阿迪達斯）等首字為「雅」「阿」，而 Amsted 屬於重工業，需要帶給目標市場安全可靠的感覺，所以該公司就選用了極具結構對稱美的「安」字作為首字，進而引出「安全施工」的理念。最后，為了在名稱中表達除企業屬性特點以外提升企業形象的東西——企業的社會責任，於是聲調上揚作為名稱重音的「德」字就成為名稱的尾字。

如果不考慮中西文化的差異而把 Amsted 直譯為「阿姆斯特德」不僅平淡，而且會讓中國消費者不知所雲，而安施德就非常成功，不僅大致保留了原來的發音，還體現了重工業的行業屬性，更重要的是風格東西結合，符合華人的文化習慣，適合中國市場。

2. 符號

符號（Symbles）是指具有代表某些文化意涵的任何事物，往往具有象徵意義，例如「奔馳」對某些人可能是身分地位的象徵。個人由於自身知識和經驗等的不同，對符號的理解有差異。例如，珠光寶氣對於某些人可能意味著美感與高貴，但對於另外一些人則可能代表著俗氣與低品位。

由於人腦具有處理符號的功能，因此人類具有象徵性學習的能力，象徵能夠幫助人們以最小的努力迅速地進行複雜思想的溝通。例如，中國人用紅豆代表相思，用白鴿代表和平。如在美國，鷹象徵著強大、勇敢、愛國精神，希望樹立這種形象的公司可以在它們的廣告或包裝上使用鷹的標誌。

為實現與目標市場的溝通，行銷者必須使用適當的符號傳達想要表現的產品形象和特徵。這些符號包括口頭的和非口頭的。口頭符號可能包括電視宣傳或廣播中的廣告，非口頭符號包括通過數字、顏色、圖形甚至質地來進一步表達的廣告、商標、包裝或產品設計的意義和內涵。消費者必須處理符號來萃取其含義。特別要注意的是，一個符號可能具有若干意義甚至是矛盾的意義，因此，行銷者在使用符號時必須明確究竟該符號在向目標受眾傳遞什麼信息。

3. 神話

神話（Myth）是指包括象徵性元素的故事，這些元素代表文化中共同的情感和思想。故事通常敘述一些對立勢力的衝突，其結局就構成人們的道德指南，這樣，神話故事給消費者提供了處世指引。每個社會都有一系列神話故事來詳細闡明文化內涵，表達一個社會關鍵的價值取向和思想觀念。神話故事在現代流行文化的許多方面都有所體現，包括連環漫畫、電影、節日和商業廣告。神話的存在對於市場行銷者非常重

要。各種虛構的神話如007、喜洋洋與灰太狼,創造了巨大的市場,行銷者要善於虛構神話。

4. 儀式

儀式(Ritual)是指一種由一系列步驟(多種行為)組成的具有象徵意義的活動,該步驟以固定順序出現並且隨時間重複出現。現實生活中,儀式伴隨著人類生命從出生到死亡,例如生日、畢業典禮、婚禮、新年、結婚紀念日、升遷、退休等。這些儀式可能是公開的也可能是私人的。儀式往往有一定的步驟,而且可以重複不斷的發生。

典型的儀式包括四個因素:象徵物、儀式腳本、扮演角色以及觀眾。象徵物(Ritual Artifact,也叫儀式器物)是指那些舉行儀式所必需的、可用來強化儀式內涵的產品,如婚禮上的戒指、生日蛋糕、中秋節的月餅等,有些象徵物是依風俗習慣自然形成的,但有的象徵物是行銷人員所創造出來的,如情人節要送巧克力,而且隨著時間的推移和行銷人員的努力,很多儀式的象徵物也會發生變化。儀式腳本(Ritual Script)用來描述儀式的相關事宜,確定需要使用的象徵物、使用程序以及使用者等,如畢業典禮程序、婚禮程序等。在儀式中,由各種相關人員扮演一定的角色(Performance Roles)。當然,儀式也需要很多觀禮的人,他們扮演觀眾(Audience)。沒有觀眾,儀式也沒有意義。

常見的儀式包括修飾儀式、送禮儀式、節日儀式、佔有儀式和剝奪儀式。

(1) 修飾儀式

修飾儀式指一個人如何從私下的自我轉變成公共的自我,以及由公共自我轉變回私下的自我的一連串行為。修飾儀式中表現出來的二元對立是私下/公開和工作/休閒,許多美容化妝產品、服裝配飾、瘦身服務都是以協助消費者修飾儀式的成功來作為訴求的。

(2) 送禮儀式

送禮儀式中,消費者取得理想的物品(象徵物),將其除去價格標籤,並仔細包裝(象徵性地將普通商品轉變為獨特的禮品),然后把它送給接收者。禮品的形式可以是從商店購得的物品、自製物品或者服務,也可以是點播一首歌曲、一起打網路游戲。

(3) 節日儀式

節日儀式中,人們離開日常的生活來進行一些與節假日有關的儀式活動。借助於行銷人員的行銷活動,節假日被賦予了更多的儀式活動和儀式象徵物。如情人節,經過行銷人員的大力推廣,變成未婚男女一個表達彼此愛意與仰慕的重要節日。

(4) 佔有儀式和剝奪儀式

佔有儀式包括一個人用來宣稱、展示以及保護其所佔有物的一些行動。例如人們搬入新家時的宴請、開業時放鞭炮等。剝奪儀式包括一個人用來清除其先前所佔有物意義的一些行動。如人們在搬離舊房或退休時,仔細看一遍屋子,對工作場所做最后的巡禮,就是典型的剝奪儀式。

(二) 消費中文化意義的傳遞

1. 文化意義轉移模型

文化的意義是如何通過消費品傳遞給消費者的呢?麥克拉肯(McCracken, 1986)

提出了一套模型來說明文化與消費的關係，如圖 10.1 所示。從這個模型我們可以看到，文化的意義通過廣告系統、流行系統凝聚在消費品上，再通過儀式傳遞給單個消費者。

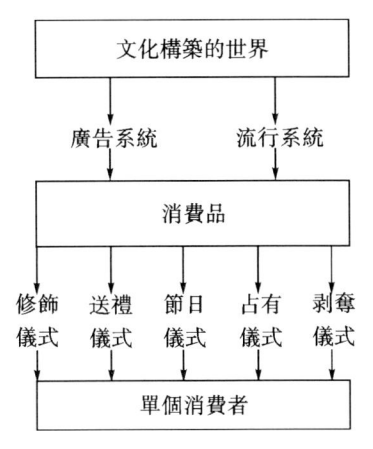

```
        ┌─────────────────┐
        │  文化構築的世界  │
        └─────────────────┘
          │             │
        廣告系統      流行系統
          │             │
        ┌─────────────────┐
        │     消費品      │
        └─────────────────┘
         │    │    │    │
        修飾  送禮 節日 占有 剝奪
        儀式  儀式 儀式 儀式 儀式
         │    │    │    │
        ┌─────────────────┐
        │   單個消費者    │
        └─────────────────┘
```

圖 10.1　文化意義轉移模型

首先，文化所構築的世界規定著社會的價值取向、風俗習慣、行為規範，形成指示人們如何行動的藍圖，通過廣告系統和流行系統將文化的信念與價值等加諸消費品上。

廣告系統是將文化所構築的世界與消費品兩者加以聯結的渠道，通過此渠道，廠商將含義注入產品。如動感地帶使用「我的地盤我做主」作為廣告主題，目標就是要把這一品牌打造成渴望自由獨立、無拘無束的形象。通過這一定位過程，文化的意義就傳遞到了產品身上。

流行系統是指一群較廣泛且具滲透力的傳播媒介，包括雜誌、報紙、意見領袖等。消費者往往經由流行系統來取得最新的流行信息以避免自己落伍。通過流行系統，文化的信念與價值觀也被賦予在產品身上。

消費品經由廣告系統和流行系統被賦予文化上的意義后，再通過各種儀式傳達給個別消費者。因為個別消費者會經歷這些儀式，通過這些儀式的運作，消費品與個別消費者聯結起來。

2. 手段—目的鏈模型

文化價值觀是如何影響特定消費決策問題呢？圖 10.2 描述了從終極價值觀到特定領域價值觀再到商品屬性評價的順序。

```
               個人的信仰體系
    ┌──────────┐ ┌──────────┐ ┌──────────┐
    │ 終極價值觀│ │特定領域價值觀│ │商品屬性評價│
    │ (幾十個) │ │ (幾百個) │ │ (幾千個) │
    └──────────┘ └──────────┘ └──────────┘
     中心端                        外圍端
    ────────────────────────────────────▶
              中心—外圍連續性
```

圖 10.2　價值觀—信仰體系的結構

終極價值觀是人們對所要求的狀態的持久的信仰，特定領域價值觀是人們對更為具體的消費活動的看法。如，廠商應該提供及時的服務，保證產品質量，幫助消除環境污染，要誠實可靠等。消費者對商品屬性的評價是對單個商品更具體的看法，如雪佛萊汽車操作性、維修服務等。

持不同終極價值觀的人，他們的特定領域價值觀和商品評價也不同。個人終極價值觀的不同解釋了消費者對商品偏好的明顯不同。例如，終極價值觀強調邏輯、刺激和自尊的人，比較偏好小型汽車和戶外娛樂，而終極價值觀強調國家安全和拯救的人更喜歡標準型汽車和電視機。

手段—目的鏈模型確定了消費者對特定產品特點的要求與抽象的概念之間的聯繫。如一個人想要買裝有小型高效發動機的汽車，這是基於三個好處做出的決策：節省燃料、購買和養護成本低、保護環境。這些好處導出一種節儉的生活方式，這種生活方式又導出終極價值觀——乾淨的環境。總之，購買裝有小型發動機的車子，是達到乾淨環境這一最終狀態的一種方法。探測並確定手段（也就是商品特點）與終極價值觀之間的聯繫的過程叫作階梯過程。

3. 產品的意義

消費者選擇產品是由許多價值和意義決定的。大多數消費產品、服務具有多重意義，這些意義或者是公開的，或者是隱蔽的，並且有多種來源。

（1）效用意義（Utilitarian Meanings）

效用意義又稱功能意義，是指消費者感知到的關於產品功能完好的功能性、有用性。功能價值是產品的功能或物理屬性，通常這些屬性與性能、可靠性、耐用性、產品特徵等有關。效用意義對於消費者選擇產品種類或品牌非常重要。行銷者在產品宣傳中，一般應找準消費者所看重的功能性或效用性主題。

（2）享樂意義（Hedonic Meanings）

享樂意義是指產品具有的特別感情或感覺。產品、服務的價值同時也是基於享樂或美學的價值。當產品與某種具體的情感相聯繫或產品引發並維持某種情感，產品就具有享樂意義。如去遊樂園玩的興奮感是由快樂與喚醒兩部分組成的。

音樂、藝術和宗教器物以及消費者消費它們都與情感價值和享樂意義有關。這些產品也可能代表過去的時代和其他重要的事情。那些影響自我形象的產品，如衣服、化妝品、整容手術、健康食品、文身以及其他在公眾場合展示的產品，也有著享樂的意義。

（3）社會意義（Social Meanings）

產品的社會意義是指產品所具有的傳達或改變社會關係的能力。社會價值對產品和品牌決策都有重大的影響，在社會關係和個人消費品之間有一種反射關係，產品能夠表明它們的消費者是誰以及它們在社會上與哪些人聯繫在一起。如賀年卡、服飾、打高爾夫球等就具有明顯的社會意義。

（4）神聖與世俗意義（Sacred and Secular Meanings）

神聖消費（Sacred Consumption）是將物品或事件由正常活動中抽離出來，並賦予某種程度的尊敬與畏懼。神聖消費不一定與宗教相關。例如，收藏品對於收藏者來說就是一種神聖不可侵犯的物品。神聖消費除了表現在實體商品上，也表現為針對特定

地點（如宗教聖地、名人故居）、人物（如邁克爾·杰克遜以及他的歌迷）與事件（如「神六」登天）等的消費。而世俗消費（Secular Consumption or Profane Consumption）則是指對於日常普通而不具任何特殊意義的物品、事件或地點的消費。世俗消費並非指低賤、不入流的消費，而是指與具有神聖色彩的神聖消費相對立的消費。

根據神聖消費和世俗消費的概念，在產品中存在著兩種現象——神格化（Sacralization）與除神化（Desacralization）。

神格化是將原本是一般性的物品、事件與人物賦予某一文化或某一特定群體的神聖色彩。神格化有兩種方式：一是收藏（Collecting），只要物品被收藏，該物品對於收藏者而言就具有獨特的神聖價值；二是暈染（Contamination），當物品沾染上某些神聖的事件或神聖的人物，其本身也變得神聖，如北京奧運聖火傳遞使用過的火炬或邁克爾·喬丹穿過的球鞋。

除神化則是將先前被視為神聖的物品、人物轉變為普通的物品或人物，如將佛像制成飾品，在失戀后將原先的愛情信物、共有物品丟棄、放棄等。

本章小結

經濟因素直接影響消費者行為的最終實現以及實現的程度。對於大多數人來說，收入是其消費或支出的主要來源。收入影響消費者的需求結構，不同收入人群的消費行為特點也不同。除收入外，財產和信貸也與消費者行為緊密相關。

文化作為一種無形的力量，以潛移默化的方式引領、指導消費者行為。在消費者行為研究中，文化被定義為一定社會經過學習獲得的、用以指導消費者行為的信念、價值觀和習俗的總和。每一種文化都存在著多種亞文化，在同一亞文化群體內部，人們的態度、價值觀和購買決策要更加相似。

對消費者行為影響最深刻的是文化價值觀。文化價值觀可分為終極價值觀和工具性價值觀兩個種類。在不同的價值觀指導下，消費者的行為是不同的。中國文化有其自身的一系列特點和孕育這些特點的核心價值觀，這在消費者購買的各個階段都有所體現。

在文化的學習上經常使用的工具包括語言、符號、神話與儀式。在文化意義如何通過消費進行傳遞方面，主要有文化意義傳遞模型、手段—目的鏈模型這兩種模型。大多數消費產品、服務具有多重意義，包括效用意義、享樂意義、社會意義和神聖與世俗意義。

關鍵概念

收入　文化　亞文化　價值觀　神話　儀式　文化意義傳遞模型
手段—目的鏈模型

復習題

1. 消費者的收入由哪些構成？收入的測量對行銷有何意義？
2. 不同收入人群消費行為特點有何不同？結合現實行銷活動舉例說明。
3. 什麼是文化？按民族、地理進行亞文化分類，消費者行為有何差異？結合現實行銷活動舉例說明。
4. 諾克奇將價值觀區分為哪兩種？對於行銷有何意義？
5. 與消費者行為有關的文化價值觀主要有哪些？結合現實行銷活動舉例說明。
6. 中國文化對消費者購買行為的影響表現在哪些方面？結合現實行銷活動舉例說明。
7. 文化習得的基本工具有哪些？在行銷上如何運用？
8. 什麼是儀式？典型的儀式包括哪四個要素？常見的儀式有哪些？
9. 闡述文化意義轉移模型，指出其對行銷的意義。
10. 闡述手段—目的鏈模型，並結合現實行銷活動舉例說明。
11. 產品具備哪些意義？在行銷中如何運用？

實訓題

項目 10-1　廣告中的價值觀研究

針對選定產品類別，每組成員各自找出一個平面廣告或電視廣告，運用諾克奇價值量表分析其中蘊含的價值觀，並用手段—目的鏈模型解釋分析，提交研究報告。

項目 10-2　產品意義研究

針對選定產品類別，每組成員對該產品類別的效用意義、享樂意義、社會意義、神聖意義或世俗意義進行研究，並提出行銷建議。

案例分析

寶馬（BMW）的 Ctrl Z Day：沒有熱點，那就創造熱點

你聽說過「Ctrl Z Day」嗎？Ctrl＋Z 意味著電腦上的撤銷動作，據說 7 月的第二個星期五就是 Ctrl Z Day——「世界後悔日」。於是，以微博為主要根據地，網友們各種傾訴自己後悔和想要重來的往事。可是，如果你真以為「世界後悔日」是如網路傳言那樣來源於歐美，那你就錯了，因為在此之前歐美根本不曾有過這個節日。所謂「Ctrl Z Day」，其實是寶馬為了新 BMW Z4 上市做的一次事件行銷。

7 月 8 日，BMW 開始通過一些行銷大號，在微博上傳播普及 Ctrl Z Day 的來源以及其作用，讓大量的網民對其開始有一定的瞭解。他們將 Ctrl Z Day 的背景設置為「流傳於美國的娛樂性節日」「歐美青年這一天在社交網路上吐槽自己的故事」，從這一天開

始，網友對 Ctrl Z Day 的興趣和期待值被漸漸引發。

很快，傳說中「七月的第二個星期五」到了。7 月 12 日，也就是設定的 Ctrl Z Day 當天，寶馬與關鍵意見領袖（KOL）合作，集體製造了「Ctrl Z Day」熱門話題，其資源範圍之廣令人咋舌：搞笑類、體育類、新聞類、旅遊類、音樂類微博紅人，通過心靈雞湯、時事熱點、詼諧幽默等各種各樣方式發表對於「世界後悔日」的感慨，並迅速引起了網民的轉發和跟風。

經過造勢，「世界後悔日」已經變為一個全民性的節日，網友過節的熱情空前高漲，爭先恐後地吐露心聲。甚至央視新聞、環球時報等也相繼被「騙」，開始主動發布關於 Ctrl Z Day 的相關內容。

而網友們對 Ctrl Z Day 的參與熱情，也被徹底激發出來。大量的網友爭相去說出自己的遺憾，有的是說給別人聽，而更多的，是說給自己聽。

儘管 Ctrl Z Day 火了，但絕大多數網民這時候仍然不知其中的真正奧秘。7 月 15 日，新 BMW Z4 發布當天，寶馬中國官微發布一條微博，告訴大家 BMW 對於 Ctrl Z 的理念：「與其懷念過去，不如憧憬未來，人生沒有 Ctrl Z，Control Z4 馭而無憾」。寶馬繼而利用汽車圈 KOL 轉發官微內容。於是，對汽車感興趣的網民首先明白過來：Ctrl Z Day 原來是一場 BMW 的行銷。

討論：

1. 運用手段—目的鏈模型解釋 BMW 此次行銷活動，BMW Z4 被賦予了什麼樣的產品意義？

2. 企業紛紛造節，為什麼能吸引消費者？企業應該如何造節才能成功？

第十一章　影響消費者行為的社會因素

本章學習目標

- ◆ 瞭解社會階層的含義、劃分方法
- ◆ 掌握不同社會階層消費者的行為差異
- ◆ 掌握參照群體的含義、影響方式
- ◆ 理解角色的含義及與消費者行為的關係
- ◆ 熟悉家庭生命週期各階段的消費行為特點

開篇故事

2015 中國精眾行銷報告

2015 年 5 月 15 日，國家廣告研究院在 2013 年和 2014 年發布趨勢報告的基礎上，聯合中國第一精眾行銷服務提供商——活躍傳媒集團，發布了《2014—2015 中國精眾行銷發展報告》（以下簡稱《報告》）。《報告》顯示，截止到 2014 年年底，中國城市精眾人群已達 9,290 萬人，占到中國城市人口的 12.4%。

《報告》是由國家廣告研究院與知萌諮詢機構等聯合發起的一項針對中國高品質消費人群的研究，已進行了 3 年。3 年以來，在精眾行銷理論指導下，國內外眾多知名品牌都在加大精眾行銷的力度，並在精眾人群聚集的健身會所等渠道進行了有創意和連續性的品牌推廣活動，典型的如寶馬、克萊斯勒、捷豹、路虎、東風本田、三星、聯合利華、蒙牛、脈動、達能碧悠等品牌。

精眾人群繼續引領大眾消費趨勢

《報告》顯示，2014 年度，中國精眾人群的個人平均月收入為 17,831.1 元，約為城市普通大眾平均月收入的 5 倍；家庭平均月收入為 30,293.3 元，約為城市普通大眾家庭平均月收入的 4 倍。同時，《報告》還測算了精眾人群在不同品類上的消費力，數據顯示，占據大眾 12.4% 的精眾人群，在汽車消費市場貢獻了 60.9% 的市場規模，在手機消費市場貢獻了 29.5% 的市場規模，在高端食品消費市場貢獻了 36.8% 的市場規模。

精眾人群的六大素描

精眾人群既包含成長於集體主義意識形態的「60 後」和「70 後」，也包含改革開放之後出生的以自我為軸心、成長於消費主義和互聯網時代的「80 後」和「90 後」。《報告》揭示了中國精眾人群有六個重要的肖像特徵：以「優悅生活」的理念安排自

己的生活；以「高感高知」的敏銳面對層出不窮的產品和品牌世界；以「社交控、意見帝」的身分去表達和影響身邊的人；以「盡享自我」的心態演繹豐富多元的興趣愛好；以「銳意恒進」的精神堅持自己的信仰，著眼於未來，並積極進取；以「熱心公益」的形象實踐對社會的點滴責任。

(1) 優悅生活。精眾人群的優悅生活不但是在消費領域注重品質，也願意為生活品質的不斷升級而投入金錢。精眾人群用「重品質，優生活」的生活觀念來指導消費，並用「優悅」的眼光去發現身邊的美好，創造美好，擁有美好，維護美好，並不斷追求，不斷完善、完美。例如，他們喝水關注水源地，喝牛奶關注保健功能，一日三餐注重有機生鮮和天然……隨著健康意識的增強以及消費多元化需求的推動，他們開始對吃吃喝喝的細節事無鉅細地關注，吃得更好、吃得更天然和原生態、吃得更有品位，都是精眾注重生活細節的典型表現，精眾在用行動構築自己的品質消費生活。

(2) 高感高知。精眾群體對各種市場趨勢及新產品信息有著極強的感知力，他們喜歡嘗試新的品牌；他們追求流行、時髦與新奇的東西；他們遇到新鮮和不同的事物時，都會感到興奮。精眾人群除了表現出這種高感性以外，還非常注重基於高感性而引發的高體驗，對於精眾來說，智能手環、新款手機、虛擬現實設備、空氣淨化器、智能手錶、4K 電視等都在他們的消費體驗範圍內。

(3) 社交控、意見帝。精眾人群都是社交控，他們的生活中有各種各樣的圈子，他們是各個圈子中的活躍分子，精眾人群不但參加圈子活動的頻次高，而且往往是活動的重要參與者甚至是組織者。調研數據顯示，平均每個精眾人群的社交圈為 12.8 個，對於精眾來說，親人圈、同學圈、同事圈、工作圈是標配，運動健身圈是他們聯繫相對緊密的圈子。精眾男性大多都有兒時小夥伴的圈子；精眾女性大多比較在意閨蜜，至於興趣愛好引發的圈子則相對分散，比較集中的有車友會、攝影圈；部分精眾人群為了提高自己的生活品位，還加入了紅酒會、電影鑑賞、藝術品鑑賞等特殊圈子。

(4) 盡享自我。精眾人群具有較好的經濟基礎，他們有能力在自己的興趣愛好領域投入更多的時間和金錢。他們能夠在自己的愛好中成為「專家」，並能影響和維護相同興趣愛好的人。對於精眾人群來說，足球、美妝、自拍、騎行、釣魚、茶道等愛好都是對人生的豐富和支持。

(5) 銳意恒進。精眾人群有韌性、恒心和毅力，碰到困難的時候他們不逃避，他們往往是在困難中能堅持到最后的那個人。精眾人群的堅持不只是在事業上，在生活上他們認為信仰很重要，做任何事都會有原則，並堅守自己的底線，著眼於未來，積極進取，樂觀向上。

(6) 熱心公益。精眾人群喜奉獻，愛社會，他們有著深刻的社會責任感，很多精眾都積極參與多種公益活動回報社會，給社會帶來正能量。

(資料來源：肖明超. 2015 中國精眾行銷報告［J］. 銷售與市場：管理版，2015（7）.)

第一節 社會階層與消費者行為

一、社會階層概述

(一) 社會階層的含義

社會階層（Social Class）是由具有相同或類似社會地位的社會成員組成的相對持久的群體。每一個個體都會在社會中占據一定的位置，有的人占據非常顯赫的位置，有的則占據一般的或較低的位置。這種社會地位的差別，使社會成員分成高低有序的層次或階層。產生社會階層的最直接原因是個體獲取社會資源的能力和機會的差別。所謂社會資源，是指人們所能佔有的經濟利益、政治權利、職業聲望、生活質量、知識技能以及各種能夠發揮能力的機會和可能性，也就是能夠幫助人們滿足社會需求、獲取社會利益的各種社會條件。

(二) 社會階層的特徵

1. 社會階層展示一定的社會地位

一個人的社會階層和他的特定社會地位相聯繫。處於較高社會階層的人，必定擁有較多的社會資源，在社會生活中具有較高的社會地位。由於決定社會地位的很多因素如收入、財富不一定是可見的，因此人們需要通過一定的符號將這些不可見的成分有形化，如通過購買珠寶、名牌服裝等奢侈品或從事打高爾夫球、滑雪等活動顯示自己的身分和地位。

2. 社會階層的多維性

社會階層並不單純由某一個變量如收入或職業所決定，而由包括這些變量在內的多個因素共同決定。決定社會階層的因素有經濟、政治和社會層面的因素。

3. 社會階層的層級性

從最低的社會地位到最高的社會地位，社會形成了一個地位連續體。社會階層的每一個成員不管願意與否，都處於社會地位連續體的某一個位置。那些處於較高位置的人被歸於較高層級，反之被歸入較低層級，由此形成高低有序的社會層級結構。

4. 社會階層對行為的限定性

大多數人在和自己處於類似水平和層次的人交往時會感到很自在，而在與自己處於不同層次的人交往時會感到拘謹甚至不安。這樣，社會交往較多發生在同一社會階層之內，而不是不同社會階層之間。同一社會階層成員有更多互動，會強化共有規範與價值觀，從而使階層內成員間的相互影響增強。不同階層之間較少互動，會限制產品、廣告和其他行銷信息在不同階層人員之間的流動，使得彼此的行為呈現更多差異性。

5. 社會階層的同質性

同一社會階層的社會成員在價值觀和行為模式上具有共同點和類似性。這種同質性很大程度上是由他們共同的社會經濟地位所決定的，同時也和他們彼此之間更頻繁

的互動有關。對行銷者來說，同質意味著處於同一社會階層的消費者會訂閱相同或類似的報紙，觀看類似的電視節目，購買類似的產品，到類似的商店購物，這為企業根據社會階層進行市場細分提供了依據和基礎。

6. 社會階層的動態性

隨著時間的推移，同一個個體所處的社會階層會發生變化，從原來所處的階層躍升到更高的階層，或從原來所處的階層跌入較低的階層。越是開放的社會，階層的動態性表現得越明顯；越是封閉的社會，社會成員進入另一個階層的機會就越小。

(三) 社會階層的決定因素

吉爾伯特和卡爾將決定社會階層的因素分為三類：經濟變量、社會變量和政治變量。經濟變量包括職業、收入和財富，社會變量包括個人聲望、社會聯繫和社會化，政治變量則包括權利、階層意識和流動性。

二、社會階層的劃分與演變

(一) 社會階層的劃分

1. 單一指標法

單一指標法是指從一個社會經濟變量來評定社會成員所處的階層。常用的指標是教育、職業、收入。

（1）教育

教育是提高社會地位的主要途徑，也是評價社會地位的一項重要指標。一個人的受教育程度直接影響著他的能力、知識、技術、價值觀、審美觀等，而且隨著社會的發展，它在劃分社會階層中所起的作用越來越大。在一般情況下，一個人所受的教育程度越高，他的社會地位就越高。

（2）職業

在大多數消費者研究中，職業被視為表明一個人所處社會階層的最重要的單一性指標。一個人的工作會極大地影響他的生活方式，並賦予他相應的聲望和榮譽，因此職業提供了個體所處社會階層的很多線索。不同職業的人消費差異是很大的。比如，藍領工人的食物支出占收入的比重較大，而經理、醫生、律師等專業人員則將收入的較大部分用於在外用餐、購置衣服和接受各種服務上。

（3）收入

傳統上，收入是劃分社會地位和社會階層的常用指標。一方面，收入高低與個體所處社會階層有著較密切的聯繫；另一方面，收入是維持一定生活方式的前提條件。收入不僅制約著人們的購買能力，而且也影響人們對工作、休閒和購物等活動的看法。但是收入作為衡量社會階層的基本指標也存在一定的局限，一位商店老闆可能擁有比公務員更高的收入，但是卻屬於更低層次的階層。

2. 綜合指標法

綜合指標法綜合多個社會經濟因素從不同側面對社會階層進行測量。綜合指標法比單一指標法能更好地反應社會階層的複雜性。劃分社會階層的綜合方法很多，我們

重點介紹科爾曼地位指數法、霍林舍社會地位指數法。

(1) 科爾曼地位指數法

這一方法由社會研究公司（Social Research, Inc.）於20世紀60年代提出，並在消費者研究中得到廣泛運用。該方法從職業、教育、居住的區域、家庭收入四個方面綜合評估消費者所屬的階層。表11.1列示了運用該方法時所常用的問題和格式。在計算總分時，職業分被雙倍計入，這樣，一個人的最高分可達到53分。另外，如果被訪問者尚未成家，則在計算他的總分時，教育和職業兩項得分均雙倍計入總分。對於戶主在35～64歲，以男性為主導的已婚家庭，其綜合得分如果在37～53分，則為上等階層，得分在24～36分為中等階層，得分在13～23分為勞動階層，得分在4～12分為下等階層。根據科爾曼地位指數法，科爾曼（Coleman）和雷茵沃特（Rainwater）將美國消費者分為上層（14%）、中層（70%）和下層（16%），每一階層又被進一步細分，總共形成七個生活方式存在差別的群體。表11.2顯示的便是這七個群體及相應的社會經濟狀況。

表11.1　　　　　　　　科爾曼地位指數法中的變量及評分標準

教育	（被訪問者）	（被訪問者配偶）
8年（含8年）以下初等教育	1	1
高中肄業（9～10年）	2	2
高中畢業（12年）	3	3
1年高中后學習	4	4
2年或3年制大專	5	5
4年制本科畢業	6	6
碩士畢業或5年制大學	7	7
博士畢業或6～7年制專業學位	8	8
戶主的職業聲望（如果被訪問者已退休，詢問退休前的職業）		
長期失業者（以失業救濟金維生者、不熟練的零工）	0	
半熟練工、保管員、領取最低工資的工廠幫工和服務人員	1	
掌握一般技術的裝配工、卡車與公共汽車司機、警察與火警、配送工	2	
熟練工匠（如電工）、小承包商、工頭、低薪銷售職員、辦公室工人、郵局職員	3	
員工在2～4人之間的小業主、技術員、銷售人員、辦公室職員、一般薪水的公務員	4	
中層管理人員、教師、社會工作者、成就一般的專業人員	5	
中小公司的高層管理人員、雇員在10～20人的業主、中度成功的專業人員如牙醫	7	
大公司的高層管理人員、獲得巨大成功的專業人員（如名醫、名律師）、富有的企業業主	9	

表11.1(續)

居住區域		
平民區（社會救濟者和下層體力勞動者雜居）	1	
清一色勞動階層居住區，雖非平民區但房子較破敗	2	
主要是藍領，但也居住有一些辦公室職員的區域	3	
大部分是白領，也居住著一些收入較高的藍領的區域	4	
較好的白領區（沒有很多經理人員，但幾乎沒有藍領居住）	5	
專業人員和經理人員居住區	7	
富豪區	9	

年家庭收入			
5,000 美元以下	1	20,000~24,999 美元	5
5,000~9,999 美元	2	25,000~34,999 美元	6
10,000~14,999 美元	3	35,000~49,999 美元	7
15,000~19,999 美元	4	50,000 美元以上	8
總分：		估計的社會地位：	

表 11.2　　　　　　　　　科爾曼—雷茵沃特社會等級結構

上層美國人	
上上層（0.3%）	靠世襲而獲取財富、貴族頭銜的名副其實的社會名流
上中層（1.2%）	新興社會精英，來源於成功的專業人士、公司領導階層
上下層（12.5%）	正規大學畢業的管理人員和專業人員，以私人俱樂部、事業和藝術為生活方式的核心
中層美國人	
中產階層（32%）	擁有中等收入的白領及其藍領朋友，居住在「較好的城鎮地區」，努力做「合適的事情」
勞動階層（38%）	擁有中等收入的藍領工人，在收入、學歷和職位方面都領導著「勞動階層的生活方式」
下層美國人	
下上層（9%）	地位較低，但還不是最低的社會成員，靠自己工作而不是社會福利生活，生活標準略高於貧困線，行為方式「粗魯」「拙劣」
下下層（7%）	靠社會福利度日，貧困潦倒，經常處於失業狀態或工作又髒又累

　　科爾曼—雷茵沃特社會等級結構還對中產階層和勞動階層進行了區分。雖然中產階級和勞動階層同屬於中層社會，但這兩個群體在價值實現和職業上是有所區別的。《財富》雜誌曾對科爾曼和萊茵沃特所劃分的三個社會階層進行了調查，這三個群體分別是勞動階層、中產階層和上下階層，調查結果反應出這些群體之間在價值觀和消費者行為上存在明顯的差別。

（2）霍林舍社會地位指數法

霍林舍社會地位指數法是從職業和教育兩個層面綜合測量社會階層的一種方法。該方法在消費者行為研究中得到廣泛應用。表11.3列示了編製霍林舍社會地位指數的量表、項目權重、匯總計算公式及地位等級體系。必須指出，霍林舍地位指數是用來衡量、反應個人或家庭在某個社區或社會集團內部所處的社會地位的。某個變量上的高分有可能補償另一變量上的低分。例如，以下三人均被劃分為中層：①受過8年教育的成功的中型企業業主；②4年本科畢業的推銷員；③專科畢業的政府行政部門文職人員。同一社會，這三類型人的社會地位相差無幾。然而，他們的消費過程至少對部分商品的消費過程仍有可能有較大差異。由此說明，總體社會地位可能掩蓋某些地位因素與特定產品消費之間的有用聯繫。

表11.3　　　　　　　　　　霍林舍社會地位指數法

職業量表（權重為7）	
職業名稱	得分
大企業的高級主管、大企業業主、重要專業人員	1
業務經理、中型企業業主、次要專業人員	2
行政人員、小型企業業主、一般專業人員	3
職員、銷售員、技術員、小業主	4
技術性手工工人	5
操作工人、半技術性工人	6
無技能工人	7

教育量表（權重為4）	
學歷	得分
專業人員（文、理、工等方面的碩士、博士）	1
4年制大學本科（文、理、醫等方面的學士）	2
1～3年專科	3
高中畢業	4
上學10～11年（高中沒畢業）	5
上學7～9年	6
上學少於7年	7

社會地位分 = 職業分×7 + 教育分×4

社會地位等級體系

社會地位	分數區間（分）	在人口中的比重
上層	11～17	3%
中上層	18～31	8%
中層	32～47	22%
中下層	48～63	46%
下層	64～77	21%

(二) 社會階層的演變

產生社會階層的最直接原因是個體獲取社會資源的能力和機會的差別。社會階層具有一定穩定性但並非一成不變，個體可以通過教育、職業來改變自己所處的階層。

1. 向上流動（Upward Mobility）

向上流動是指個體從較低社會層次向較高社會層次轉變。一般來講，良好的教育、好的工作機會和成功的創業都能幫助個人從較低的社會階層上升到較高的社會階層。

2. 向下流動（Downward Mobility）

向下流動是指個體從較高社會層次向較低社會層次轉變。個人由於家庭破產或雖受到較高教育但是並未獲得好的職業的情況，通常都被視為社會階層的向下流動。

3. 社會階層的破碎（Social Class Fragmentation）

社會階層的破碎是指隨著經濟社會的發展，原本存在的社會階層失去其存在的基礎，階層成員分散到其他階層的社會狀況。例如，在國有企業改革過程中，有許多企業工人下崗，這些下崗工人部分失去生活來源，不得不需要社會救濟，階層向下流動。而也有部分通過自身創業和再就業，重新回到原來的社會階層甚至向上流動。

最新研究：當代中國社會階層結構

2002 年《當代中國社會階層研究報告》出版。該報告對當前中國社會階層變化做了總體分析，提出以職業分類為基礎，以組織資源、經濟資源和文化資源的佔有狀況為標準劃分出當代中國社會階層結構的基本形態，它由十個社會階層和五種社會地位等級組成（見圖 11.1）。

各社會階層及地位等級群體的高低等級排列，是依據其對三種資源的擁有量和其所擁有的資源的重要程度來決定的。組織資源是這三種資源中最具有決定性意義的資源，主要指依據國家政權組織和黨組織系統而擁有的對社會資源的支配能力；經濟資源主要是指對生產資料的所有權；文化（技術）資源是指社會所認可的知識和技能的擁有。

資料來源：陸學藝．當代中國社會階層研究報告 [M]．北京：社會科學文獻出版社，2002．

社會等級分層

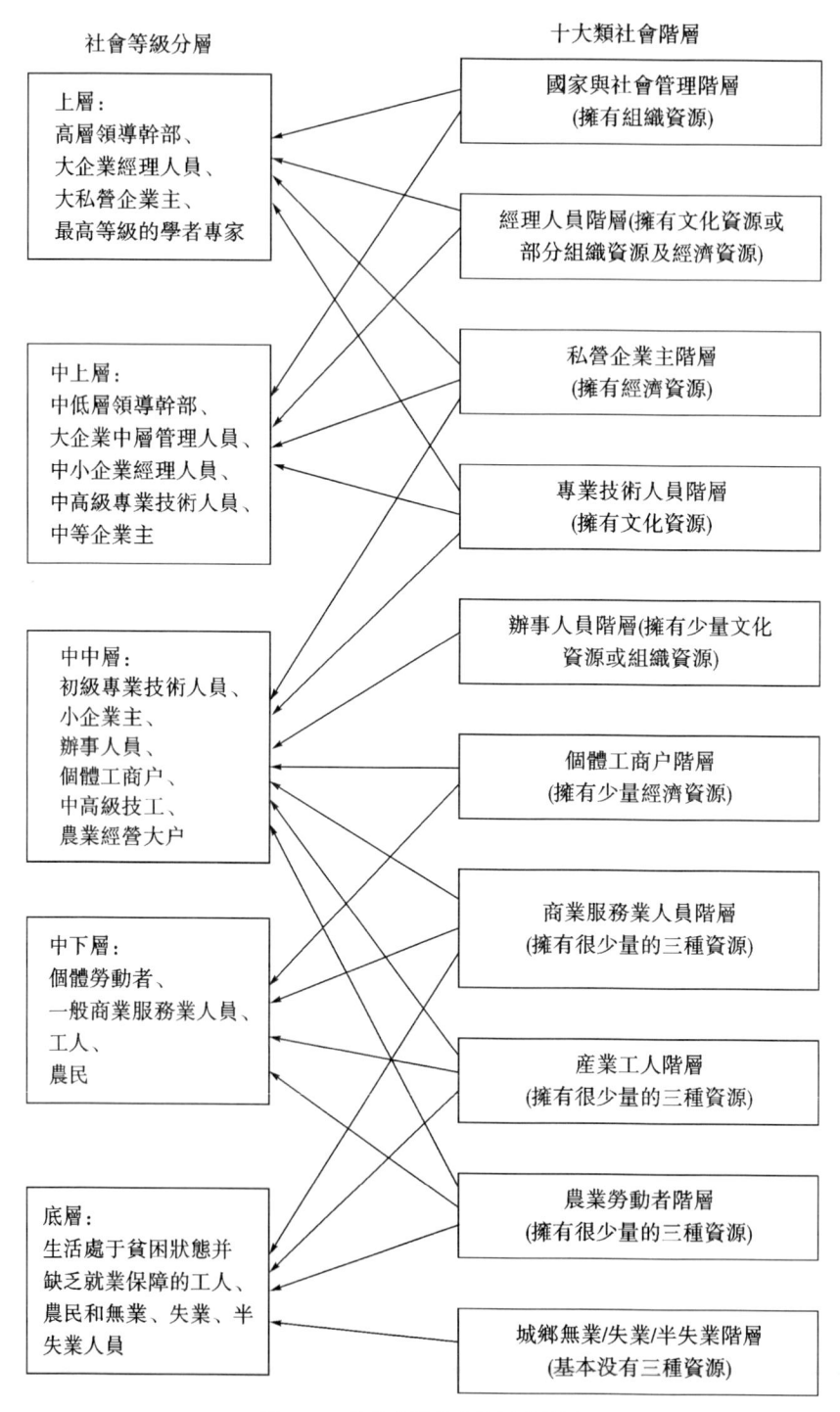

上層：
高層領導幹部、
大企業經理人員、
大私營企業主、
最高等級的學者專家

中上層：
中低層領導幹部、
大企業中層管理人員、
中小企業經理人員、
中高級專業技術人員、
中等企業主

中中層：
初級專業技術人員、
小企業主、
辦事人員、
個體工商戶、
中高級技工、
農業經營大戶

中下層：
個體勞動者、
一般商業服務業人員、
工人、
農民

底層：
生活處于貧困狀態并缺乏就業保障的工人、農民和無業、失業、半失業人員

十大類社會階層

- 國家與社會管理階層（擁有組織資源）
- 經理人員階層（擁有文化資源或部分組織資源及經濟資源）
- 私營企業主階層（擁有經濟資源）
- 專業技術人員階層（擁有文化資源）
- 辦事人員階層（擁有少量文化資源或組織資源）
- 個體工商戶階層（擁有少量經濟資源）
- 商業服務業人員階層（擁有很少量的三種資源）
- 產業工人階層（擁有很少量的三種資源）
- 農業勞動者階層（擁有很少量的三種資源）
- 城鄉無業/失業/半失業階層（基本沒有三種資源）

圖 11.1 當代中國社會階層結構圖

三、社會階層對消費的影響

「屬於不同社會階層的消費者在購買動機上有差異」的假設被市場行銷者所引用後，社會階層就成為細分市場的一個標準。為維持一定的社會地位，有些消費者需要購置一些具有象徵意義的產品；因羨慕一定的社會階層，有些消費者會模仿那個社會階層的消費行為。

(一) 社會階層對消費的影響方式

1. 炫耀性消費和地位符號

炫耀性消費概念的提出者凡勃倫認為，產品的主要作用在於製造炫耀性差別的目的，即消費是為了通過展示財富和權力以求引起別人的豔羨。產品表現地位的能力要取決於它們的排他性，如果太多的人炫耀同一種產品，這種產品代表的象徵的使用太廣泛，就被稱為虛假象徵，它們的價值就會降低。

與炫耀性消費相關的概念是地位符號（Status Symbols）。由於人們經常根據所擁有的產品來做出判斷，因而產品和服務就成了地位符號用來標誌所有者在社會等級中的地位。如豪華遊輪、私人飛機是上層的地位符號，而在麥當勞和肯德基就餐是中下層的地位符號。通過購買本社會階層成員往往買不起的產品或服務，消費者可以增加自我價值的感受，如一位白領女性就有可能用三個月的薪水購買一個路易威登（LV）手袋。如果某些地位符號被大量擁有，它們就將失去暗示的意味而成為欺騙性符號（Fraudulent Symbols），如一些豪華品牌往往受到大眾市場上低價仿貨的侵害，因此，豪華品牌通過對產品的重新設計等方法來進行區別。

2. 補償性消費

補償性消費（Compensatory Consumption）也同社會階層有關，是指用消費作為抵消缺陷或缺少尊重的手段。一位遇到煩心事或難題的消費者，特別是在遇到職業發展或地位問題時，可能用購買期望的地位符號（如汽車、住房、好的衣服）來補償未能成功的事實，這樣的購買能夠挽回丟失的面子。

通常，補償性消費是工薪階層的購買模式，他們可能賭上自己的明天來購買住房、汽車和其他地位符號。近年來許多中層或中高層消費者也表現出補償性的消費行為，有些消費者沒有達到他們父母的職業成就和財富，為了抵消失望感，往往通過補償性消費來尋求自我滿足。考慮到這部分消費者的需要，行銷者可以創建新的、相對便宜的奢侈品品牌。

3. 金錢的意義

金錢代表一個人的消費能力，同時也是一個人所處社會階層的關鍵因素之一。金錢被視為一種購買的手段，它不僅能夠帶來快樂和滿足，還可以帶來地位和名望。金錢讓消費者可以購買象徵社會地位的產品，還被視為一種提高社會地位的途徑，如消費者持信用卡往往與社會地位相聯繫。

(二) 不同社會階層消費者的行為差異

1. 支出模式上的差異

不同社會階層的消費者所選擇和使用的產品是存在差異的。有的產品如股票、到國外度假更多地被上層消費者購買，而另外一些產品如廉價服裝與葡萄酒則更多地被下層消費者購買。科曼發現，特別富裕的中層美國人將其大部分支出用於購買摩托艇、野營器具、大馬力割草機、雪橇、后院游泳池、臨湖住宅、豪華汽車或跑車等產品；而收入水平與之差不多的上層美國人則花更多的時間和金錢於私人俱樂部、孩子的獨特教育、古董、字畫和各種文化事件與活動上。

在住宅、服裝和家具等能顯示地位與身分的產品的購買上，不同階層的消費者差別比較明顯。例如，在美國，上層消費者的住宅區環境優雅，室內裝修豪華，購買的家具和服裝講究檔次和品位。中層消費者一般有很多存款，住宅也相當的好，但他們中的很大一部分人對內部裝修不是特別講究，服裝、家具不少但高檔的不多。下層消費者住宅周圍環境較差，在衣服與家具上投資較少。

2. 休閒活動上的差異

社會階層與消費者的娛樂和休閒活動選擇具有密切關係。一個人所偏愛的休閒活動通常是同一階層或臨近階層的其他個體所從事的某類活動，他採用新的休閒活動往往也是受到同一階層或較高階層的影響。雖然在不同階層，用於休閒的支出占家庭總支出的比重相差無幾，但所從事的休閒活動類型卻差別很大。例如，較高階層的消費者可能出入戲院、打橋牌以及觀看大學的足球比賽。較低社會階層的消費者則傾向於花更多的時間看電視，成為釣魚愛好者，或喜愛露天電影和棒球運動。

3. 信息接收和處理上的差異

信息搜尋的類型和數量也隨著社會階層的不同而存在差異。處於社會底層的消費者信息來源有限，對誤導和欺騙性信息缺乏甄別能力。出於補償的目的，他們在購買決策過程中可能更多地依賴親朋提供的信息。中層消費者比較多地從媒體上獲得各種信息，而且更主動地從事外部信息搜尋。隨著社會階層的上升，消費者獲得信息的渠道也越來越多。

4. 購物方式上的差異

社會階層對消費者的購買方式會有重要影響，上層消費者購物時比較自信，喜歡單獨購物，他們雖然對服務有很高的要求，但對於銷售人員過於熱情的講解、介紹反而感到不自在。通常，他們特別青睞那些購物環境幽雅、品質和服務上乘的商店，而且樂於接受新的購物方式。中層消費者比較謹慎，對購物環境有較高要求，他們也經常在折扣店購物。對這一階層的很多消費者來說，購物本身就是一種消遣。下層消費者由於受資源限制，對價格特別敏感，多在中低檔商店購物，而且喜歡成群結隊逛商店。

第二節　社會群體與消費者行為

一、社會群體概述

(一) 社會群體的概念

群體 (Group) 或社會群體 (Social Group) 是指通過一定的社會關係結合起來進行共同活動而產生相互作用的集體。群體規模可能比較大，如幾十人組成的班集體，也可能比較小，如經常一起上街購物的兩位鄰居。群體人員之間一般有較經常的接觸和互動，從而能夠相互影響。

社會成員構成一個群體，應具備以下基本特徵：

(1) 群體成員需以一定紐帶聯繫起來。如人們以血緣為紐帶組成了氏族和家庭，以地緣為紐帶組成了鄰里群體，以業緣為紐帶組成了職業群體。

(2) 成員之間有共同目標和持續的相互交往。公共汽車裡的乘客、電影院裡的觀眾不能稱為群體，因為他們是偶然和臨時性地聚集在一起的，缺乏持續的相互交往。

(3) 群體成員有共同的群體意識和規範。

從消費者行為學的角度來看，研究群體影響至關重要。首先，群體成員在接觸和互動過程中，通過心理和行為的相互影響與學習，會產生一些共同的信念、態度和規範，它們對消費者的行為將產生潛移默化的影響。其次，群體規範和壓力會促使消費者自覺或不自覺地與群體的期待保持一致。即使是那些個人主義色彩很重、獨立性很強的人，也無法擺脫群體的影響。最後，很多產品的購買和消費是與群體的存在和發展密不可分的。比如，個人加入某一球迷俱樂部，不僅要參加該俱樂部的活動，而且還要購買與該俱樂部形象相一致的產品，如印有某種標誌或某個球星頭像的球衣、球帽、旗幟等。

(二) 社會群體的類型

1. 正式群體與非正式群體

正式群體是指有明確的組織目標、正式的組織結構，成員有著具體的角色規定的群體，如大學裡的教研室、工廠裡的新產品開發小組。非正式群體是指人們在交往過程中，由於共同的興趣、愛好和看法而自發形成的群體，其成員的聯繫和交往比較松散、自由。

2. 主要群體與次要群體

主要群體或初級群體是指成員之間經常性面對面接觸和交往，形成親密人際關係的群體，包括家庭、鄰里、兒童游戲群體等。次要群體或次級群體指的是有目的、有組織地按照一定社會契約建立起來的社會群體，規模一般比較大，人數比較多，群體成員不能完全接觸或接觸比較少。在主要群體中，成員之間不僅有頻繁的接觸，而且有強烈的情感聯繫。正因為如此，像家庭、朋友等關係密切的主要群體，對個體來說

是不可或缺的。

3. 隸屬群體與參照群體

隸屬群體或成員群體是消費者實際參加或隸屬的群體，如家庭、學校等。參照群體是指這樣一個群體，該群體的看法和價值觀被個體作為其當前行為的基礎。因此，參照群體是個體在某種特定情境下作為行為指南而使用的群體。美國社會學家 H. 海曼於 1942 年最先使用參照群體這一概念，用以表示在確定自己的地位時與之進行對比的人類群體。當消費者積極參加某一群體的活動時，該群體通常會作為他的參照群體。也有一些消費者雖然參加了某一群體，但這一群體可能並不符合其理想標準，此時，他可能會以其他群體作為參照群體。

（三）與消費者密切相關的社會群體

1. 朋友

朋友構成的群體是一種非正式群體，它對消費者的影響僅次於家庭。追求和維持與朋友的友誼，對大多數人來說是非常重要的。個體可以從朋友那裡獲得友誼、安全，還可以與朋友互訴衷腸，與朋友討論那些不願和家人傾訴的問題。不僅如此，結交朋友還是一種獨立、成熟的標誌，因為與朋友交往意味著個體與外部世界建立聯繫，也標誌著個體開始擺脫家庭的單一影響。朋友的觀點和偏好對於消費者在最終決定選擇某種產品、某種品牌時起到重要作用。在諸如品牌服裝、快餐食品和酒精飲料等的廣告中，行銷者意識到同伴群體的影響力量，並經常性地在廣告中描繪友誼的重要。

2. 正式的社會群體

像中國高校市場學研究會、某學校校友會、業餘攝影愛好者協會等組織均屬於正式的社會群體。人們加入這類群體，可能基於各種各樣的目的，如結識新的朋友、新的重要人物，獲取知識、開闊視野，追求個人的興趣與愛好。雖然正式群體內各成員不像家庭成員和朋友那麼親密，但彼此之間也有討論和交流的機會。群體內那些受尊敬和仰慕的成員的消費行為可能會被其他成員談論或模仿。正式群體的成員還會消費一些共同的產品，或一起消費某些產品。比如，滑雪俱樂部的成員一起購買滑雪服、滑雪鞋和其他滑雪用品。

3. 購物群體

為了消磨時間或為了購買某一具體的產品而一起上街的幾位消費者，就構成了一個購物群體（Shopping Group）。購物群體內的成員通常是有空余時間的家庭成員或朋友。人們一般喜歡邀請樂於參謀且對特定購買問題有知識和經驗的人一起上街購物。消費者與他人一起購物，不僅會降低購買決策的風險感，而且會增加購物過程的樂趣。在大家對所購產品均不熟悉的情況下，購物群體很容易形成，因為此時消費者可以依賴群體智慧，從而對購買決策更具信心。

4. 工作群體

工作群體也可以分為兩種類型：一種是正式的工作群體，即由一個工作小組裡的成員組成的群體，如同一個辦公室裡的同事，同一條生產線上的裝配工人等。另一種是非正式工作群體，即由在同一個單位但不一定在同一個工作小組裡工作且形成了較

密切關係的一些朋友組成。由於在休息時間或下班時間，成員之間有較多的接觸，所以非正式工作群體如同正式工作群體，會對所屬成員的消費行為產生重要影響。

5. 消費者行動群體

在消費者保護運動中湧現出一種特別的社會群體，即消費者行動群體（Consumer-Action Group）。它可大致分為兩種類型：一種是為糾正某個具體的有損消費者利益的行為或事件而成立的臨時性團體，如對某一缺陷產品的索賠群體。另一種是針對某些廣泛的消費者問題而成立的相對持久的消費者組織，如反吸菸或反吸毒組織。大多數消費者行動群體的目標是喚醒社會對有關消費者問題的關注，對有關企業施加壓力和促使他們採取措施以矯正那些損害消費者利益的行為。

6. 品牌群體

有學者認為，行銷的下一個發展目標是建立品牌群體。品牌群體被定義為一個專業化的、無地理界線的社區，建立在某個品牌忠誠顧客所構成的一系列社會關係之上……它以擁有相同的儀式、禮儀、傳統和道德責任感為標誌。吉普（Jeep）公司在發展品牌群體方面做了大量的努力。Jeep公司（www.jeep.com）發動了Jeep聚會（集中在公路沿線駕駛的地區性汽車聚會）、Jeep野營（提供公路沿線駕駛和與產品相關的全國性汽車聚會活動）和Jeep101（一個沿公路駕駛的與產品相關的活動與展覽）等活動。在Jeep野營和Jeep101活動中都有「野營顧問」，他們為參加者提供免費的飲料、產品介紹和免費的公路沿線線路介紹。因此，品牌群體就是「顧客中心」，正是消費者的經歷而不是品牌本身為品牌群體提供了意義。

二、參照群體對購買行為的影響

（一）參照群體及其類型

參照群體（Conference Group）實際上是個體在形成其購買或消費決策時，用以作為參照、比較的個人或群體。參照群體最初是指與家庭、朋友等個體具有直接互動的群體，但現在也涵蓋了與個體沒有直接面對面接觸但對個體行為產生影響的個人和群體。

參照群體具有規範和比較兩大功能。規範功能在於建立一定的行為標準並使個體遵從這一標準，比如受父母的影響，子女在食品的營養標準、如何穿著打扮、到哪些地方購物等方面形成了某些觀念和態度，個體在這些方面所受的影響對行為具有規範作用。比較功能是指個體把參照群體作為評價自己或別人的比較標準和出發點，如個體在布置、裝修自己的住宅時，可能以鄰居或仰慕的某位熟人的家居布置作為參照和仿效對象。

（二）參照群體的影響方式

雖然每個人希望自己富有個性和與眾不同，但個體總是無意識地和群體保持一致。參照群體對消費者的影響，通常表現為三種形式，即行為規範上的影響、信息方面的影響、價值表現上的影響。

1. 規範性影響（Normative Influence）

規範性影響是指由於群體規範的作用而對消費者的行為產生影響。規範是指在一

定社會背景下，群體對其所屬成員行為合適性的期待，它是群體為其成員確定的行為標準。無論何時，只要有群體存在，無須經過任何語言溝通和直接思考，規範就會迅速發揮作用。規範性影響之所以發生和起作用，是由於獎勵和懲罰的存在。為了獲得讚賞和避免懲罰，個體會按群體的期待行事。廣告商聲稱，消費者如果使用某種商品，就能得到社會的接受和讚許，利用的就是群體對個體的規範性影響。同樣，廣告商宣稱不使用某種產品就得不到群體的認可，也是運用規範性影響。

2. 信息性影響（Informational Influence）

信息性影響是指參照群體成員的行為、觀念、意見被個體作為有用的信息予以參考，由此在其行為上產生影響。當消費者對所購產品缺乏瞭解，憑眼看手摸又難以對產品品質做出判斷時，別人的使用和推薦將被視為非常有用的信息。群體在這一方面對個體的影響取決於被影響者與群體成員的相似性，以及施加影響的群體成員的專長性。例如，某人發現好幾位朋友都在使用某種品牌的護膚品，於是她決定試用一下，因為這麼多朋友使用它，意味著該品牌一定有其優點和特色。

3. 價值表現上的影響（Identificational Influence）

價值表現上的影響是指個體自覺遵循或內化參照群體所具有的信念和價值觀，從而在行為上與之保持一致。例如，某位消費者感到那些有藝術氣質和素養的人通常會留長髮、蓄絡腮鬍、不修邊幅，於是他也留起了長髮，穿著打扮也不拘一格，以反應他所理解的那種藝術家的形象。此時，該消費者就是在價值表現上受到參照群體的影響。個體之所以在無需外在獎懲的情況下自覺依群體的規範和信念行事，主要是基於兩方面力量的驅動。一方面，個體可能利用參照群體來表現自我，提升自我形象。另一方面，個體可能特別喜歡該參照群體，或對該群體非常忠誠，並希望與之建立和保持長期的關係，從而視群體價值觀為自身的價值觀。

行銷實用技能：如何增強參照群體的影響

- 證明產品使用/不使用的獎勵和懲罰，如表現好友對購買某品牌的讚賞。
- 為群體行為創造規範，如在某場合應該做什麼。
- 建立統一性壓力，努力將某一產品與某一特定的群體建立聯繫。
- 通過專家建立信息性影響，如運動鞋生產商聘請體育明星做代言人。
- 為信息性影響創造情境，如贊助或主持一個與產品有關的特殊活動。
- 傳遞為某一群體所倡導認同的價值觀。

(三) 決定參照群體影響強度的因素

1. 產品使用時的可見性

一般而言，產品或品牌的使用可見性越高，群體影響力越大；反之，則越小。拜爾頓（Bearden）和埃內爾（Etzel）的研究從產品可見性和產品的必需程度兩個層面將消費情形分類，然後分析在這些具體情形下參照群體所產生的影響，如表 11.4 所示。

表 11.4　　　　　　　　　　　產品特徵與參照群體的影響

	需要的程度	
	必需品 參照群體對產品選擇影響力弱	非必需品 參照群體對產品選擇影響力強
可見性高 參照群體對品牌選擇影響力強	公共必需品 影響力：對產品弱，對品牌強 例子：衣服、手錶、鞋子	公共奢侈品 影響力：對產品、品牌均強 例子：珠寶、山地自行車
可見性低 參照群體對品牌選擇影響力弱	私人必需品 影響力：對產品、品牌均弱 例子：床墊、落地燈、洗衣皂	私人奢侈品 影響力：對產品強，對品牌弱 例子：按摩浴缸、整體廚房

2. 產品的必需程度

對於食品、日常用品等生活必需品，消費者已形成了習慣性購買，此時參照群體的影響相對較小。相反，對於奢侈品或非必需品，如高檔汽車、時裝、遊艇等產品，消費者在購買時受參照群體的影響較大。

3. 產品與群體的相關性

某種活動與群體功能的實現關係越密切，個體在該活動中遵守群體規範的壓力就越大。例如，對於經常出入豪華餐廳和星級賓館等高級場所的群體成員來說，著裝是非常重要的；而對於只是在一般酒吧喝喝啤酒或在一個星期中的某一天打一場籃球的群體成員來說，著裝的重要性就小得多。

4. 產品的生命週期

亨頓認為，當產品處於導入期時，消費者的產品購買決策受群體影響很大，但品牌決策受群體影響較小。在產品成長期，參照群體對產品及品牌選擇的影響都很大。在產品成熟期，群體影響在消費者的品牌選擇上大而在產品選擇上小。在產品的衰退期，群體影響在消費者的產品和品牌選擇上都比較小。

5. 個體對群體的忠誠程度

個體對群體越忠誠，他就越可能遵守群體規範。當參加一個渴望群體的晚宴時，在衣服選擇上，消費者可能更多地考慮群體的期望，而參加無關緊要的群體晚宴時，消費者的這種考慮可能就少得多。

6. 個體在購買中的自信程度

研究表明，個體在購買彩電、汽車、家用空調、保險、冰箱、媒體服務、圖書雜誌、衣服和家具時，最易受參照群體影響。這些產品，如保險和媒體服務的消費，既非可見又同群體功能沒有太大關係，但是它們對於個體很重要，而大多數人對它們又只擁有有限的知識與信息。這樣，群體的影響力就由於個體在購買這些產品時信心不足而強大起來。

自信程度並不一定與產品知識成正比。研究發現，知識豐富的汽車購買者比那些購買新手更容易在信息層面受到群體的影響，並喜歡和同樣有知識的夥伴交換信息和意見。新手則對汽車沒有太大興趣，也不喜歡收集產品信息，他們更容易受到廣告和

推銷人員的影響。

(四) 參照群體概念在行銷中的運用

　　1. 名人效應

　　名人或公眾人物如影視明星、歌星、體育明星，作為參照群體對公眾尤其是對崇拜他們的受眾具有巨大的影響力和感召力。對很多人來說，名人代表了一種理想化的生活模式。正因為如此，企業花巨資聘請名人來促銷其產品。研究發現，用名人作支持的廣告較不用名人的廣告評價更正面和積極，這一點在青少年群體上體現得更為明顯。

　　企業運用名人效應的方式多種多樣。企業可以用名人作為產品或公司代言人，即將名人與產品或公司聯繫起來，使其在媒體上頻頻亮相；也可以用名人作證詞廣告，即在廣告中引述廣告產品或服務的優點和長處，或介紹其使用該產品或服務的體驗；還可以將名人的名字在產品或包裝上使用。

　　2. 專家效應

　　專家是指在某一專業領域受過專門訓練，具有專門知識、經驗和特長的人。醫生、律師、營養學家等均是各自領域的專家。專家所具有的豐富知識和經驗，使其在介紹、推薦產品與服務時較一般人更具權威性，從而產生專家所特有的公信力和影響力。當然，行銷者在運用專家效應時，一方面應注意法律的限制，如有的國家不允許醫生為藥品作證詞廣告，另一方面應避免公眾對專家的公正性、客觀性產生懷疑。

　　3. 普通人效應

　　運用滿意顧客的證詞來宣傳企業的產品，是廣告中常用的方法之一。由於出現在熒屏上或畫面上的證人或代言人是和潛在顧客一樣的普通消費者，這會使受眾感到親近，從而使廣告訴求更容易引起共鳴。寶潔公司、北京大寶化妝品公司都曾運用過「普通人」證詞廣告。還有一些公司在電視廣告中展示普通消費者或普通家庭如何用廣告中的產品解決其遇到的問題，如何從產品的消費中獲得樂趣等。由於這類廣告貼近消費者，反應了消費者的現實生活，它們可能更容易獲得認可。

　　4. 經理型代言人

　　越來越多的企業在廣告中用公司總裁或總經理做代言人。大公司的總裁或主管像明星一樣擁有很多光環，他們的成就和不平凡的經歷頗受一般民眾仰慕。他們出現在廣告中，一方面能吸引更多的人對廣告感興趣，另一方面，也表明公司高層對消費者利益的關注，從而可能激起消費者對公司及其產品的信心。

概念運用

　　2014 年 3 月 12 日中午，一條由董明珠、王健林聯袂出鏡的格力廣告片亮相央視，引起坊間的熱議。片中，王健林面露疑色，笑問董明珠：「聽說中央空調不用電費？」「是的。用太陽能。」董明珠一如既往地從容，簡潔回應。王健林隨即欣喜地表示：「那我每年可以節約電費 10 億。」

　　這一則廣告，主推的乃是格力中央空調新品——光伏直驅變頻離心機，其最大特

點是將大型中央空調機組與「取之不竭」的太陽能結合，實現「中央空調不用電費」的承諾。

一個是地產業翹楚，一個是空調業霸主——萬達和格力，在各自領域均取得了旁人難以企及的高度。此次，王健林選擇與董明珠共譜「棋局」，不得不說，在諸多企業家代言中，這是雙方實力均很強大的企業家的一次聯手，勢必吸引更多眼球。

三、角色與購買行為

(一) 角色概述

角色（Role）是個體在特定社會或群體中佔有的位置和被社會或群體所規定的行為模式。角色有先賦角色與自致角色之分。先賦角色是指那些不必經過角色扮演者的努力而由先天因素決定或由社會所規定的角色，如由遺傳所決定的性別角色，封建時代通過世襲繼承所形成的皇帝、公爵、伯爵等角色。自致角色或稱獲得性角色，是指個體通過自己的主觀努力而獲得的社會角色，如通過自己的奮鬥當上總經理、大學教授等。

雖然承擔某一具體角色的所有人都被期待展現某些行為，但每個人實現這些期待的方式卻各不相同。期待角色與實踐角色之間的差別，也許是由於個體對角色的領悟出現偏差所致，也可能是由於角色衝突或角色緊張所引起。同樣是扮演老師這一角色，有的在備課、授課、釋疑、批改作業等每一個環節均一絲不苟，認真負責；有的雖然在授課環節比較認真，但在其他環節則草草應付。這固然與教師的敬業精神有緊密聯繫，但與他對教師這一角色的領悟、與他是否承擔太多的角色密切相關。

期望角色與實踐角色之間的差距被稱為角色差距，適度的角色差距是允許的，但這種差距不能太大。太大的角色差距意味著角色扮演的不稱職，社會或群體的懲罰也就不可避免。正因為如此，大多數人都力求使自己的行為與群體對特定角色的期待相一致。

(二) 角色與消費者購買行為

1. 角色關聯產品集

角色關聯產品集是指個體承擔某一角色所需要的一系列產品。這些產品或者有助於角色扮演，或者具有重要的象徵意義。例如，與牛仔這一角色相關的靴子，最初具有實用功能。尖型靴頭可以使腳快捷而方便地踏進馬鐙里，高高的后跟使腳不至於從馬鐙中脫離，高靴沿保護騎手的踝部免受荊棘之苦等。今天，雖然城市牛仔已經很少騎馬了，但牛仔角色仍然離不開靴子。實際上，靴子是在象徵意義上與牛仔角色相聯繫的。

角色關聯產品集規定了哪些產品適合某一角色，哪些產品不適合某一角色。行銷者的主要任務，就是確保其產品能滿足目標角色的實用或象徵性需要，從而使人們認為其產品適用於該角色。計算機製造商強調筆記本電腦為商人所必需，保險公司則強調人壽保險對於扮演父母角色的重要性，這些公司實際上都是力圖使自己的產品進入某類角色關聯產品集。

2. 角色超載和角色衝突

角色超載是指個體超越了時間、金錢和精力所允許的限度而承擔太多的角色或承擔對個體具有太多要求的角色。比如，一位教師既面臨教學、科研、家務的多重壓力，同時又擔任很多的社會職務或在外兼職，此時，由於其角色集過於龐大，他會感到顧此失彼和出現角色超載。角色超載的直接後果是個體的緊張、壓力和角色扮演的不稱職。

角色衝突是指角色集中不同的角色由於在某些方面不相容，或人們對同一角色的期待和理解的不同而導致的矛盾和抵觸。角色衝突有兩種基本類型，一種是角色間的衝突，一種是角色內的衝突。很多現代女性所體驗到的那種既要成為事業上的強者又要當賢妻良母的衝突，就是角色間的衝突。

角色超越、角色衝突所引起的緊張和不安是每一個人都會遇到的現象。這種緊張感和不安感的消除，為行銷者提供了機會。社會上各種培訓班、強化班的風行，鮮花、賀卡、短信等情感表達與交流型產品的受青睞，從一個側面反應了消除角色衝突和角色緊張所蘊含的商機。

3. 角色演化

角色演化是指人們對某種角色行為的期待隨著時代和社會的發展而發生變化。隨著越來越多的女性參加工作和女性在家庭中地位的上升，傳統的男性、女性角色行為已經或正在發生改變。在中國的很多家庭尤其是城市家庭，洗衣做飯、照看小孩、家庭清潔、上街購物等各種家務活動越來越多地由夫妻共同分擔，在有些家庭甚至更多地由丈夫分擔。

角色演化既給行銷者帶來機會也提出挑戰。例如，婦女角色的轉變，使她們同男性一樣可以從事劇烈運動，許多公司因此向婦女提供各種運動用品和運動器材；職業女性人數的日益增多，使得方便女性攜帶和存放衣物的衣袋應運而生；婦女在職業領域的廣泛參與改變了她們的購物方式，許多零售商也因此調整其地理位置和營業時間，以適應這種變化。顯然，在宣傳產品和對產品定位的過程中，零售商需要認識到消費者基於角色認同而產生的購物動機上的差別。

4. 角色獲取與轉化

在人的一生中，個人所承擔的角色並不是固定不變的。隨著生活的變遷和環境的變化，個體會放棄原有的一些角色，獲得新的角色和學會從一種角色轉換成另外的角色。在此過程中，個體的角色集相應地發生了改變，由此也會引起他對與角色相關的行為和產品需求的變化。

在你大學畢業走上工作崗位時，你會發現很多原來非常適合你的產品如服裝、手錶、提包等，很可能都不再適合，需要重新購置。新的角色會在穿著打扮、行為舉止等多個方面對消費者提出新的要求，從而使消費者感到適合原來角色的那些產品已經不適於新的角色。這無疑為企業提供了很好的行銷機會。

第三節　家庭與消費者行為

一、家庭

(一) 家庭的含義

一般認為，家庭（Family）是指以婚姻關係、血緣關係和收養關係為紐帶而結成有共同生活活動的社會基本單位。正常的家庭至少由兩人組成，一個人不能成為完整意義上的家庭。社會學家一般將家庭分為四種形式或類型：①核心家庭，即由父母雙方或其中一方和他們未婚子女組成的家庭，以及只有一對夫婦的家庭。②主幹家庭，指一個家庭中至少有兩代人，且每代只有一對夫婦（含一方去世或離婚）的家庭，這種家庭的最典型的形式是三代同堂的家庭。③聯合家庭，指由父母雙方或其中一方同多對已婚子女組成的家庭，或兄弟姊妹婚后仍不分家的家庭。④其他類型的家庭，指上面四種類型以外的家庭，如未婚兄弟姐妹組成的家庭。

(二) 家庭的功能

1. 經濟功能

在小農經濟社會，家庭既是一個生產單位，又是一個消費單位，它發揮著重要的經濟功能。在現代社會條件下，家庭的經濟功能尤其是作為其重要內容的生產功能有所削弱，然而，為每一個家庭成員提供生活保障仍然是家庭的一項主要功能。傳統上，丈夫是家庭經濟來源的主要提供者，由此他在家庭中佔有支配性地位。而現在，越來越多的婦女參加工作，她們對家庭所做出的經濟貢獻越來越大。

2. 情感交流功能

家庭是思想、情感交流最充分的場所。一個人在工作、生活等方面遇到困難、挫折和問題，能夠從家庭得到安慰、鼓勵和幫助。家庭人員之間的親密交往和情感建立在親緣關係的基石上，具有較為牢實的基礎。在現代競爭日益激烈的社會裡，人們對獲得家庭的關愛有更強烈的要求。

3. 贍養與撫養功能

撫養未成年家庭成員和贍養老人、喪失勞動能力的家庭成員，這是人類繁衍的需要。家庭的這類功能將隨著社會保障制度的完善部分地由社會承擔，但它不可能完全外移。

4. 社會化功能

家庭成員的社會化尤其是兒童的社會化，是家庭的主要或核心功能。人從剛出生時的一無所知，到慢慢地獲得與社會文化相一致的價值觀、行為模式，這一過程大部分是在家庭中完成的。與消費者行為研究相關的是兒童的消費者社會化（Consumer Socialization）。消費者社會化被定義為一個過程，通過這一過程，兒童獲得技巧、知識和作為消費者所必需的態度和經歷。兒童通過觀察他們的父母和哥哥姐姐形成自己的

消費行為準則，父母和孩子一起購物的「共同購物」經歷也給了兒童學習商場內購物技巧的機會。不同類型的母親會與孩子分享不同的購物技巧。

社會化過程中，值得關注的還有代際影響，也稱為代與代之間的影響（Intergenerational Influence，IGI），是指一代人的價值觀、習慣和行為可能會傳遞給另一代。代際影響可以在兩個方向上發生：前向（從父母到孩子）和后向（從孩子到父母）。一般說來，消費者行為研究對孩子幼時發生的前向 IGI（也就是兒童消費者社會化過程）研究較多；對於后向 IGI，也就是關於孩子長大成人后如何在消費觀念、行為上影響父母的研究越來越受到研究者的重視，因為后向 IGI 在現實生活中大量存在，如成人后的孩子向父母傳授使用電腦的知識、推薦旅遊地點等，這對於行銷者來說是具有重要意義的。

二、家庭生命週期

家庭生命週期（Family Life Cycle）是指一個家庭誕生、發展直至消亡的運動過程，它反應了家庭從形成到解體呈循環運動的變化規律。隨著社會的發展，按照傳統家庭生命週期發展的家庭比重有所下降，新的家庭模式和生活方式逐漸為社會所接受。新的家庭模式和生活方式包括離異家庭、單親家庭等。

（一）傳統的家庭生命週期

對整個家庭生命週期進行劃分的標準是婚姻狀況（單身、已婚、離異）、家庭成員的年齡、家庭規模、家長的工作狀況（工作或退休）。在具體的劃分上，家庭生命週期有五階段、六階段、九階段乃至十階段的劃分方法。傳統上用得較多的是九階段，它按階段描述了大多數家庭由單身時期開始到步入婚姻，然后到家庭的成長、家庭規模縮小直至以家庭的消亡而告終的過程，這稱為傳統的家庭生命週期。傳統的家庭生命週期中消費行為的特點見表 11.5：

表 11.5　　　　　　　　　傳統家庭生命週期中消費行為的特點

階段	特徵	消費行為
單身期	不再在家裡生活的年輕單身者	幾乎沒有財政負擔，有足夠可支配收入滿足自己的消費，支出主要在於租房、基本的家庭裝飾、服裝、配飾、旅行、娛樂
新婚期	年輕且無孩	在家庭財政上有一定結餘，夫妻兩人的收入使他們能有更多隨意購物的機會，能將剩餘收入進行儲蓄或投資；組建新家庭時有數量可觀的花費，包括餐具、家具、電器等大量家庭用具和配件
滿巢 I 期	年輕已婚夫婦，最小的孩子 6 歲以下	家庭購買達到頂峰，對家庭財政狀況感到不滿，有關孩子的教育、娛樂、生活用品的支出占據主要地位，家庭在外就餐、外出旅遊、接受家政服務方面支出也較多
滿巢 II 期	已婚夫婦，最小的孩子已超過 6 歲	家庭財政狀況有所好轉，夫妻兩人在職位上的提升使收入增加，同時撫養、教育孩子的支出也在增加；家用品以大包裝或大容量來購買，額外支出多

表11.5(續)

階段	特徵	消費行為
滿巢Ⅲ期	年長夫婦和尚未完全獨立的孩子	家庭財政狀況更好轉,有子女已經工作,對耐用消費品的購買多,購買新家具、電器、健身器材等,外出旅遊多,享受更多服務
空巢Ⅰ期	年長夫婦,孩子已獨立,家長尚在工作	對家庭財政狀況感到滿意,關心旅遊、健康食品或藥品,不太關心新產品,喜歡旅遊、購買家庭裝飾品、奢侈品等
空巢Ⅱ期	年長夫婦,已退休	收入急遽下降,開始追求新的愛好和興趣,如出外旅遊,參加老人俱樂部等;維持原有住房,購買與健康有關的醫療用品與服務;電視是主要的信息來源和娛樂方式
孤寡Ⅰ期	孤寡者尚在工作	收入狀態良好,有工作或足夠的儲蓄,並有朋友和親戚的支持和關照,家庭生活的調整比較容易
孤寡Ⅱ期	孤寡者業已退休	收入來源減少,對護理、身心保護有特別的要求,更加節儉的生活方式

(二) 修正了的家庭生命週期

傳統的家庭生命週期模式並不能完全代表家庭各個階段發展的能力。隨著經濟、社會的發展,現代家庭模式也發生了很大的變化,研究人員正在不斷地嘗試找出擴展家庭生命週期的模式,以便更好地反應家庭生命週期模式。

圖11.2 列出了一個家庭生命週期模式。該模式反應有別於傳統家庭生命週期模式的擴展家庭生命週期模型。

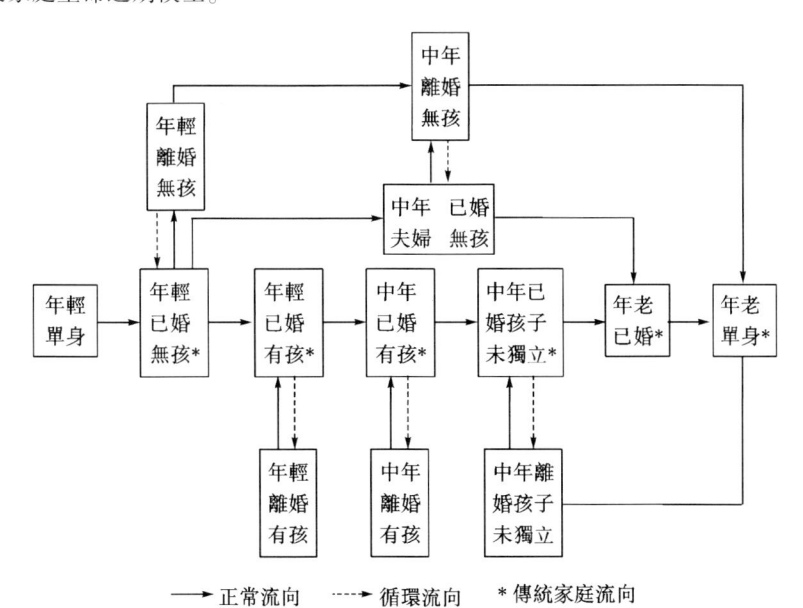

圖11.2 一個更符合實際情況的擴展的家庭生命週期模型

三、家庭購買決策

（一）家庭中的購買角色

一般而言，家庭消費決策過程中至少涉及以下五種角色：

（1）倡議者，指提議購買某種產品或使其他家庭成員對某種產品產生購買興趣的人。

（2）影響者，指為購買提供評價標準和哪些產品或品牌適合這些標準之類的信息，從而影響產品挑選的人。

（3）決策者，指有權決定購買什麼及何時購買的家庭成員。

（4）購買者，指實際進行購買的家庭成員。購買者與決策者可能不同。例如，青少年可能會授權決定購買何種汽車甚至何時購買，但是父母才是實際與經銷商進行議價並付款的人。

（5）使用者，指在家庭中實際消費或使用由他們自己或其他家庭成員所購產品的人。

值得注意的是，家庭中產品的使用者通常都不是購買者。例如，兒童所喝的飲料，其廣告的訴求對象應該是母親，因為她們才是產品的決定者及購買者。同樣，在家庭裡，母親和妻子是大部分衣服的購買者，包括她們丈夫和孩子的衣服都由她們購買。在有的購買活動中，大部分角色都由一個人來承擔；在另外的購買中，則可能由多人分別承擔不同的角色。

（二）家庭購買決策方式

家庭購買決策是指由兩個或兩個以上家庭成員直接或間接做出購買決定的過程。作為一種集體決策，家庭購買決策在很多方面不同於個人決策，例如在早餐麥片的購買活動中，成年人與兒童所考慮的產品特點是不同的，因而他們共同做出的購買決策將不同於他們各自單獨做出的決策。

戴維斯（Davis）和瑞加克斯（Rigaux）根據購買決策過程中的夫婦相互作用把家庭購買決策分為四種方式：①自主型（Autonomic Decision），指對於不太重要的購買，可由丈夫或妻子獨立做出決定；②丈夫主導型（Husband-Dominant Decision），指在決定購買什麼的問題上，丈夫起主導作用；③妻子主導型（Wife-Dominant Decision），指在決定購買什麼的問題上，妻子起主導作用；④共同型（Synergetic Decision），指丈夫和妻子共同做出購買決策。

（三）影響家庭購買決策方式的因素

研究人員一直試圖找出決定家庭人員相對影響力從而影響家庭決策方式的因素。奎爾斯（W. Qualls）的研究識別了三種因素：①家庭成員對家庭的財務貢獻。一般而言，對家庭的財務貢獻越大，家庭成員在家庭購買決策中的發言權也越大。②決策對特定家庭成員的重要性。某一決策對特定家庭成員越重要，他或她對該決策的影響就越大，原因是家庭內部亦存在交換過程：某位家庭成員可能願意放棄在此領域的影響

而換取在另一領域的更大影響力。③性別角色取向，是指家庭成員多大程度上會按照傳統的關於男女性別角色行動。研究表明，較少傳統和更具現代性的家庭，在購買決策中會更多地採用聯合決策的方式。

除了上述因素，我們通常認為，影響家庭購買決策的因素還包括以下幾個方面：

1. 文化和亞文化

文化和亞文化中關於性別角色的態度很大程度上決定著家庭決策是由男性主導還是女性主導。

2. 角色專門化

隨著時間的推移，夫妻雙方在決策中會逐漸形成專門化角色分工。傳統上，丈夫負責購買機械和技術方面的產品，妻子通常負責購買與撫養孩子和家庭清潔有關的產品，從經濟和效率角度來看，家庭成員在每件產品上都進行聯合決策的成本太高，而專門由一個人負責對某些產品進行決策，效率會提高很多。

3. 家庭決策的階段

在家庭購買決策中，同樣存在著不同的階段。家庭成員在購買中的相對影響力隨購買決策階段的不同而異。

4. 個人特徵

家庭成員的個人特徵對家庭購買決策方式亦有重要影響。擁有更多收入的一方在家庭購買決策中更容易占據主導地位。妻子所受教育程度越高，她所參與的重要決策也就越多。

5. 介入程度及產品特點

家庭成員對特定產品的關心程度或介入程度是不同的。例如，對CD唱片、游戲卡、玩具等產品的購買，孩子們可能特別關心，因此在購買這些產品時他們可能會發揮較大的影響；而對於父親買什麼牌子的剃須刀，母親買什麼樣的廚房清洗劑，孩子們可能不會特別關心，所以在這些產品的購買上他們的影響力就比較小。家庭購買決策方式因產品的不同而異。當某個產品對整個家庭都很重要，且購買風險很高時，家庭成員傾向於進行聯合型決策；當產品為個人使用，或其購買風險不大時，自主型決策居多。

(四) 兒童在家庭決策中的作用

在家庭的消費決策制定中，兒童通常起著重要的作用。隨著年齡的增長，孩子對家庭決策的影響也隨之增大。雖然孩子們在決策中不占支配地位，但他們傾向於與父母中的一方形成同盟，以產生決策中的「多數」；或進行強烈暗示，使父母滿足自己的購買慾望。

(五) 家庭購買決策衝突及其解決

在日常生活中，家庭每天都要做出大量的購買決策。家庭成員之間的購買偏好不盡相同，甚至家庭成員之間所處的階層也不相同，這就導致家庭在購買決策時難免會有衝突。如何解決這些衝突，不僅對於行銷者，而且對於家庭本身的健康來說都是十分重要的。

研究表明，家庭購買衝突解決的辦法主要有：
(1) 討價還價，努力達成一致。
(2) 斷章取義地列舉事實，以博取支持，如小孩在購買要求被拒絕時，會指出哪些同學都擁有這樣的產品，而且使用過程中並未出現不好的后果。
(3) 運用權威，如聲稱自己在這一購買領域更有專長。
(4) 運用邏輯進行爭辯。
(5) 沉默或者退出爭論。
(6) 進一步搜尋信息或獲得他人的意見。

本章小結

社會系統中的階層、群體、家庭，直接決定消費者在現實社會生活中的消費表現，消費者總是從他所在的階層、所參照的群體、所歸屬的家庭獲得基本的消費行為模式。

社會階層是由具有相同或類似社會地位的社會成員組成的相對持久的群體。我們通常用教育、職業、收入等指標將社會成員劃分為上、中、下三個層級。社會階層對消費影響的方式表現在炫耀性消費和地位符號、補償性消費和金錢所具有的意義三個方面。不同社會階層的消費者在消費觀念、支出模式、休閒活動、信息接收和處理、購物方式上表現出明顯的差異。

參照群體是個體在形成其購買或消費決策時，用以作為參照、比較的個人或群體，它從行為規範上、信息上、價值表現上對消費者產生影響。參照群體對消費者購買決策影響的程度取決於產品的必需程度、可見性等多種因素。在行銷活動中，行銷者經常採用名人、專家、普通人和經理型代言人來影響消費者的購買。個體在特定社會或群體中還要扮演各種各樣的角色，需要使用很多與角色相關的產品。

家庭是指以婚姻關係、血緣關係和收養關係為紐帶而結成有共同生活活動的社會基本單位，與住戶有所區別。處於不同家庭生命週期中的家庭，對產品的需求有很大的差別。與傳統家庭生命週期相比，修正了的擴展的家庭生命週期模型更符合實際情況。此外，行銷者應瞭解不同家庭有不同的購買決策方式、不同的家庭決策衝突解決方式。

關鍵概念

社會階層　炫耀性消費　參照群體　角色　家庭　家庭生命週期

復習題

1. 什麼是社會階層？社會階層的特徵是什麼？
2. 社會階層的劃分通常採用哪些方法？運用科爾曼地位指數法其被劃分成幾個階層，其階層特點是什麼？

3. 社會階層對消費影響的方式是怎樣的？如何看待炫耀性消費？
4. 結合現實行銷活動，舉例說明不同社會階層消費者的行為差異。
5. 與消費者密切相關的社會群體有哪些？
6. 什麼是參照群體？參照群體對消費者的影響表現為哪三種形式？決定參照群體影響強度的因素有哪些？
7. 結合現實行銷活動，舉例說明參照群體概念在行銷中的運用。
8. 什麼是角色？角色對消費者購買行為的影響表現在哪些方面？
9. 什麼是家庭？傳統的家庭生命週期如何劃分？每一階段的消費行為有何不同？
10. 修正了的家庭生命週期對行銷有何啟示？結合現實行銷活動舉例說明。
11. 家庭決策方式分為哪四種？決定家庭購買決策方式的因素有哪些？
12. 怎樣看待家庭購買決策衝突？

實訓題

項目 11-1　瞄準社會階層的宣傳設計

針對選定產品類別，每組成員瞄準每個社會階層的特點，設計一個宣傳方案。

項目 11-2　產品代言人研究

針對選定產品類別，每組成員為該產品類別物色一位代言人，詳細闡述理由與操作方案。

案例分析

「50+」年齡群體

嬰兒潮時代出生的一代，最年輕的已經年滿 50 歲了。但最新的調研數據表明，「50+」年齡群體的消費者感到自己被品牌排斥，認為品牌廣告傳遞的信息反應了對該人群的理解失誤。

針對「50+」年齡群體設立的全球性網站 High50 進行了一項調研，調研結果表明該年齡層的消費者中，只有 4% 的人認為品牌廣告是特別針對他們創作的，只有 11% 的人認為品牌看重這個群體，而 1/5 的消費者認為自己完全被品牌排斥。

現在行銷者只把重點鎖定在 25~35 歲的消費人群身上，這種做法是錯誤的。對比之下，年輕群體並不像較年長的消費者那樣富裕。一些品牌的產品專門針對更年長的人群，為此企業精心選了一個奢侈品設計師，但是卻創作了一些女孩子穿的產品，而那些宣傳品牌服裝的模特也都是二十幾歲，這種做法顯然是矛盾的。

義大利一女性服裝品牌的目標是吸引「成熟」女性，而其品牌設計的基礎是消費者反饋的需求信息和消費者洞見。該品牌擁有「奢華基本款」系列，目標人群是那些進入更年期的女性，或者有其他身體問題的女性，因為很多身體症狀會影響人的正常體溫，而「奢華基本款」系列服裝的材料和設計可以對身體起到特殊的保護作用。該

系列服裝用的材料是天絲棉，可以吸收身體的汗液並排出體外。

雖然「50＋」年齡群體對品牌廣告的印象普遍不佳，但他們對於自己的年齡都感覺良好。50～59歲人群中，71%的人表示對自己的年齡感覺良好，而在60～64歲的人群中，這一數字上升到78%。近一半參與調研的消費者認為，他們對現狀很滿意，因為有更多的時間做自己喜歡的事情，而44%的人表示現在的自己更清楚自己想要什麼。

「這種現象表明品牌與消費者有很大的脫節，一方面，『50＋』年齡群體對自己的年齡感覺良好，他們希望享受生活並且對家庭開支擁有掌控權；另一方面，廣告商和行銷人員卻沒能重視這一情況，缺乏和該群體進行對話交流。」High50首席執行官詹姆斯‧貝魯斯（James Burrows）說，「這個群體最有經濟能力。因此，我們是時候摒棄舊觀念，不要認為『50＋』年齡群體正遭受某種危機，要意識到，對於很多人而言，踏入50歲意味著下半生美好生活的開始。」

「廣告也必須有所轉變。在針對這個群體的廣告中，你將看到一些50～70歲的模特。這是一種觀念轉變，傳統的觀念認為年長的群體不能打扮得很時尚，而新廣告將轉變人們的這種觀念。」

討論：
1. 從家庭生命週期來看，「50＋」群體是一個什麼樣的群體？具有什麼特徵？
2. 針對「50＋」群體，選擇廣告代言人應注意什麼？廣告訴求點重點是什麼？

第十二章　信息流、互聯網與消費者行為

本章學習目標

◆ 掌握信息在人際傳播中的四種模型
◆ 把握意見領袖的特徵和意見領袖的測量
◆ 掌握創新的擴散過程、採用過程
◆ 掌握流行的含義與特徵、流行的生命週期
◆ 瞭解有關流行的起源和擴散的四種模型
◆ 熟悉在網上消費的產品和服務及購買動機
◆ 掌握網上消費決策過程

開篇故事

向谷歌眼鏡學推廣

議題設置、創始人行銷、名人效應、早期用戶、饑餓策略……谷歌對此一個也沒落下。在成熟的市場，妄圖靠「一招鮮」來「畢其功於一役」，已是越來越難。

行銷策略1：新產品發布的議題設置策略

公眾總是喜歡新奇的事物，谷歌深知這一點，因此谷歌精心策劃了一場具有科幻色彩的發布會，安排工程師戴著眼鏡在舊金山上空跳傘，一路通過它進行「視頻直播」，一直降到會場的屋頂上，跳傘者騎著自行車進入會場時，會場掌聲雷動。這段視頻隨後出現在各大視頻網站上，這種帶點科幻色彩的發布會也給各大媒體提供了一個有傳播性的議題，谷歌眼鏡得以在短時間內傳播到世界各地。谷歌能在新產品的發布上設置一個引起熱議的議題，無疑對后續行銷策略的進行有很大的促進作用。

行銷策略2：借力創始人的傳奇魅力

作為世界知名科技公司的創始人，謝爾蓋·布林以及拉里·佩奇都擁有獨特的人格魅力，他們的言論對科技走向往往起著舉足輕重的作用。谷歌發布谷歌眼鏡（Google Glass）之后，經常讓創始人謝爾蓋·布林以及拉里·佩奇戴著谷歌眼鏡在各大媒體上出現，發表谷歌眼鏡在未來工作以及生活中的應用，並讓媒體報導出來，吸引消費者以及新聞媒體的注意，為谷歌的下一步宣傳造勢。

行銷策略3：利用名人效應整合行銷策略

首先，谷歌特別邀請了一些知名人士佩戴谷歌眼鏡出現在一些正式場合，並讓媒

體進行報導傳播。例如谷歌讓知名模特以及體育明星佩戴眼鏡，為的就是利用名人的光環，給消費者帶來示範作用，進而讓消費者接受谷歌眼鏡。

其次，谷歌製作了教導消費者的視頻。谷歌眼鏡給消費者帶來的最大困惑是谷歌眼鏡是否會影響日常生活。為了解決這個問題，谷歌在這方面下足了功夫，不斷地拍攝宣傳片教導消費者谷歌眼鏡不僅不會影響消費者的日常生活，還會給消費者的日常生活帶來極大的便利。

最后，谷歌眼鏡的宣傳活動並非是單一的宣傳策略，它不僅有線下的活動宣傳，還結合了谷歌自身強大的網路平臺，使所有的線下活動都能在谷歌搜索上找到，同時，谷歌也利用谷歌的社交網路「Google＋」進行擴散，預售又利用谷歌應用商店（Google Play Store），所有的策略都能連接起來，形成一個強大的整合行銷宣傳網路。

行銷策略4：尋找創新使用者與早期使用者

2013年2月20日，谷歌決定擴大谷歌眼鏡的預購規模，在申請預購名額時，用戶需要在推特（Twitter）或者谷歌自家社交網路「Google＋」上用不超過50字的內容來表述用谷歌眼鏡來做什麼，同時也可以添加5張圖片或一段15秒的視頻。此外，用戶還必須年滿18周歲並居住在美國，谷歌眼鏡預定價格為1,500美元，谷歌同時還發布了一段宣傳視頻。至此，谷歌決定讓谷歌眼鏡正式進入市場，谷歌早期的市場策略是找出創新使用者，並利用他們對早期採用者以及早期大眾進行示範，從而引導他們接受谷歌眼鏡。這可以從它的預定價格以及要求預訂者對谷歌眼鏡的用途表述中可以體現。例如1,500美元這種大眾難以接受的預售價格，可以甄別出創新使用者，說出谷歌眼鏡能用來做什麼也只有「創新使用者」才樂於去想像。可見，谷歌對谷歌眼鏡的市場化策略具有明確的計劃。

美國時間2014年4月15日，谷歌再次開放了谷歌眼鏡的購買，與以往不同的是，這次開放購買時間為一天，且僅限美國公民購買。谷歌這樣做可謂是用心良苦，之所以限定購買時間為一天，是希望控制早期的使用人群，以防產品出現缺陷時控制好風險，並能根據使用者的反饋及時改進產品缺陷，也希望首批使用人群給大眾起示範作用，引導他們使用谷歌眼鏡。

行銷策略5：限制首批使用者轉讓谷歌眼鏡

谷歌眼鏡首批使用者在領取谷歌眼鏡時，谷歌明確規定不能以任何形式轉讓給其他人，否則谷歌有權力取消眼鏡的使用權。這種策略也體現出了谷歌在創新擴散時採取逐步擴散的策略，先在小範圍的人群內進行測試，及時發現谷歌眼鏡存在的不足，再進行快速改進，等到產品達到普通消費者能輕易使用的程度，再開放購買，以便確保創新產品市場化能順利進行。

谷歌的行銷策略取得了很大的市場成效。2013年2月20日，谷歌眼鏡的預售正式啟動，人數僅限8,000人，這8,000副谷歌眼鏡全部銷售一空。2014年4月15日，谷歌再次放開了谷歌眼鏡的購買，還是取得了不錯的市場成績。谷歌眼鏡在科技界開闢了可佩帶設備這樣一個新的領域，通過其產品強大的功能，引起了科技評論員和科幻小說作者等對產品的評價，獲得后續持續的免費宣傳。

（資料來源：黃曉奇，王梅. 向谷歌眼鏡學推廣［J］. 銷售與市場：評論版，2014（10）.）

第一節　信息流與消費者行為

一、口傳過程與意見領袖

(一) 口傳及其重要性

口傳是「口頭傳播」(Word of Mouth) 的簡稱，是指個人之間面對面地以口頭方式傳播信息。

口頭傳播在有限的空間內進行，傳播途徑短，時效性強，並且多數情況下是一對一式的傳播，很少受其他信息干擾。口頭傳播是在生活情景中發生的，因此信息接收者對信息源及信息本身的警戒心理比較低，不像對商業媒體上發送的信息那樣帶有懷疑、躲避、抵觸甚至厭惡的心理。口頭傳播多發生於熟人之間，信息發送者與信息接收者彼此熟悉、相互信任，因此提高了信息的可信度。口頭傳播的信息發送者與信息接收者生活在同一社會階層，他們有更多的相同生活經驗，所以信息的編碼與解碼相當吻合。

口傳對消費者購買行為有著重要的影響。口頭傳播就像是一個增生反應。在一個 10 個人的群體中，如果每個人有 10 次經歷，那麼就是 100 次的直接經驗。如果每人再將自己的經歷告訴 10 個人，那麼經歷的次數就會增加到 1,000 次。莫里恩調查了消費者對 60 種不同產品的購買，詢問消費者是受何種信息渠道的影響而做出購買決定的。結果顯示，口傳所解釋的購買次數是廣告的 3 倍。費德蒙和斯賓塞所做的研究發現，搬進某一社區的新居民中，2/3 的人是通過與他人交談獲得信息而找到他們現在所熟悉的醫生的。

不僅如此，口傳較其他傳播方式對消費者的影響更大。卡茨等人在第二次世界大戰後做的一項研究表明，口傳的有效性是廣播廣告有效性的 3 倍，是人員推銷有效性的 4 倍，是報紙和雜誌廣告有效性的 7 倍。小懷特調查了美國費城郊外居民區裡的空調安裝情況，他發現某些住宅區裡幾乎家家都有空調設備，而在另外的住宅區裡幾乎戶戶都沒有。他認為這是由街坊鄰居口傳信息所造成的。

當然，需要看到，對於商家來說，口傳是一把「雙刃劍」，既傳達正面信息，也傳達負面信息。通常，負面口傳較正面口傳對消費者的影響更大，即所謂「好事不出門，壞事傳千里」。阿恩德 (J. Arndt) 在一項調查中發現：在收到正面口傳信息的被試中，54% 的人試用了該產品；在收到負面口傳信息的被試中，只有 18% 的人嘗試了該產品。那麼，在消費者購買產品時，為什麼被試在決策時對負面信息會給予較正面信息更大的權重呢？一種可能的解釋是：在消費者眼裡，大多數產品都是比較好的，不好的產品在所有出售的產品中占的比重很小。一旦出現關於產品的不好的信息，這一信息將會更加引人注目，消費者會更多地考慮這一信息，並在決策時增加它的權重。

(二) 口傳產生的原因

口傳產生的原因可以從信息傳播方和信息接收方的角度分別考察。

對於傳播方而言，通過提供信息影響別人的購買行動，主要是出於以下幾方面的考慮：①可以獲得一種擁有權力和聲望的情感。從某種意義上講，信息代表一種權力，擁有更多的信息就意味著更大的權力，個體給別人提供信息就是這種權力的體現。②可以減輕對自身所做購買決定的疑慮或懷疑。個體通過信息的提供和說服，動員他人購買相同的產品，會減輕購買產品後的不協調感，並為購買決定的合理性與正確性提供新的支持力量。③增加與某些人或某些團體的社會交往，獲得這些人或這些團體的認同或接納。④可以獲得某些可見的利益。根據「知恩圖報」和「禮尚往來」的社會規範，個體給別人以有價值的信息，接收者必然會在將來給予適當的回饋。

對於接收方而言，主要出於以下幾方面的考慮：①可以獲得較廠商或賣方所提供的更值得信賴的信息。②降低購買風險所引起的躁動與不安。一般而言，當購買的產品很複雜，產品被別人窺見的機會很多，或者當產品很難用某些客觀的標準來判斷其品質的時候，消費者所知覺到的購買風險就會較高。此時，他除了從公共傳媒獲取信息外，還會積極地從個人渠道搜尋信息。③可以減少信息搜尋時間。個體從周圍的熟人、朋友或其他消費者那裡獲取信息，既方便又省時，在很多情形下是一種有效的信息獲取方式。

(三) 口傳的模型

信息在人際中的傳播主要有涓流效應模型、兩步流動模型、多步流動模型、口傳網路模型。

1. 涓流效應模型（Trickle-down Model）

這種理論認為，某種新的產品或新的觀念，最先由富裕階層所採用。他們率先採用創新事物，主要是想將自己與較低社會階層的人員相區分。出於模仿和仿效，較低社會階層的人也會逐步採用這些新的事物。這樣，新的產品或觀念就由富裕階層傳遞到較低階層，並擴散到社會大部分民眾中。

涓流效應理論雖然也能解釋某些創新擴散現象，但它忽略了兩個方面的問題：首先，現實當中，同一社會階層成員之間較不同社會階層人員之間的接觸、交流要頻繁得多，不同社會階層之間的溝通相對而言是很少的，涓流效應模型對這一點沒有做出充分的說明。其次，在現代社會，借助於大眾傳媒，關於新潮事物的信息可以同時大量地傳播到世界上每一個角落，因此，信息的傳播更像洪水而不像涓流。

2. 兩步流動模型（Two-step Flow）

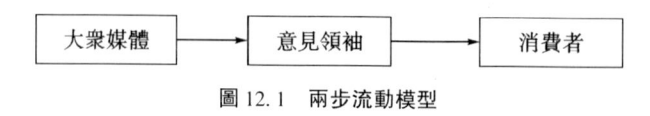

大眾媒體 → 意見領袖 → 消費者

圖 12.1　兩步流動模型

和涓流效應模型不同，兩步流動模型不是將人際影響視為不同社會階層之間的垂直影響，而是將其視為發生在同一社會階層內的垂直影響。兩步流動模型假定在每一群體或階層內都存在著意見領袖，而意見領袖對其所屬群體的大多數成員都有較大的個人影響，產品信息正是借助這種個人影響得以擴散。很顯然，根據這一模型所提出的

理論認為，產品信息在傳播過程中，行銷者最重要的是找出不同消費者群體中的意見領袖，並將大眾傳媒的焦點對準這些意見領袖，以便通過他們將信息擴散到普通大眾。

兩步流動模型的不足之處在於它本身過於簡單，而且現實中消費者從意見領袖那裡獲取信息並不像模型認定的那樣完全處於一種被動狀態。此外，對於不同的產品，會存在不同的意見領袖，而要識別這些意見領袖實際上是很困難的，由此也在一定程度上限制了這一模型的運用。

3. 多步流動模型（Multistep Flow）

圖 12.2 是多步流動模型圖。多步流動模型認為，信息由大眾傳媒發送到三種不同類型的人：意見領袖、信息守門人和跟隨者。每種類型的人都具有給不同群體的人發送信息的能力。意見領袖對於經由大眾媒體發出的某種特定信息可以摻入自己的理解並做出解釋，然後再傳送給他人並以此影響後者。信息守門人雖不能像意見領袖那樣影響別人，但他有能力決定是否將某一信息告訴同一群體內的其他人。跟隨者則是被意見領袖或守門人提供的信息所影響的消費者。

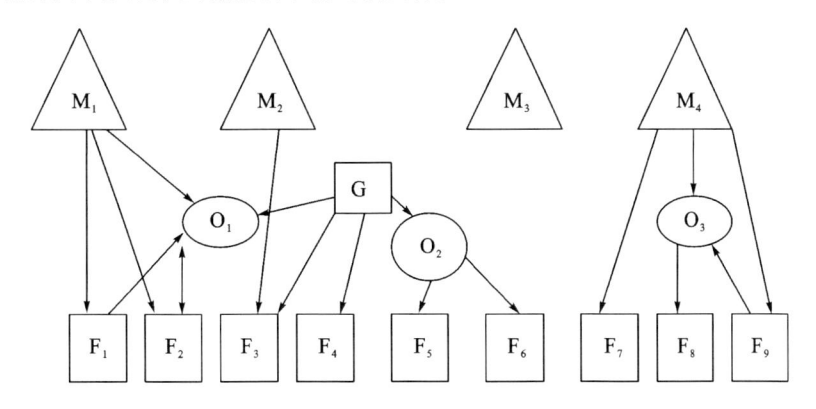

M：大眾傳播信息　　G：信息守門人　　O：意見領袖　　F：跟隨者

圖 12.2　多步流動模型

多步流動模型意識到了以下幾個重要的方面：①大眾傳播能夠抵達幾乎每一個消費者。②對於某些產品或在某些購買情形下，某些個體或意見領袖能夠影響跟隨者，但對另外的產品或在別的購買情形下，這種角色可以發生轉換，即原來的意見領袖可能成為跟隨者，而原來的某些跟隨者則可能成為意見領袖。③信息守門人能對信息的傳遞進行斟酌，決定是否將某些信息傳送給意見領袖或跟隨者。④信息能夠在三種類型的人員即意見領袖、守門人、跟隨者中往返傳遞。

4. 口傳網路模型（Word-of-mouth Network Model）

口傳是在相互認識的人之間發生的，人際關係是口傳的出發點，也是口傳的制約因素。上述幾種模型沒有考慮到口傳的人際關係特點，因此在解釋信息的流動時有一定的局限性。口傳網路模型克服了這個局限，它從人際關係角度或網路角度來解釋信息的流動。

圖12.3是存在於某大學學生中的一個簡單的口傳網路。網路中傳遞的信息是關於學生對某位髮型師的推薦。圖中帶箭頭的直線表示信息傳遞路徑。不帶箭頭的直線表示兩個學生之間的社會關係，即兩個人之間的聯繫程度。這種聯繫可以非常緊密，如兩個人經常接觸，也可以非常脆弱，如只有簡單的點頭之交。如果兩個人沒有任何聯繫，即互不認識，在圖中則沒有任何直線相連。從圖12.3中可以看出，關於髮型師的信息始於學生A，A與B和I有很強的個人聯繫，她將此信息告訴B、E和F。B然後將其從A處獲得的信息告訴她的朋友C和D。學生I是從H處獲得此信息的，后者則是從朋友G那裡瞭解到這一情況的。G又是從F處得知該信息的。

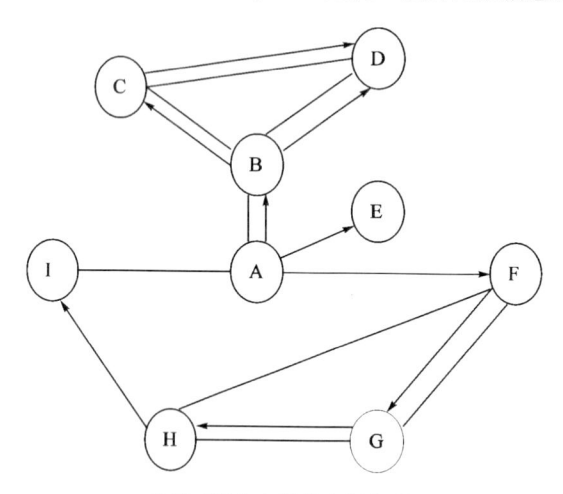

── 表示兩個人之間具有緊密聯繫　　→ 表示信息流向

圖12.3　一個簡單的口傳網路

　　圖12.3給了我們很多啟示：①兩個人之間即使存在著緊密聯繫，也不意味著一方必定會將自己擁有的某種與購買有關的信息告訴另一方。如圖12.3中的A和I有很強的聯繫，但前者並未把關於髮型師的信息告訴後者。②在一個口傳網路中，存在多個小的消費者群體，群體內部各成員之間有著緊密聯繫。如圖12.3中，B、C、D和F、G、H就分別是這樣兩個內部成員聯繫密切的小群體。③要重視弱聯繫群體的作用。口傳網路中個體之間的弱聯繫狀態，恰恰有可能為信息在不同群體之間的流動架起一座座橋樑。圖12.3中A與F之間的信息傳遞充分說明了這一點。

（四）意見領袖

　　在口傳過程中，我們經常可以發現，有些消費者會較其他消費者更頻繁或更多地為他人提供信息，從而在更大程度上影響別人的購買決策，這樣的消費者被稱為意見領袖或輿論領袖（Opinion Leader）。

　1. 尋找意見領袖的程度

　　當消費者購買一種自己不太熟悉且非常重要的產品時，向深知這種產品的人諮詢，那麼這個人就成為意見領袖。但是消費者並不是每次購買都尋求意見領袖。比如，購買牙膏等低介入度產品時，消費者較少諮詢意見領袖。又比如非常熟悉電腦的消費者

在購買電腦時也不必尋找意見領袖。消費者是否尋找意見領袖受產品的介入度和消費者對產品的知識程度等因素的影響。一般來看，介入度越高，消費者越可能尋找意見領袖；而消費者本身擁有的產品知識多，就很少尋找意見領袖。如圖12.4所示：

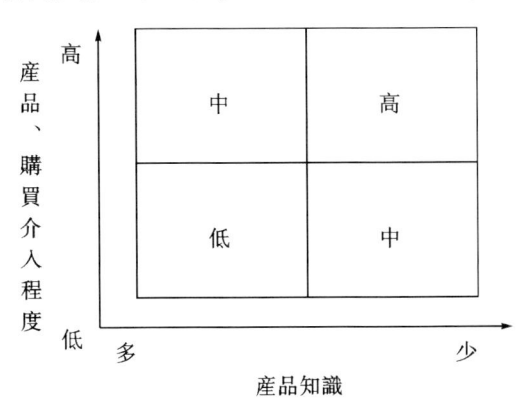

	多	少
高	中	高
低	低	中

（縱軸：產品、購買介入程度；橫軸：產品知識）

圖12.4　尋找意見領袖的程度

2. 意見領袖的類型

意見領袖通常限定在特定的產品領域或特定的購買情景，稱為單一意見領袖。有研究顯示，當某人是某種特定產品如電視機方面的意見領袖時，他亦可能成為冰箱、空調器等產品的意見領袖。也有些消費者在多個領域成為意見領袖。這樣的消費者被稱為多面意見領袖。調查表明，在有些文化背景下，單一意見領袖占主導地位，而在另外一些文化背景下，多面意見領袖占主導地位。一般認為，在傳播技術比較發達的社會裡，單一意見領袖比較盛行；在傳播技術欠發達的社會裡，多面意見領袖則較為盛行。

與意見領袖相關的概念還有信息守門人、市場通、購買夥伴和代理購買者。

信息守門人（Information Gatekeeper）是指有能力決定是否將某一信息告訴同一群體內的其他人，但不能像意見領袖那樣影響群體內的其他人。

市場通（Market Maven）是瞭解許多產品、購買場所和市場的其他方面信息的人，他們樂於與他人討論產品和購買，也向他人提供市場信息，如產品質量、價格、銷售、商店特點及其他細節性的信息。

購買夥伴（Purchase Pales）是指伴隨消費者購買的人，通常是消費者的朋友、同學、工作夥伴、鄰居等。研究顯示，男性購買夥伴更有可能被當作產品分類專家、產品信息、零售店和價格信息的來源，而女性購買夥伴則更多地用於道德支持並在購買決策中增加信心。

代理購買者（Surrogate Consumer）是指被雇用來為他人購買決策提供支持的人，往往能夠通過提供意見而獲得報酬，如衣櫥顧問、股票經紀人、室內裝潢設計師等。代理購買者的推薦會產生巨大的影響，消費者實際上放棄了自己對個別甚至所有決策功能如搜尋信息、評價備選方案或者實際購買的控制權。行銷者往往忽略了代理購買者對購買決策的大規模介入，他們可能錯誤地將傳播的目標定為終端消費者而忘記了真正篩選市場信息的代理購買者。

3. 意見領袖的特徵

市場行銷人員一直試圖找出人群中的意見領袖所具有的共同特徵。因為一旦能根據這些特徵識別意見領袖，企業就可將信息傳播的重點放在意見領袖上，並通過意見領袖將所要傳達的信息擴散到目標消費者中。

（1）人格特徵。他們具有公開的獨特的個性，比一般消費者更為活躍，更加具有自信心，而且具有較高的社會地位。他們可能比一般人更健談與合群，因而更具有影響力。

（2）獨特的產品知識。意見領袖通常對某一類產品比群體中的其他人有著更為長期和深入的介入。由於某些原因，有的人對某類產品或活動有更多的知識和經驗，因而在其他人看來，他在這方面更有權威。因此，意見領袖通常是和特定的產品和活動領域相聯繫的。

（3）豐富的市場知識。他們比一般消費者更多地接觸包括大眾媒體在內的各種溝通渠道，似乎瞭解許多產品、購物場所和市場的其他方面信息。他們一般也願意與人討論產品或購物，主動向他人介紹關於產品的大量信息。

（4）意見領袖比一般消費者採用創新產品的可能性更大，但是與創新採用者有所不同。創新者是第一個購買創新產品的人，其購買行為有一定的冒險性，而意見領袖會比較慎重地採取購買行為。

4. 意見領袖的測量

由於意見領袖對消費者的購買決策如此重要，因此行銷者對意見領袖的識別非常重要。意見領袖雖然也可以推測出來，例如耐克公司推測《跑步者世界》的訂閱者可能是散步鞋和跑鞋等產品的意見領袖，但通常採用以下四種方法進行測量：

（1）自我指定法

自我指定法是指行銷者直接詢問個體消費者是否認為自己是意見領袖。這一方法簡單易行，但依靠的是回應者的自我評價，在回答時個體消費者可能誇大自身重要性和影響力，真正有影響力的人也有可能不承認或未意識到自己的影響力。意見領袖量表如表12.1所示：

表12.1　　　　　　　　　　　意見領袖量表

請你根據你和朋友、同學關於（電腦）的互動在下列尺度上為自己打分。		
1. 你和朋友、同學是否經常談論（電腦）	很頻繁 5　　4　　3　　2	從不 1
2. 在你和朋友、同學談論（電腦）的時候，你：	提供很多信息 5　　4　　3　　2	提供很少信息 1
3. 在過去的半年裡，你向多少人介紹過一種新的（電腦）？	很多人 5　　4　　3　　2	沒有 1
4. 與你的朋友圈子相比較，你有多大可能會被問到關於某種新的（電腦）的問題？	很有可能 5　　4　　3　　2	根本不可能 1
5. 在談論新的（電腦）時，以下哪一項最有可能發生？	你向朋友介紹 5　　4　　3　　2	你的朋友向你介紹 1
6. 在你的朋友、同學的討論中，總體而言你：	常常被看作意見來源 5　　4　　3　　2	不被看作意見來源 1

註：研究者可在（　）內換填任一產品、服務類別。

（2）社會測量法

社會測量法用於描繪群體成員的溝通模式，讓社會系統中的成員識別出他們給誰意見，他們向誰詢問關於產品類別的意見和信息。常用的問題是「你向誰詢問某產品信息」「誰向你詢問產品信息」。社會測量法的問題最有效而且最容易管理，但成本高、分析複雜，需要許多回應者，適合於在人數有限且獨立的社會環境中使用。

（3）關鍵告知者方法

關鍵告知者對具體組織成員間的社會交流的本質有很好的意識和理解，可讓他們來識別出群體中最有可能成為意見領袖的個體。關鍵告知者不一定是群體中的一員，如一位教師可以識別出學生班級中的意見領袖。讓經過仔細選擇的社會系統中的關鍵告知者來指定意見領袖，常用的問題是「在組織中誰是最有影響力的人」。與社會測量方法相比，這一方法相對成本低、花費時間少，但如果不能完全瞭解社會系統，關鍵告知者有可能提供無效的信息。

（4）客觀的方法

這種方法類似「被控制的實驗」，是指人為地將個體擺在一個位置，讓他成為意見領袖並衡量他努力的結果。比如，行銷者在鬧市商業街上的一家新的餐館，邀請年輕的有影響力的商業高層和他們的朋友來用餐，並在餐館運行的第一個月給他們優惠的價格，然後跟蹤年輕顧客鼓勵他人嘗試、向朋友傳播餐館信息的情況。這種方法衡量了個體在控制的環境中影響別人的能力，行銷者在實施時要求建立一種實驗性的設計，並要跟蹤參與者的影響。

二、創新的擴散與採用

(一) 什麼是創新

創新（Product Innovation）是指新近導入市場而且被消費者視為較現有產品更為新穎的產品、服務或理念。在美國，按照聯邦貿易委員會的規定，如果一種產品在廣告中宣稱為新產品，則該產品導入市場的時間不能超過6個月。一種產品在市場是否被視作新產品，最為重要的一項是看該產品在多大程度上引起了消費者現有行為的改變。

一般來說，根據創新產品對消費者現有行為模式的影響或破壞程度，創新分為三種類型：連續創新、動態連續創新和非連續創新。

（1）連續創新（Continuous Innovation）。這是指對消費者行為模式影響有限的一種創新，它主要涉及改進型產品而不是全新產品的引進。一般來說，在原有產品上改進產品質量或可靠性等都是這種創新，這方面的例子包括新款汽車、低脂肪的酸乳酪、變頻空調等。絕大多數新產品屬於此類。

（2）動態連續創新（Dynamically Continuous Innovation）。動態連續創新的影響比連續創新要大一些，但還沒有完全改變消費者的行為模式。它可能涉及創造一種新產品或對已有產品的重大改進。如行銷者在手機上增加上網、聽音樂的功能，開發可用橡皮擦擦掉的鋼筆墨水。

（3）非連續創新（Discontinuous Innovation）。非連續創新則是會引起消費者行為發

生重大改變的創新，通常是由技術上的重大突破引起的。收音機、電視機、打印機、計算機、國際互聯網等的發明均屬這種類型的創新。

以上三種創新可以用圖 12.5 表示：

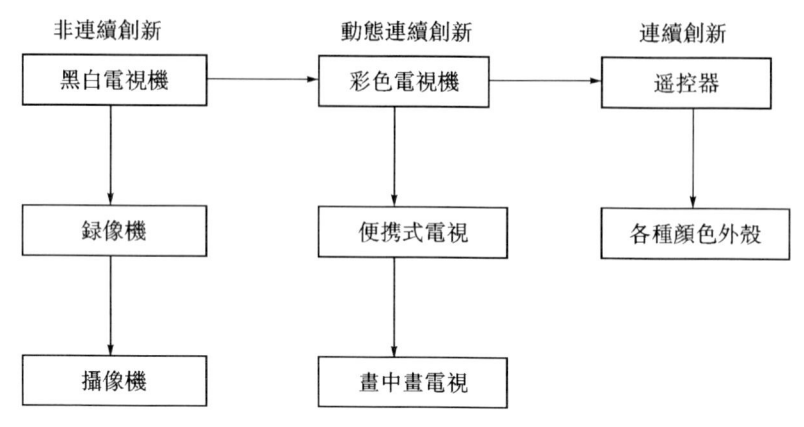

```
非連續創新              動態連續創新              連續創新
┌─────────┐            ┌─────────┐            ┌─────────┐
│黑白電視機│──────────→│彩色電視機│──────────→│ 遙控器  │
└────┬────┘            └────┬────┘            └────┬────┘
     ↓                      ↓                      ↓
┌─────────┐            ┌─────────┐            ┌─────────┐
│ 錄像機  │            │便攜式電視│            │各種顏色外殼│
└────┬────┘            └────┬────┘            └─────────┘
     ↓                      ↓
┌─────────┐            ┌─────────┐
│ 攝像機  │            │畫中畫電視│
└─────────┘            └─────────┘
```

圖 12.5　由電視機的發明引起的相關創新

　　創新還可以按照所提供的利益劃分為功能性創新和象徵性創新。功能性創新（Functional Innovations）是指新產品提供了現有產品所不具備的功能性績效利益，例如，混合動力車比傳統的汽油動力車更省油，能幫助消費者省錢，同時還可以減少環境污染。功能性創新一般是由於新的技術導致產品特徵的改變。象徵性創新（Symbolic Innovations）是指產品被賦予不同於以往的社會含義而獲得一系列無形的特性，比如新的髮型和新的流行服飾，這種創新很大程度上要借助於各種傳播手段的運用。

（二）創新的擴散過程

　　1. 影響創新擴散的產品特徵

　　並不是所有的「創新產品」對消費者來說都具有吸引力。有些創新產品如傻瓜相機，可能一夜之間就變得家喻戶曉，有些創新產品可能要花很長的時間才能贏得消費者的認同和普遍接受，還有一些創新產品如垃圾壓縮機，則似乎從來就沒有贏得過消費者的廣泛認可。研究人員發現五種產品特徵對消費者是否接受新產品具有至關重要的作用。

　　（1）相對優勢（Relative Advantage）

　　相對優勢是指潛在顧客認為一種新產品優於現有的替代品的程度。例如，相對於普通手機來說，智能手機要方便得多，可以隨時上網。正是擁有這種相對優勢，智能手機發展迅猛。

　　（2）可兼容性（Compatibility）

　　這裡的可兼容性是指潛在消費者認為某種新產品與他現有的需求、價值觀和生活方式相一致的程度。例如，很多男人每天早晨起來刮鬍子，希望自己面容清潔，也有很多男人埋怨說每天刮鬍子麻煩、浪費時間，但是男人們都不會使用新發明的脫毛膏，因為脫毛膏與目前大多數男人有關刮鬍子的價值觀不兼容。

（3）複雜性（Complexity）

複雜性是指一種新產品難以理解或使用的程度。顯然，某種產品理解和使用起來越容易，它就越有可能被消費者接受。例如，一些方便食品，如速凍餃子、方便面以及其他一些真空包裝的加熱即可食用的產品在消費者中越來越受歡迎，重要原因在於這些食品準備起來非常方便，能夠幫助消費者節省時間。

（4）可試用性（Trialability）

可試用性是指一種新產品在一定條件下是否可以試用的情況。例如，許多超市中銷售的新品牌商品，消費者都可以先少量地購買，試用以後再決定是否大量購買。實際上，廠商可以提供相對較小的包裝，以刺激新產品的試用。一些計算機軟件開發商也常常免費提供「試用版」，用戶如果感到滿意，在試用版到期後就很可能購買該公司正式版的軟件。由於深知試用的重要性，超市的行銷人員通常使用折價券或免費樣品，鼓勵消費者試用，讓他們獲得直接的產品體驗。

（5）可觀察性（Observability）

可觀察性（或可交流性）是指一種產品的屬性或利益可以被潛在消費者觀察、想像或表達的容易程度。可觀察性高的產品（如流行商品）要比私人用品（如新型號的牙刷）容易擴散得多，有形產品也要比無形產品（服務）容易擴散一些。

2. 傳播渠道

創新的擴散在很大程度上依賴於企業與消費者之間以及消費者之間的溝通。對創新擴散感興趣的研究人員，都特別注意產品信息在各種溝通渠道中的傳播，以及信息和渠道本身對於新產品的採用或拒絕的影響。一個中心的問題是非人員來源（如廣告和新聞報導等）與人員來源（銷售人員和意見領袖）的相對影響。

3. 社會系統

擴散研究中的「社會系統」與行銷中的「細分市場」和「目標市場」是同義的。一個社會系統就是人們歸屬於它並在其中發揮作用的一個物質的、社會的和文化的環境。例如，就一種新藥品來講，相應的社會系統可能包括幾個城市的所有內科醫生。就一種新的特別食品來講，社會系統可能包括所有的老年人。

每個社會系統都有它自己的價值和準則，這些價值和準則會影響甚至決定其成員對新產品是接受或拒絕。如果社會系統具有「現代」的價值取向，創新的接受程度就可能是高的。一個社會系統的價值取向會形成一種文化氛圍，行銷人員必須認真對待，以爭取消費者對其新產品的認可和接受。

4. 時間

時間是擴散過程的一條分析主線。在創新擴散的分析中，主要有三個方面會涉及時間問題：

（1）購買時間

購買時間是一個重要概念，因為消費者採用某種新產品所需的平均時間是該產品獲得廣泛採用所需時間的「指示器」。例如，如果個體消費者的購買時間較短，我們一般可以推斷該創新產品的總體擴散速度會相對快一些。

購買時間的重要影響還體現在一種創新隨著時間的推移而在特定的社會群體的心

智中轉化為一種必需品的過程。

(2) 創新採用者分類

對於同一種創新產品，不同消費者採用的時間會有先后。我們可將創新採用者分為創新者、早期採用者、早期大眾、晚期大眾和落后採用者。

表 12.2 列示了創新採用者的分類及特徵。

表 12.2　　　　　　　　　　　　創新採用者的分類及特徵

採用者分類	特徵	所占比例
創新者（Innovators）	好冒險的人，渴望嘗試新的觀念，願意挑戰大的風險，具有非常廣泛的社會關係，並且渴望與其他創新者進行交流	2.5%
早期採用者（Early Adopters）	受尊敬的人，更深地融入當地的社會系統，在採納某種新觀念前會慎重考慮，並且往往是其他群體成員的榜樣，包含了最大部分的意見領袖	13.5%
早期大眾（Early Majority）	深思熟慮的人，採用創新的時間剛剛早於平均的購買時間，在採用創新前會深思熟慮一段時間。他們很少屬於意見領袖	34%
晚期大眾（Late Majority）	懷疑論者，晚於平均時間採用創新，採用創新可能既是出自經濟上的必要，也是對周圍壓力的一種反應，對創新保持著高度的警惕	34%
落后採用者（Laggards）	守舊的人，他們最晚採用創新，眼光短淺，傳統導向，對所有新事物持懷疑的態度	16%

當然，並不是每個成員都會採用新產品或服務創新，所以還有一個額外的類別，稱為不採用者（Nonadopters）。

(3) 採用速率

採用速率涉及一種創新產品被社會系統的成員採用所需時間的長短，即它被最終採用的人接受會有多快。一般認為，新產品的採用速度有逐漸加快的趨勢。新產品行銷的目標通常是盡可能快地贏得消費者對產品的廣泛接受。他們希望實現快速的產品擴散或市場滲透，在其他競爭者採取有效行動之前迅速地建立自己的市場領導者地位，如快速滲透策略。但是，在某些特定的情況下，行銷者也可能並不希望自己的新產品被迅速採用。例如，那些更願意通過較高的價格盡快補償產品開發成本的行銷者會制定和實施撇脂策略。

(三) 創新的採用過程

我們通常認為消費者做出購買一個新產品的決定要經過五個階段：知曉、興趣、評價、試用、採用（或拒絕）。為充分反應消費者採用過程的複雜性，研究者發展了一個改進的採用過程模型，如圖 12.6 所示。

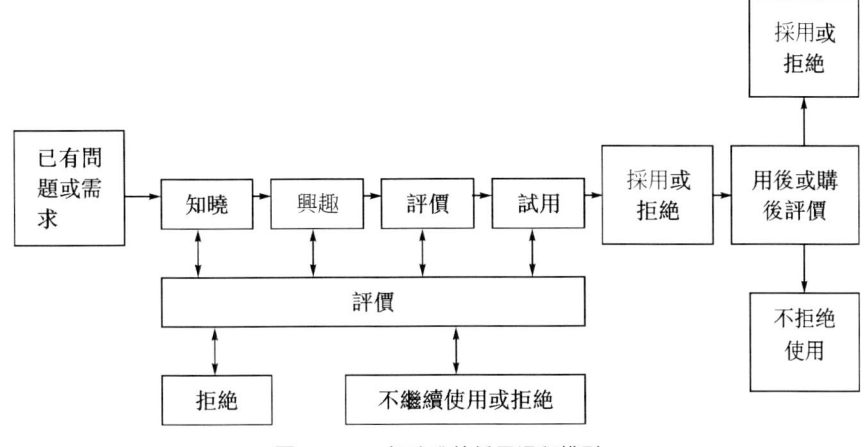

圖 12.6　一個改進的採用過程模型

三、流行系統

(一) 流行的含義與特徵

1. 流行的含義

流行（Fashion），是指一個時期內社會上流傳很廣、盛行一時的大眾心理現象和社會行為。我們從日常生活中的行為方式到人們的思維方式，從生產、消費活動到文學、藝術領域，都可以發現流行。消費流行是社會流行的一個重要內容，是指人們在消費活動中，對商品和勞務所形成的風行一時的消費模式。如服裝的流行款式、色彩，服務的消費模式等。一種時尚的出現，會形成一種強大的心理強制，無論人們是喜歡它還是反對它，都難免被捲入其中。

流行系統（Fashion System）是一個符號創新的整合系統，包括參與創造象徵性意義並將其轉化為文化產品的所有個人和組織。這裡的文化產品包括所有的文化現象，如音樂、服飾、建築等。流行可以被看成是一組代碼或語言，幫助我們解讀象徵性意義，具有情境依賴的特徵（Context-dependent）。對同一產品，不同的消費者在不同的情境可以做出不同的解釋。因此，流行產品沒有確切的意義，認知者感受到的意義取決於認知者本身的詮釋，存在著很大的詮釋空間。

當某一流行當道時，會有很多人追逐這一流行，因此流行被很多學者看作是一種集體行為（Collective Behavior）。在整個流行過程中，我們不可忽略文化守門者（Cultural Gatekeepers）所扮演的角色，他們主要負責篩選流向消費者的信息與題材，包括電影、媒體評論人、美食評論家、服裝設計師、內部裝潢設計師等。他們從一系列普通的文化類別中汲取靈感，把某一象徵性的備選物挑選出來的過程，稱為集體選擇（Collective Selection）。因此流行是人為製造的現象，人們可以通過各種傳播媒體，利用某些事物，創造一切機會來製造流行。

2. 流行的特徵
(1) 流行具有從眾性
流行是多數人參與和追求的現象，具有數量上的優勢。正是這一點使得流行與時髦有所區別。社會心理學家認為時髦只流行於社會上層極少數人中間，以極端新奇的方式出現，一般沒有廣大的追隨者。而流行則不同，它是多數人特別是社會中下層人所樂於追隨和加入的。

(2) 流行具有時期性
流行一般是在一定時期內風行一時，過了這段時間后便不再流行。流行時間有長有短。有的產品或行為，表現為人們對這些事物的狂熱追求，短時期內即在大多數人中間風行，但它們往往是曇花一現，來得快，消失得也快。另外一些產品或行為，流行的時間則相當長，如牛仔褲。也有一些流行現象，如服裝的款式具有循環往復的特徵。

(3) 流行具有反傳統性
流行的最主要特徵就是與傳統相悖。這是因為傳統是多年形成的，是某種守舊。而流行則是以標新立異吸引大眾的。當大家習以為常后，行銷者又推出新式樣，使其又成為流行的內容。

(4) 流行追隨的差異性
對於流行的追隨，在不同性別、不同年齡、不同性格的人群中會表現出較多的差異。從強度上看，女性較男性更熱衷於流行，青年人較老年人更熱衷於流行，虛榮心、好奇心、好勝心強的人也更容易參與流行。從內容上看，不同性別、不同年齡和性格的人也會表現出不同。

(二) 有關流行的起源和擴散的主要觀點

流行作為一種社會現象，不是孤立地存在和發展的，而有其深刻的社會根源和心理根源。流行的產生和發展與社會生產力的發展水平和人類文明程度密切相關。人們對流行的起源和擴散的解釋主要有心理學模型、經濟學模型、社會學模型和「醫學」模型。

1. 流行的心理學模型
流行是人們一定心理需要的滿足方式。許多心理因素有助於解釋人們為何要追趕潮流，這些因素包括模仿、從眾、反叛、多樣性尋求、個人創造力等。

法國社會學家塔爾德認為流行是建立在個人間相互模仿基礎上的社會現象。楊格指出「失望感的補償」「自卑感的補償」「自我擴張的慾望」，以及「冒險和嘗試新奇」「顯示地位和個性」「追求自由和進步的衝動」，構成了採用流行的心理條件。人們採用流行，一方面是出於模仿他人、適應社會的「協調性願望」，另一方面又包含著希望區別於他人的「差別化願望」，以體現人的個性。「協調性願望」促使人們不能遠離流行，要加入或參與到流行中去；「差異性願望」則促使人們不安於現有流行而不斷追求新的流行。

2. 流行的經濟學模型
經濟學家用供求模型來解釋流行的原因，認為供給的商品有限，其價值越高，而

唾手可得的商品則不那麼受追捧。消費稀缺商品會得到尊重與贏得聲望。流行產品的需求曲線還受到其他因素的影響，包括聲望獨占效應——高價格仍能創造高需求，以及需求效應——低價格實際上會減少需求（便宜沒好貨）。

3. 流行的社會學模型

大多數社會學家都傾向於將流行視為聲望群體的競爭形式。齊美爾提出的向下蔓延理論（Trickle-down Theory）是解釋流行過程最有影響力的理論之一。該理論認為，在一個存在階層的開放社會中，精英階層力圖用一種明顯的標示，如服飾、生活方式等使自己與別的階層相區別。中下層的成員也想借用這些標示來抬高自己的地位。當中下層大部分人都採用了這些最初為上層社會所採用的標示時，精英階層必須引入新的區分標示，於是又會興起新的競爭潮流和新一輪事物的流行。齊美爾主張將流行看作是一個循環過程，看作是精英階層為區分自己的社會地位而發起的一種運動。這的確對流行為何會引入社會以及它是如何擴散和傳播到社會中並最終消失提供瞭解釋。不僅如此，它也解釋了流行為什麼在等級森嚴的社會以及現代社會的某些方面，如公用事業方面、宗教方面沒有流行的原因，因為這些方面沒有社會地位的區分。

4. 流行的「醫學」模型

牛仔褲起初只是地位較低的人穿著，但突然之間受到各階層的寵愛，儘管當初並沒有人為牛仔褲的推廣做過任何努力。文化傳承單元理論（Meme Theory）運用醫學上的「病毒傳染」的隱喻解釋了這一過程。文化傳承單元（Meme）是指隨時間推移進入人的意識中的觀念或產品。根據這一理論，文化傳承單元在消費者中以幾何級數方式遞增傳播，這就像開始時數量很少的病毒，迅速地感染大量的人，直到它成為一種傳染病，波及許多人。許多產品的擴散都呈現出這種特徵，最初只有少數人使用某一產品，但當達到某一臨界點時，轉變就突然發生了。有人將這一點稱為引爆點（Tipping Point）。比如，夏普（Sharp）在1984年推出了首款低價位的傳真機，當年的銷售量大約為8萬部。其後的三年中，傳真機的銷量只是緩慢上升，直到1987年，由於相當多的人已有了傳真機，很多人突然間都意識到應該擁有一臺傳真機——在那一年，夏普賣出了100萬臺。移動電話的擴散也遵循了相同的路徑。

(三) 流行的生命週期

不管是長達幾十年的流行，還是短短一個月的流行，流行過程有一個基本的生命週期。和產品的生命週期十分相似，流行的生命週期也會經歷從導入、接受到衰退的階段，如圖12.7所示。

以服裝款式的流行為例。在導入階段（Introduction Stage），服裝可能經由時尚媒體或是一些時尚領導人物的介紹或穿著示範而引入市場。隨著該服裝的頻頻曝光，大多數人開始接受該款服裝，進入接受階段（Acceptance Stage），該款服裝的銷量不斷攀升。最後到了衰退階段（Regression Stage），該款服裝由於被過度接納而達泛濫的狀態，最終導致過時，被新的款式所替代。上述三個階段又可分為創新（Innovation）、爬升（Rise）、加速（Acceleration）、全面接受（General Acceptance）、下降（Decline）、過時（Observance）六個階段。

圖 12.7　標準流行週期

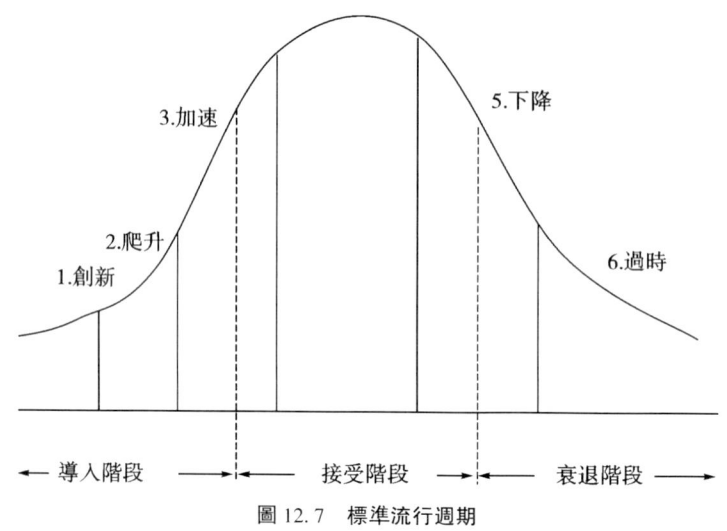

　　根據流行生命週期的相對長度，我們可以區分出不同類型的流行。

　　經典（Classic）是一種生命週期極長的流行，也可以說稱為一種趨勢（Trend）。在某種意義上，經典是「反流行」的，因為它能在很長一段時間內對購買者保證穩定性和低風險性，如牛仔褲。

　　時尚（Fashion）大約具有中等長度的生命週期，介於經典和時髦之間。時尚往往具有某些必要的屬性，以使其獲得消費者的接受。

　　時髦（Fad）或稱狂熱，是一種壽命很短的流行，一般只在有限的人之間流行，通常是屬於同一層級間的橫向流行。通常，時髦具有以下特徵：非功利性的，對於人沒有太大的功能；衝動下採用的，在採用前沒有經過理性決策；快速散布，很快獲得接受，但壽命卻很短，如風靡一時的電子寵物。

第二節　互聯網與消費者行為

一、互聯網與網路行銷概述

（一）互聯網的出現與網路行銷的發展

　　互聯網也稱因特網、國際互聯網，是指一種網路通信協議，它規範了網路上所有的通信設備，尤其是一個主機與另一個主機之間往來的格式與傳達方式，通過這樣的協議，把各種不同型號的分佈於世界各地的計算機相互連接，從而達到知識、信息與資源的共享。

　　網路行銷的產生，是科技進步、消費者價值觀變革、商業競爭等綜合因素所促成的。現代電子技術和通信技術的應用與發展是網路行銷產生的技術基礎。消費者行為與以往相比呈現出個性消費的迴歸、主動性增強、對購買方便性的需求與購物樂趣的

追求並存等價值觀的變化。對企業來說，開展網路行銷，可以節約大量昂貴的店面租金，減少庫存商品資金占用，使經營規模不受場地限制，便於採集客戶信息等，這些都使得企業經營的成本和費用降低、運作週期變短，從根本上增強企業的競爭優勢，增加營利。

作為一種行銷渠道，互聯網的這些特點改變了消費者對於產品和服務的購買方式，解除了傳統零售方式在時間和地點上的限制。信息的大量可獲得性、信息搜索的方便性及因特網對消費者的信息比較評估過程所做出的幫助，都對消費者的網路購買和非網路購買決策起到更大的作用。

(二) 網上購買的產品和服務及購買動機

1. 網上購買的產品和服務

隨著網路技術的發展和其他科學技術的進步，將有越來越多的產品在網上銷售。在網路上銷售的產品，按照產品性質的不同，可以分為兩大類，即實體產品和虛體產品，見表12.3：

表12.3　　　　　　　　　　網路行銷產品分類

產品形態	產品品種		產品
實體產品	普通產品		消費品、工業品、舊貨等實體產品
虛體產品	軟件		電腦軟件、電子游戲等
	服務	普通服務	遠程醫療、法律救助航空、火車訂票、入場券預定、飯店、旅遊服務預約、醫院預約掛號、網路交友、電腦游戲
		信息諮詢服務	法律諮詢、醫藥諮詢、股市行情分析、金融諮詢、資料庫檢索、電子新聞、電子報刊、研究報告、論文等

2. 網上購買的動機

網路消費者的購買動機是指在網路購買活動中，能使網路消費者產生購買行為的某些內在的驅動力。

(1) 網路消費者的需要

馬斯洛的需求層次理論對網路消費需求層次分析同樣也有重要的指導作用。在虛擬社會中人們聯繫的基礎實質是人們希望滿足虛擬環境下三種基本的需要：興趣、聚集和交流。

①興趣。分析暢遊在虛擬社會的網民可以發現，網民之所以熱衷於網路漫遊，主要出自於兩種內在驅動：一是探索的內在驅動力。人們出於好奇的心理，驅動自己沿著網路提供的線索不斷地向下探究，希望能夠找出符合自己預想的結果，有時甚至到了不能自拔的境地。二是成功的內在驅動力。當人們在網路上找到自己需求的資料、軟件、游戲或者進入某個重要機關的信息庫時，自然會產生一種成功的滿足感。

②聚集。虛擬社會為具有相似經歷的人們提供了聚集的機會，這種聚集不受時間

和空間的限制，並形成了富有意義的個人關係。通過網路而聚集起來的群體是一個極具民主性的群體。在這樣一個群體中，所有成員都是平等的，每個成員都有獨立發表自己意見的權利，在現實社會中經常處於緊張狀態的人們渴望在虛擬社會中尋求到解脫。

③交流。聚集起來的網民自然會產生一種交流的需求。隨著這種信息交流的頻率增加，交流的範圍也在不斷擴大，從而產生示範效應，帶動對某些種類的產品和服務有相同興趣的成員聚集在一起，形成商品信息交易的網路虛擬社會。網民對於這方面信息的需求永遠是無止境的。

（2）網路消費者的動機

網路消費者購買行為的動機主要體現在理智動機、感情動機和惠顧動機三個方面。

① 理智動機。這種購買動機是建立在人們對於在線商場推銷的商品的客觀認識基礎上的。網路消費者大多是中青年，具有較高的分析判斷能力。他們的購買是在反覆比較各個在線商場的商品之后才做出的，對所要購買的商品的特點、性能和使用方法，早已心中有數。理智購買動機具有客觀性、周密性和控制性的特點。

② 感情動機。感情動機是由人的情緒和感情所引起的購買動機。這種購買動機還可以分為兩種形態：一種是低級形態的感情購買動機，它是由喜歡、滿意、快樂、好奇而引起的。這種購買動機一般具有衝動性、不穩定性的特點。還有一種是高級形態的感情購買動機，它是由人們的道德感、美感、群體感所引起的，具有較大的穩定性、深刻性的特點。

③ 惠顧動機。這是人們基於理智經驗和感情之上，對特定的網站、圖標廣告、商品產生特殊的信任與偏好而重複地、習慣性地前往訪問併購買的一種動機。具有惠顧動機的網路消費者往往是某一站點的忠實瀏覽者。他們不僅自己經常光顧這一站點，而且對眾多網民具有較大的宣傳和影響功能，甚至在企業的商品或服務一時出現某種過失的時候，也能予以諒解。

二、網上購買的決策過程

網路消費者為完成購物或相關的任務時，會在網上虛擬的購物環境中瀏覽、搜索相關商品信息，搜尋必要信息，並實施決策和購買。網上消費者的購買決策過程一般也分為五個階段：喚起需求、收集信息、比較選擇、購買和購后評價。

（一）喚起需求

網路購買過程的起點是誘發並喚起需求。在傳統的購物過程中，誘發並喚起需求的動因也是多方面的，內部需求、外部刺激都可以成為「觸發誘因」。對於網路行銷來說，誘發需求的動因只能局限於視覺和聽覺，因而網路行銷對消費者的吸引是有一定難度的。作為企業或中間商，一定要注意瞭解與自己產品有關的實際需要和潛在需要，掌握這些需求在不同的時間內的不同程度以及刺激誘發的因素，以便設計相應的促銷手段去吸引更多的消費者瀏覽網站，誘導他們的需求慾望。而作為行銷人員，要研究和瞭解引起消費者內在需求的環境，並為消費者構建一種「觸發誘因」，以喚起消費者

的需求。當前許多電子商務網站採用多種方法來喚起消費者的需求。

(二) 收集信息

一位被喚起需求的消費者可能會去積極地尋求更多的信息。消費者首先在自己的記憶中搜尋可能與所需商品相關的知識經驗，如果沒有足夠的信息用於決策，他便要到外部環境中去尋找與此相關的信息。由於消費者很容易從互聯網上獲得大量的信息，因此，互聯網成為影響消費者購買前活動的最有效的渠道。有研究顯示，有半數以上的新車購買者和 1/3 的二手車購買者會在購買前到互聯網上進行研究，包括看評論、功能介紹和出廠價格。

除了網站本身提供的各種信息，消費者還有另外一個重要信息來源就是口碑溝通。口碑溝通在網上就表現為網上討論、聊天室和社區討論。有研究表明，相對於那些從行銷者來源（如公司網）中獲取信息的消費者，從網上討論（如論壇和公告牌）中收集信息的消費者對產品相關話題更感興趣。

研究表明，如果消費者總體上對網上購物持有正面態度，他們就更可能會表現出通過互聯網來搜索和購買的意向。在互聯網上的購買經歷越多，消費者就越希望通過互聯網進行搜索和購買。行銷者需要在消費者使用互聯網進行搜索時，為消費者創造一種極其方便、愉悅的環境，這樣網上搜索才會轉化為網上購買。

(三) 比較選擇

電子推薦工具可以對不同零售商的價格和產品進行比較，對圖書、服裝、電子產品、軟件、珠寶和健康美容產品的價格和商店進行比較。研究者在運用比較代理系統（Shopbot）分析了消費者行為后，發現在消費者的比較選擇中，價格是很重要的一個決定因素，除此之外，零售商的品牌也很重要，消費者會通過品牌來判斷零售商的送貨時間等問題。因此，為了保證正面的品牌形象，網站應該努力在使用方便性、送貨服務、隱私政策和退貨政策方面為消費者提供一種積極的網上零售經歷。

由於消費者在互聯網上面臨大量的選擇對象，有關選擇對象的信息也很多，因此，消費者很難利用補償性模式進行評估。消費者一般採用非補償性模式進行比較選擇，聯結式規則、非聯結式規則、按序排除規則、辭典編輯規則都可以運用。例如，消費者可以在網站上，根據他們對價格、分辨率、數碼焦距、手動焦距和內置閃光燈等不同標準方面的偏好對不同品牌的數碼相機進行比較，然后，網站會將滿足消費者要求的不同品牌的相機放在一個表格裡進行比較。消費者根據這個表格就可以很容易地評估選擇對象並做出選擇。

(四) 購買

一旦消費者對選擇對象進行了評估之後，就面臨兩種選擇：一是利用互聯網上所獲得的信息，到現實中的傳統商店去購買產品；二是可以直接在互聯網上進行購買。網上行銷者正在試圖通過個性化策略使消費者的購買過程更富有吸引力。但是，消費者因為其在網上提交給零售商的信息的隱私問題及信用卡交易的安全性問題而擔心。

1. 運用個性化策略

在網上購買中，消費者常常因為所購買的商品不能滿足自己的個性化要求而要求退貨，如網購服裝不合身。網上零售商就致力於發展個性化策略，如一家網上服裝零售商，將消費者的數據發送給軟件公司，軟件公司利用一些運算法則，根據消費者的特點來製作合適的服裝款式，這種款式又以電子化的形式傳遞到定做生產商那裡。這樣，消費者和網上零售商都可以從個性化中受益，消費者得到合身的服裝，而網站的退貨率也會下降。

在大規模定制化生產的條件下，生產過程中的製造技術十分靈活，而電腦在處理消費者特定偏好方面也具備很強的能力。因此，消費者能夠常規性地向產品生產過程直接輸入其信息，這種過程叫作合作生產。由於可以直接連到生產系統中，消費者也可以從事自助服務、自助設計、自助訂購和自主規格設定。這種大規模定制化和個性化策略的運用，可以大大增加消費者在網上購買的可能性。

2. 網上購買的問題

（1）網上購買的隱私問題

消費者在網上購物中越來越關注上網時所要公布的個人信息以及這些信息的使用情況。有調查顯示，只有6%的被調查者對網站處理其個人信息的方式表示信任；72%的被調查者認為，如果公司將收集到的消費者信息提供給其他公司的話，那就是對他們隱私權的嚴重侵犯。

許多公司利用鑒定技術、過濾器、審計控制、專門的軟件、專業諮詢服務和以消費者允許為基礎的認證技術來保護消費者隱私數據的安全。隱私問題對於孩子來說更為重要，在網站上公布的孩子的信息可能被壞人利用，或者被公司出於行銷目的而濫用。

如果消費者的隱私得不到保護，消費者的信息被外泄，消費者越來越可能會向網站提供不完全的信息，會將收到的行銷信息看作垃圾郵件向網路服務商報告，或者要求從郵件發送列表中除名，對發送垃圾郵件的組織大發雷霆，減少在網站上的註冊，相應地減少購買行為。

（2）網上購買的安全問題

影響消費者選擇網上購物的一個重要原因是網上支付的安全問題。研究顯示，對於安全問題的擔憂，不同國家有所不同：在法國，63%的被調查者認為安全問題是主要擔心的問題；而在中國，只有15%的人認為安全問題是主要擔心的問題；47%的美國人認為網上信用卡詐欺是主要擔心的問題。網站用來解決安全問題的一種方法就是強迫消費者在登錄網站時填寫用戶名和密碼。

（3）網上購買的信任問題

對於網上零售商來說，安全和隱私問題的最終解決方案就是促使消費者對其品牌形成信任。一項針對北美、西歐和拉丁美洲12個國家299位消費者進行的研究表明，影響消費者網上購買傾向和忠誠的三個重要因素是網站質量、情感和信任。網站的信譽對於購買傾向和忠誠都有正面影響。也就是說，網站需要通過提供服務保證、隱私政策、第三方提供的信譽證明以及消費者推薦來促使消費者形成對它的信任。

（4）網上購物的交貨問題

不少購物者認為，運輸和交貨問題是他們放棄網上購物的一個重要原因。由於運輸成本是網上零售商的一項重要成本，零售商應該事先把有關運輸費用的信息告訴消費者，不要到消費者購買過程的最后一步才說明。零售商按照產品質量對運輸費率進行標準化也會使消費者感到更加舒服一些。

（五）購后評價

1. 滿意與忠誠

產品的購后評價往往決定了消費者今后的購買動向。有研究顯示，最滿意的網上消費者平均消費 673 美元，而最不滿意的網上消費者平均只消費 428 美元。如果消費者對第一次網上購物的經歷感到滿意，那麼他就可能會在網上進行更多次消費，消費支出也會更多。消費者在零售網站上遇到的問題有上傳速度慢、交費后收不到產品、反應速度慢等。網上零售商利用電子郵件、論壇、博客等收集消費者購后評價之后，通過計算機的分析、歸納，可以迅速找出網上消費者不滿的原因，制定相應對策，改進產品和服務。

消費者忠誠是網上企業創造利潤的主要驅動力。消費者的忠誠表現在兩個方面，一是重複到某一網站購買產品或服務，二是向其他消費者推薦某一網站。研究表明，一家網站只有在能夠保證一個消費者在 12 個月內訪問網站 4 次的情況下才能實現盈虧平衡。另外，推薦來的消費者是新消費者當中最好的一種，因為網站不需要支付任何成本就可以使他們訪問網站，提供更多收入，而且如果他們對購買感到滿意的話，還可以推薦更多的人。因此，網上零售成功的決定因素就在於培養消費者忠誠。

2. 處理退貨

網上購買過程中最令人煩惱的部分莫過於處理退貨。消費者喜歡網上購物的方便性，同時，如果產品不能令人滿意，就必須再將它運回公司，這非常令人討厭。7 天無條件退貨、上門取貨，可以解決這一問題。

本章小結

信息傳遞的方式決定了信息傳遞的效率，也影響消費者對信息的接收與信賴。而互聯網的快速發展，極大地改變了消費者的購買行為模式。

口傳是指個人之間面對面地以口頭方式傳播信息，口傳較其他傳播方式對消費者的影響更大。信息在人際中的傳播主要有涓流效應模型、兩步流動模型、多步流動模型、口傳網路模型。口傳中，有些消費者會較其他消費者更頻繁或更多地為他人提供信息，從而在更大程度上影響別人的購買決策，這樣的消費者被稱為意見領袖。意見領袖有其獨有的特徵，行銷人員要善於創造和發現意見領袖，通過意見領袖來影響他人。

創新是指新近導入市場而且被消費者視為較現有產品更為新穎的產品、服務或理念。創新採用者分為創新者、早期採用者、早期大眾、晚期大眾和落后採用者。而流

行是指一個時期內社會上流傳很廣、盛行一時的大眾心理現象和社會行為。流行的產生，有其深刻的社會根源和心理根源。

隨著互聯網的發展，網路行銷也迅猛發展起來。網上購買的消費者具有一定的人口統計特徵。網上消費者希望滿足興趣、聚集和交流的需要，並出於理智動機、感情動機、惠顧動機進行購買。網上購買的決策過程同樣分為五個階段，每個階段有著與傳統購買不一樣的特徵。

關鍵概念

口傳　意見領袖　信息守門人　創新　流行　網路行銷　網上購買決策過程

復習題

1. 什麼是口傳？口傳對於行銷來說有何意義？
2. 口傳為什麼會產生？結合現實行銷活動舉例說明。
3. 闡述口傳的幾種模型，結合現實行銷活動舉例分析說明。
4. 什麼是意見領袖？怎樣尋找意見領袖？
5. 什麼是創新？簡述創新的擴散過程。
6. 什麼是流行？結合現實行銷活動說明流行的特徵。
7. 比較分析對流行進行解釋的幾種模型。
8. 網上購買消費者的需要與動機與傳統購買者有何不同？
9. 網上購買的決策過程有何特點？結合現實行銷活動舉例說明。

實訓題

項目 12-1　口傳網路模型研究

針對選定產品類別，每組成員運用社會測量法，識別意見領袖，繪製出口傳網路模型並進行分析。

項目 12-2　網上購物決策過程研究

針對選定產品類別，每組成員描述網上購買決策過程，與傳統購買決策過程進行比較分析，提出相應的行銷建議。

案例分析

來看看這款社交軟件——愛時間，顧名思義，與時間息息相關，但令很多人沒想到的是，這是一款能讓時間變現的 App 應用軟件。愛時間是一款獨特的 O2O 時間社交應用軟件，愛時間的會員們只要通過這個平臺，就可以輕輕鬆鬆讓無形的時間變現，通過出售自己的時間賺取報酬，也可以花費金錢購買他人的時間解決難題。你會不會

覺得有種很玄妙的感覺？愛時間的定位就是一款創造價值的社交App，這個價值既可能是金錢回報，又或是能得到有幫助的東西，這裡邊可能包括一些技能、興趣、朋友、感情等。

自2014年5月上線以來，愛時間迅速集結了包括「專家、文藝青年、明星、暖男」等在內的一個龐大的用戶群，每天的活躍人數維持在1萬左右，這已經遠遠超過很多App軟件所期望的目標。

如此火爆，到底是因為什麼？

愛時間為陌生的交往需求提供了另外一種可能，將時間的價值屬性與社交需求進行有效的銜接。基於定位服務（LBS）的實名認證社交機制，以發佈事件的時間、空間、地點的節點，來區隔社交區域，再由用戶選擇社交對象和路線。愛時間讓陌生人社交的一切都是可控的，沒有額外的時間成本支出，無須擔心上當受騙。

愛時間現階段採取的是一種「粉絲放大器」的傳播方式，並沒有做大規模的推廣，主要依靠的還是新媒體，通過創始人喬松濤的個人微博、微信及官方微博微信來展開。此外，愛時間還通過一系列的名人時間推薦，如佟麗婭、楊冪等，將公眾人物的時間和普通人的時間畫等號，以此打破明星和普通人之間的時間和空間上的界限，給無數的「屌絲」一個與心目中的女神接觸的機會（雖然更多時候是一種「海市蜃樓」）；同時，通過一些線上活動來擴大關注度。社交網路的建立是基於人與人之間的信任關係，信任的流動是信任的傳遞。企業建立的用戶關係信任度越高，口碑傳播越廣。

討論：
1. 作為一款互聯網產品，愛時間為什麼能吸引消費者？
2. 愛時間在推廣傳播中，其信息是如何流動的？

第十三章 影響消費者行為的情境與倫理因素

本章學習目標

◆ 掌握消費者情境的構成
◆ 掌握消費者情境的類型
◆ 瞭解企業行銷倫理行為的表現
◆ 瞭解消費者的疏忽行為和異常行為

開篇故事

安踏兒童：多元化擴張的新樣本

2008年8月，安踏兒童（KIDS）第一家門店在成都伊藤洋華堂正式開業，安踏成為第一家進軍兒童市場的國內體育用品品牌。經過五載有餘的辛勤耕耘，2014年6月底，安踏兒童擁有門店987家，2014年年底安踏兒童將迎來千店時代。從無到有，安踏童裝的成長經歷成為本土品牌多元化擴張的新樣本。

安踏KIDS定位於為兒童提供具有運動保護的高性價比運動裝備，同時肩負培養兒童對安踏品牌的認知度和忠誠度。儘管，安踏在成人體育用品業務領域擁有豐富的經驗，但是安踏兒童的成長經歷卻非一帆風順。

經驗之踵

安踏兒童推出之初，安踏對兒童運動裝備的一切經驗累積都建立在安踏品牌在成人體育用品的經驗之上。安踏兒童的招商政策、進貨折扣都參照或複製安踏大貨制定。第一代安踏KIDS店鋪空間，與彼時的安踏大貨第五代空間頗為相似，店鋪的商品，也與安踏大貨近似，甚至安踏大貨的經典款都能在安踏兒童店找到復刻版。這和最初安踏兒童的經營團隊脫胎於安踏主品牌密不可分。

經過市場洗禮和經銷商的反饋，安踏兒童團隊開始全方位地調整和完善安踏兒童的策略。比如安踏兒童的空間設計，引入橙色色調，突出兒童的快樂活潑的形象，在產品風格上，安踏兒童的配色更加豐富，圖案突出童趣，店內的賣點廣告（POP），也更貼近兒童的視角。

在零售研究上，安踏兒童團隊也在持續進步，比如，以往安踏大貨在冬天就銷售冬天的服裝，很應季，而兒童產品在秋天的時候，就會銷售冬天的服裝，提前消費。另外，決策者不同，比如爺爺奶奶帶小孩購物時和爸爸媽媽帶小孩購物時，消費決策

權是不一樣的,另外不同年齡的小孩,消費決策權也不同。在招聘導購上,安踏兒童也由原來招聘年輕的小姑娘調整為優先招聘新晉媽媽,理由是她們有帶孩子的經驗,更富有母愛,與消費者更易溝通。這些寶貴的經驗,是安踏兒童團隊通過不斷地探索和實踐得來的,也成為安踏兒童后期擴張的有力保障。

消費群鎖定

在消費群鎖定上,安踏兒童的經歷亦頗為曲折。2008年成立之初,安踏兒童定位於為8～14歲的兒童提供具有運動保護和高性價比的運動裝,主要的目標群體是大童,接近青少年運動消費群,彼時耐克兒童(KIDS)的消費群亦鎖定於8～14歲的兒童,並且安踏集團在早期也生產過這個年齡段的童鞋,有一定的經驗累積,但是市場的反饋並不令人滿意。2011年,管理團隊將安踏兒童的消費群定位下移至7～14歲,在消費群覆蓋上向中童下移。2012年,管理團隊再次將安踏兒童定位於以3～7歲兒童為目標顧客,適合3～14歲的兒童著裝,客群向小童和中童下移。2013年開始,安踏兒童目標消費群鎖定3～14歲消費者,產品擁有運動、生活類別,按年齡段劃分為3～6歲和7～14歲兩個階段。

行銷創新

除了在產品和營運上的不斷實踐,安踏兒童在行銷上也進行了大膽的創新與嘗試。

在央視的《開學第一課》的課堂上,鮮紅的紅領巾在胸前飄揚,孩子們的運動裝上綉著漂亮的安踏弧;在湖南衛視的明星節目《爸爸去哪兒》節目上,寶貝們腳著安踏運動鞋,腳步敏捷。這兩檔節目都是電視臺的王牌節目,也是國內收視率最高的節目之一。通過這些潤物細無聲式的植入廣告,安踏兒童潛移默化地影響著每一名受眾。

2013年6月,奧運冠軍大楊楊和安踏兒童共同發起「讓爸爸提前回家一小時」,公益微電影同步推出,呼籲父愛對孩子長成的重要性,引起諸多家長的共鳴,其中不乏名人的關注和參與,最終「讓爸爸提前回家一小時」這一話題在新浪微博得到12,000次的討論和近80,000次的閱讀,影響力覆蓋全網,既將濃濃的愛傳遞到每一個角落,又大大提升了安踏兒童的品牌知名度。

2014年8月,安踏兒童攜手哈佛大學醫學院副教授約翰·瑞迪啓動「樂動計劃」,並推出《動起來更聰明:運動改造大腦》圖書。樂動計劃旨在推動中國式教育觀的改變,逐步改變國人的育兒理念,讓家長們意識到運動對兒童成長和智力發育的重要性,促進中國兒童智體同步發展。

2013年,「神廟逃亡」和「天天酷跑」等多款跑酷游戲深受玩家們喜愛。安踏兒童則應景地推出「小安快跑」跑酷式互動行銷游戲,主角穿著安踏兒童運動裝,騎著麋鹿在雪天中一路收集陽光用以消滅冰雪怪人。一邊玩游戲,一邊還能贏得豐厚的獎品的模式,受到不少玩家的喜愛。

另外,安踏兒童在微博營運上,也是一把好手。入住新浪微博以來,安踏兒童以小安自居,把品牌進行人格化,每天發布3～4條微博,或分享運動知識,或轉評育兒心得,或評論粉絲觀點,可謂萌態中不失睿智,具有鮮明的品牌人格化特徵。

(資料來源:馬崗. 安踏兒童:多元化擴張的新樣本[J]. 銷售與市場:評論版,2015(1).)

第一節　影響消費者行為的情境因素

消費者行為因情境的不同而有所差異。面對同樣的行銷刺激（如產品、服務或廣告），同一個消費者在不同的情境下可能做出不同的反應。所以，我們研究消費者行為，不能忽視情境的影響。

一、消費者情境及其構成

（一）消費者情境

從廣義上說，除消費者本人的特徵與產品本身的特徵以外的環境因素都是影響消費者行為的情境因素。消費者情境（Consumer Situation）是指消費或購買活動發生時個體所面臨的短暫的環境因素，如購物時的氣候、購物場所的擁擠程度、消費者的心情等。它既不是行銷刺激本身的一部分，也不是一種消費者特徵，但是它對消費者如何評價刺激物、是否以及如何對刺激物做出反應會產生重要影響。

（二）消費者情境的構成

貝克（Bellk）認為，消費者情境的構成主要包括以下五個方面：

1. 物質環境

物質環境包括裝飾、音響、氣味、燈光、氣溫以及可見的商品形態或其他環繞在刺激物周圍的有形物質。物質環境通過視覺、聽覺、嗅覺以及觸覺來影響消費者的感知，對消費者的情緒、行為具有重要影響。

（1）顏色

在商場內部環境設計中，色彩起著傳達信息、烘托氣氛的作用。它既可以幫助顧客認識商場形象，也能使顧客產生良好的記憶和深刻的心理感受。不同的環境色彩可以引起顧客產生不同的聯想和不同的心理感受。行銷者在店內環境色彩的設計中應綜合考慮商品因素、季節因素和顧客特徵，應注意運用色彩變化和顧客視覺反應的一般規律。比如，紅色有助於吸引消費者的注意和興趣，但在有些情況下它又令人感到緊張和反感；較柔和的顏色如藍色雖具有較少吸引力和刺激性，但被認為能引起平靜、涼爽和正面的感覺。又比如，在炎熱的夏季，商場的色調應以淡藍色、淡綠色為主體，給顧客以涼爽舒適感；而在寒冷的冬季，則應以暖色調為主。

概念應用：巧用色彩

某熱帶國家的一家快餐店的牆壁顏色原為淡藍色，給人以涼爽寧靜的感覺，為此招來不少顧客。但是由於人們留戀這種舒適的環境，淺酌慢飲，影響了餐桌的週轉率。后來，店主把牆壁刷成橘紅色，這種熱烈的色彩既能刺激人們的食欲，又使得顧客進餐后不再久留，餐桌週轉率明顯提高。

（2）氣味

清新宜人的氣味通常會對人體生理產生積極的影響。在現代商業環境條件下，商場中的氣味對顧客的影響一般是積極的、正面的，大多不會形成負面感受。越來越多的證據表明，氣味能對消費者的購物行為產生正面影響。國外一項研究發現，有香味的環境會使消費者產生再次造訪該店的願望，會提高消費者對某些商品的購買意願並減少費時購買的感覺。當然，氣味有時也有消極的一面，比如不同的人有不同的偏好，對某人來說令人愉悅的氣味其他人也許覺得難聞。商場裝修中各種材料會發出不良氣味，行銷者在商場的佈局中應該充分考慮到這一點。

（3）音樂

音樂能夠影響消費者的情緒，而情緒又會影響其消費行為。行銷者在購物環境中播放適當的背景音樂可以調節顧客的情緒，活躍購物氣氛，甚至可以緩解顧客排隊等待的急躁心情。背景音樂通常被用於掩蓋嘈雜聲並使之不被注意。對超市和餐館的研究表明，背景音樂確實會對消費者的行為產生影響。但是，不同消費場所播放的音樂也應有所選擇，要考慮到消費環境的檔次、主要的目標消費群等，音樂的風格需要與購物環境相協調。

（4）擁擠狀態

商場內的擁擠狀態也是構成商場環境氣氛的重要因素。當很多人進入某個商店或店鋪空間過多地被貨物擠滿，消費者會有一種壓抑感。大多數消費者體會到擁擠時會感覺不快，他們也許會減少待在商店內的時間，同時買得更少、決策更快或減少與店員的情感交流。其后果是消費者滿意度降低，產生不愉快的購買體驗，並對商場產生負面情感，減少再次光顧的可能性。當然，在某些情況下人員稠密也被認為是有益的，當人們在酒吧或體育比賽現場尋求體驗時，眾多的參與者往往可以提高感染力。

2. 社會環境

社會環境涉及購物或消費活動中周圍其他人對消費者的影響。個體傾向於服從群體預期，當行為具有可預見性時尤其如此。社會情境對人們的行為而言是一種重要的影響力量。購物以及很多在公眾場合使用的商品與品牌都是高度可見的，自然會受制於社會影響。消費者購物有時並不僅僅是為了購買產品，而是同時體驗各種社會情境。

3. 時間

時間是指情境發生時消費者可支配時間的充裕程度，也可以指活動或事件發生的時機。許多消費者都認為自己所承受的時間壓力是前所未有的，這種感覺被稱為「時間貧乏」（Time Poverty）。這種時間貧乏感使消費者對能夠節省時間的產品特別關注，導致消費者對高品質、易準備的食品及其他節約時間的產品的大量需求。這同時也引發了多元活動現象，即顧客在同一時間裡做一件以上的事情，這也為行銷提供了許多機會。

人們對時間的體驗是很主觀的，並且這種體驗是受到當時的偏好和需要影響的。有研究者根據人們什麼時候更可能接受行銷信息來給時間分類，見表13.1。

表 13.1　　　　　　　　　　　時間的分類

時間類別	描述	對行銷的影響
流逝時間 （Flow Time）	全神貫註於一件事情而絲毫沒有注意到其他事物	不適合做廣告
機會時間 （Occasion Time）	發生非常事件的特殊時刻，如生日或求職面試	與該場景相關的廣告會引起高度關注
截止時間 （Deadline Time）	爭分奪秒工作的時候	獲取注意力的最差時機
閒暇時間 （Leisure Time）	能自由支配的時間	更可能注意廣告或嘗試新事物
垃圾時間 （Time To Kill）	等待事情發生的多余時間，如等飛機或在候車廳裡等待的時間	更容易接受廣告信息，甚至是那些不常用的產品信息

行銷實用技能：縮短消費者的心理等待時間

行銷者已經採用各種各樣的措施來縮短消費者的心理等待時間。

● 改變消費者對等待的感覺

航空公司的旅客們經常抱怨認領行李的等待時間過長。在機場他們通常要花1分鐘從客艙走到行李收取臺，然后再花7分鐘來等待自己的行李。機場通過改變佈局，使旅客走到行李收取臺的時間變為6分鐘，而等行李的時間變為2分鐘，幾乎沒有旅客再抱怨了。

● 提供一些分散等待者注意力的事物

一個連鎖飯店在大量顧客投訴等電梯的時間過長后，在電梯邊安裝了鏡子。人們檢視自己外表的天性使投訴減少了，而實際等候的時間並沒有改變。

4. 購買任務

購買任務通常是指消費者具體的購物理由或目的。人們購買一件產品或者接受某種服務的原因是多種多樣的。例如，消費者購買葡萄酒可以是自己喝，也可以是與朋友聚會時一起喝，還可以作為禮品送人。基於不同的購買目的，消費者購買葡萄酒的檔次、價位和品牌均會存在差異。購買任務一般可以分為自用購買和送禮購買。同樣是作為禮物，生日禮物和結婚禮物的購買顯然存在較大差異。

5. 先前狀態

先前狀態是指消費者帶入消費情境中的暫時性的心理和情感狀態。心情是一種不與特定事件或事物相連的暫時性情感狀態。心情既影響消費過程同時又受消費過程的影響。例如，電視、廣播和雜誌內容能夠影響人們的心情和激活水平，反過來，心情又會影響人們的信息處理活動。心情還影響人們的決策過程以及對不同產品的購買與消費。正面、積極的心情與衝動性購買和「舉債消費」相聯繫。當然，負面的心情也會增加某些類型的消費者的衝動性購買。另外，心情還會影響消費者對服務和等待時間的感知。

二、消費者情境的類型

消費者情境大致可以分為三種類型，即溝通情境、購買情境和使用情境。

(一) 溝通情境

溝通情境是指消費者接收人員或非人員信息時所處的具體情境或背景。無論是面對面的溝通，還是非人員性的溝通，其效果均與消費者當時的接受狀態，如是否有他人在場、心情或身體狀況如何等，存在密切的關係。消費者在收看電視廣告時，很多情境因素會影響收視效果。例如，以親情為主題的廣告很容易喚起消費者心中溫暖的情緒，給消費者愉悅而溫馨的感覺，可以促進消費者對產品的正面記憶。

(二) 購買情境

購買情境是指消費者在購買過程中接觸到的各種物理的、社會的以及其他方面的環境。不同的購買情境對消費者的購買行為產生直接影響。比如，父母和孩子一起購物時的決定就比沒有孩子陪同時更容易受到孩子的影響；看到商場的收款處排著長龍，有的消費者可能會放棄購物。消費者對一家商場的綜合感覺會受到商場內諸多因素的影響，如內部設計、來店顧客、商場營業員的服務等。

(三) 使用情境

使用情境是圍繞產品的實際使用或消費的情境。使用情境回答了產品利益和定位的關係，提供了消費者購買的原因。在不同的使用情境下，消費者對同一種產品的選擇標準和購買決策可能存在較大差異。為此，行銷人員首先需要瞭解自己的產品適合或可能適合哪些使用情境，然後才能傳遞有關產品是如何在不同的使用情境下適合消費者需要的信息。例如，廣告中可以顯示哪種品牌的法國葡萄酒適合休閒時飲用，哪種適合正式場合飲用。行銷者通過列舉一種產品的特性及適用對象，可以建立一個消費者使用情境模型，觀察到購買該產品對應的各種使用情境。

第二節　倫理與消費者行為

為了影響消費者，以營利為目的的公司和個人可能會不惜一切代價，由此可能會產生過度行銷甚至非法的行銷行為，利用消費者人性的弱點來操縱消費者，導致消費者的權益受到損害。行銷者並不應該為所欲為，而是應該有自己的倫理底線。

一、企業行銷倫理行為

行銷倫理是商業倫理的一個分支，是指在行銷中所涉及的倫理問題，是人們在行銷活動中的內在行為準則。企業行銷倫理行為涉及的範圍十分廣泛，主要涉及以下幾個方面：

(一) 產品品質與安全

產品品質和安全問題一直是消費者關注的熱點。隨著消費者對產品品質與安全問題的感知風險的增加，他們可能採取多方面的應對措施。一些消費者可能由於失去對某類產品的信心，從而減少對此類產品的消費或者在購買時非常謹慎。比如，2008年「三鹿奶粉」事件以後，很多消費者在購買奶製品時非常謹慎，或者乾脆不再喝牛奶而是自製豆漿。另外，消費者有可能更多地採用諸如從眾購買、購買知名產品、尋求商家保證等手段來降低購買風險。

在產品層面，對消費者造成的危害最大，同時也是大多數消費者最為關心的是產品的安全性。產品或服務如果存在質量或特性方面的問題，或者消費者使用不當，都可能威脅到消費者的安全。對不安全的產品予以限制，對因產品不安全而給消費者造成傷害的行為予以追究，這是不容置疑的。然而，產品安全性要達到何種水平，在什麼情況下消費者可以要求企業補償，企業是否應預見所有可能的使用情境，人們對這些問題的看法可能並不一致。現在，各國政府對很多產品都制定了強制性的安全標準。未能滿足這些標準的產品或服務可能面臨召回或修改的要求。

(二) 信息與標示

根據消費者權益保護法，消費者享有知情權，即獲得關於商品內容和交易條件的真實信息的權利。詐欺性信息如虛假廣告，不適當和含糊其辭的標示，會給消費者的選擇帶來誤導，從而使其利益受到損害。目前中國對詐欺性廣告和詐欺性促銷信息進行規制的機構主要是國家工商局及地方各級工商局。

1. 詐欺性廣告和標記

當廣告用詞錯誤或者有潛在的錯誤引導時，就是詐欺性的廣告。《中華人民共和國廣告法》規定：「廣告中對商品的性能、產地、用途、質量、生產者、有效期限、允諾或者對服務的內容、形式、質量、價格、允諾有表示的，應當清楚、明白」「廣告使用數據、統計資料、調查結果、文摘、引用語，應當真實、準確、並表明出處」。但是，在實際生活中要判斷一則廣告是否屬於詐欺性廣告並非易事。因為很多吹嘘性廣告語如「感覺好極了」「用了都說好」等雖然有些誇張，甚至具有某些不實成分，但對普通消費者來說，不一定產生詐欺後果。判斷一則廣告是否是詐欺性廣告，既要考慮其內容是否與事實相符，也要考慮它是否具有詐欺的能力或傾向。一般詐欺性廣告具有三個要件：①廣告中有容易誤導的成分；②消費者會做出反應；③有可能損害消費者的利益。

2. 信息的足量性

消費者要做出明智的購買決定，不僅需要獲得真實、準確的信息，而且需要充分足量的信息。現在一些企業雖然在產品和服務的宣傳方面花了大量的費用，但是為消費者提供的事實性信息卻很少，由此導致更高的產品價格、人為的品牌差異以及對消費者來說並沒有實際價值的產品「花樣」。

典型的是食品標籤上的信息。大多數國家規定，食品包裝上應標明生產日期、有效期以及食品的主要成分等。隨著人們對健康食品和營養的關注，一些國家還對諸如

「高蛋白」「低脂肪」「低熱量」等術語做出界定，以便這些術語傳遞更明確和具有更多事實成分的信息。美國食品藥品管理局（Food and Drug Administration，FDA）的調查發現，食品標籤已經成為消費者重要的營養信息來源，但他們對前面提及的這些術語並不瞭解，對於信息提供的詳細程度也不是十分清楚。據估計，25%～36%的消費者會經常閱讀食品包裝上的營養信息。然而，由於消費者能夠處理的信息量存在一定的限度，行銷者在增加信息提供量的時候必須考慮消費者的信息超載問題。有關研究結果發現，隨著信息量的增加，消費者的滿意感增加了，但他們的選擇並沒有變得更好。

3. 警示與負面信息的披露

企業在提供信息的過程中，通常只提及對其有利的內容，而對產品或服務存在的不利之處則很少觸及或有意掩飾。從行銷者的角度來看，有些信息的披露的確可能影響到消費者對其產品的態度，但是對消費者來說這些信息又十分必要。比如，在食品、藥品等涉及人體健康與安全的產品上，如果漏掉或隱瞞某些信息不僅使消費者不能很好地消費這些產品，而且可能給消費者造成身體上的傷害。典型的是行銷者在香菸上標明「吸菸有害健康」的警示，在藥品上有關副作用和哪些病人忌用的強制性標示。然而，對一些潛在危害尚存在爭議或在目前技術條件下其危害性尚無法確定的產品，是否和如何提供這類信息，人們的看法還不一致。例如，對於手機上是否應標明有害身體健康的標示，對於利用轉基因技術生產的食品是否應清楚標明，至少目前在不同的國家規定並不一樣。

(三) 詐欺性銷售行為

絕大多數企業試圖避免濫用消費者信任的行為，因為這不符合企業滿足消費者最大利益的初衷。但現實中存在著消費者受到不公平的待遇的事情。

1. 誘餌式銷售技術

所謂的誘餌式銷售技術（Bait–and–switch）是指零售商在廣告中用有吸引力的或很低的價格誘使消費者進入商店，然后再向消費者兜售高價格的替代產品，聲稱廣告商品無貨或仔細察看后並不是消費者所需要的。鼓勵消費者選擇高價格替代產品本身並不違法，這也可能是出於更好地滿足消費者的良好意願。然而，如果行銷者這樣做的意圖是欺騙消費者，那就是違法的行為。

2. 掩蓋銷售意圖

消費者有時會擔心欠銷售人員人情，他們可能會覺得必須購買一些實際上不需要的東西。銷售人員瞭解這一點，有時會設「計」讓消費者參與到交談中來。如告訴消費者正在做免費贈送活動，送給消費者一份獎品，由此獲得一個銷售的立足點，然后再嘗試銷售產品和服務。貧窮和年老的消費者往往成為這種詐欺手段的犧牲品。

一個常用的例子是明信片詭計（Postcard Scheme），消費者收到一張通知獲得現金獎金、免費度假或昂貴轎車的明信片，通常冠以「祝賀您成為獲獎者!」之類的說明。當消費者與公司接觸時，就會遭遇到猛烈的推銷，被要求購買無價值或無用的產品。現實中該手法已演變為「中獎短信詭計」，消費者收到一條短信后一旦回覆，也會遭遇

到推銷員的大力推銷。有調查顯示，掩蓋銷售意圖的行為被消費者認為是最討厭的行為。

3. 不正確的陳述或承諾

銷售人員在銷售過程中，會有意或無意地做出無法證明的承諾。不正確的陳述可能導致虛假的保證、破壞安全警告的效果、貶低競爭對手的產品、破壞商業關係等。

有些銷售行徑是公開的詐欺，老年人往往成為這種惡行的犧牲品。如銷售人員告訴老年人，只要寄上一定數額的支票，他們就會中100萬元的大獎；或假扮銀行員工向消費者索取銀行帳號等。消費者對詐欺性銷售行為的監管比較困難，因為許多銷售行為是口頭的，無法獲得書面證據；而且這類行為通常在個人層面上發生，難以進行偵查，對違法行為也很難監控。因此，保護消費者免受這些行為的傷害比管理詐欺性廣告更為困難。

(四) 兒童行銷

1. 兒童理解廣告信息的能力

大多數研究表明，年幼兒童（7歲以下）在區分廣告與節目上存在困難，他們要麼沒注意其中的差別，要麼將廣告視為另一個節目。年幼的小孩在確定廣告的推銷意圖上，似乎也缺乏能力。有證據表明，年幼兒童意識到了推銷意圖但難以用語言表達。目前，廣告界試圖通過避免人物重疊和運用「廣告之後再見」將廣告和節目區分開來。

隨著兒童產品越來越多地成為兒童動畫節目的明星，產品和電視節目（還有電影）聯手的玩具設計與銷售日益增多，家長們對此憂心忡忡。家長們認為，以玩具為基礎製作的節目，不僅會對孩子們的行為與情感發展造成不利影響，還會取代或減少其他更富創造性的兒童節目。

2. 廣告信息內容對兒童的影響

即使兒童能準確理解電視廣告，人們仍十分關心廣告內容對兒童的影響。這些關注部分是由於兒童看電視的時間太多。據統計，美國2～11歲的兒童每周有25個小時以上的時間在看電視，每年接收到大約2,500個電視廣告。收看時間遍及整個星期，除了非常小的孩子外，孩子們看電視的時間主要集中在周一至周六晚上7點30分到11點這段時間。

兒童將大量時間花在看電視（包括廣告）上引發了三個方面的問題：①廣告可能引發家庭內部矛盾與衝突，當父母不願意給兒童買廣告商品時就會引發兒童與父母的爭吵或兒童向父母亂發脾氣；②廣告助長了兒童極端物質主義、自私自利、注重短期利益的價值觀；③廣告造成對兒童健康及安全的影響，如大量含糖食品廣告鼓勵了不良的飲食習慣。

(五) 環境保護

現在，越來越多的人開始意識到保護自然資源、防止環境污染的重要性。很多國家和政府已採取了各種措施來保護環境，如規定更嚴格的汽車尾氣排放標準、鼓勵企業採用、開發環境友善的設備、技術和產品、勸說人們少用或不用塑料袋、塑料飯盒、一次性碗筷等會對環境造成不利影響的產品。越來越多的個人和組織也紛紛加入環境

保護的行列，以自己的行動支持環保事業的發展，抵制和譴責損害環境的行為。

消費者通過何種方式來表達其對環境保護問題的關注，很大程度上取決於他們對環境問題的認識和歸因。如果認為環境損害主要是由企業等經濟組織造成的，他們很可能更傾向於通過向企業和政府施加壓力來尋求解決；如果認為消費者和社會公眾是造成環境問題的重要源頭，則很可能傾向於通過對消費者自身行為的改變，通過提倡更健康的生活方式來改善環境質量。目前，人們使用環保產品的趨勢日益增長。

消費者行為研究中對三種環保行為特別感興趣：

（1）消費者在什麼時候會願意採取環保行動？一般來說，當消費者對污染問題負有個人責任時，他們最有可能採取環保行動。環保項目的一個主要障礙是如何讓消費者承擔個人責任。同時，環保項目的成功取決於在溝通中是否強調個人關係。例如，如果人們試圖讓消費者參加關掉空調減少能耗的行動，在信息溝通時就必須強調家庭每年可以節省多少能源和金錢。

（2）誰最有可能採取環保行動？研究發現，環保行為與某些人口統計特徵間存在著較弱的相關性。教育程度較高的年輕消費者採取環保行為的可能性略高一些。然而，研究者沒有發現普遍性的「環保消費者」特徵。個人對社會責任和環境意識的態度通常與環保行為關係不大。

（3）如何激勵消費者採取環保行動？許多政府和組織機構正在試圖激勵消費者實行環保。企業在廣告中會鼓勵消費者使用環保的產品或包裝或參加環保行動。同時，企業可以通過行銷傳播、房屋節能設計和電器標籤來傳達詳細的環保信息。然而，這類項目通常對環保行為的影響相當有限。

二、消費者的疏忽行為和異常行為

（一）消費者的疏忽行為

雖然大多數人都會同意「吸菸有害健康」「酒后不能開車」「安全帶能夠為生命安全提供保障」，但是仍有很多人在行動過程中將危害后果置於腦后，做出疏忽行為。所謂疏忽行為（Negligent Behavior）是指那些對社會和消費者長期生活品質具有危害后果的行為。為減少消費者的疏忽行為，目前政府和有關社會組織主要從兩個方面採取措施：一是採用法律手段，規定消費者必須系安全帶，禁止刊播香菸廣告，對酒后駕車行為實施嚴厲的處罰；二是運用行銷手段，如刊播公益廣告，開展大規模的宣傳活動，勸導消費者自覺杜絕有害的疏忽行為。

1. 產品誤用

我們很多人從沒想過在淋浴的時候使用吹風機或者用割草機修剪樹籬，我們也沒想過邊開車邊使用手機容易發生事故。消費者對產品的誤用情況太多了。實際上，因使用產品而受到傷害的事件中，大部分不是由於產品本身的問題，而是因為消費者錯誤地使用了原本安全的產品。表 13.2 對消費者誤用安全的產品給出了幾種可能的解釋。

表 13.2　　　　　　　消費者誤用安全產品：幾種可能的解釋

行為失誤	由錯誤的認識過程導致的錯誤行為。尤其是當消費者把注意力放在所要達到的結果上，而不是為了達到所要求的結果而需要採取的行動上
錯誤傾向	消費者不夠警惕的傾向，尤其是在做常規活動時
強化過程	消費者冒了某種風險，但沒有遭受什麼不良後果。任何沒有導致危害結果的成功嘗試都會強化消費者進行風險性行為的傾向
享樂目的	消費者沉溺於幻想、娛樂和感情之中，而沒有注意與這些行為相關的風險
受到社會儀式許可的錯誤使用	例如校園啤酒狂歡會
個人不理性	沉溺的、強制性的、上癮的行為
廣告	有時廣告會鼓勵對產品的極端使用

避免消費者產品誤用的方法有三種：一是立法，除了要規範消費者的行為，還需要制定產品的安全標準；二是加強消費者信息，進行消費者教育；三是加強產品設計，尤其是加強在實際使用中的情況研究。

2. 吸菸

吸菸危害健康，這是香菸製造商也不得不承認的事實。然而，在中國每天仍有 3 億多人在吞雲吐霧，而且菸民有越來越年輕化的趨勢。政府和有關衛生組織也採取了一些限制吸菸的措施，如禁止在媒體上刊播菸草廣告，要求菸草製造企業在菸草產品上標明「吸菸有害健康」的警示，一些企業和衛生組織還經常性地發布勸說人們不要吸菸的公益廣告。這些措施雖然產生了一些作用，但就總體來看效果並不明顯。菸草製造行業不但沒有萎縮，而且有進一步發展的趨勢。導致這種狀況的原因很多，但從消費者行為的角度來看，根本性原因在於在某些人群（如青少年）中吸菸的社會性獎賞極高，同時還有某種深層次的認知問題。一些人對吸菸的危害形成了「不過如此」的信念，要麼對反吸菸信息充耳不聞，要麼對其發起反駁，從而使這些信息難以發揮影響。

3. 酒后開車

在美國，酒后開車每年奪去 25,000 條生命，並使 90 萬人受傷。20 世紀 80 年代，由於「反對酒后開車母親聯合會」這一全國性組織的努力，酒后開車的問題日益得到社會的關注。目前，人們針對酒后開車主要採取的控制手段有：①告知和教育。這一方法假定消費者的行為是理性地追求個人利益最大化，因此，相關部門要告知公眾酒后開車危害的客觀事實。在傳播這種信息的時候，廣告通常會使用激發恐懼感的信息來引導消費者。②社會控制。大多數酒類廣告把酒精飲料描繪成社交性飲料，或者是一種提高個人被接受程度的手段。社會控制策略認為，個人行為要受到周圍人的行為和態度的影響，通過讓有社會影響力的人物或群體反對酒后開車的行為，可使個人自覺減少或杜絕酒后開車。如在大學校園成立反對酒后開車的組織，或者內容為家人或朋友將車鑰匙從縱酒者手中拿走的廣告都是有效的社會控制。③經濟刺激。這一方法

側重對克制喝酒者或在開車前不喝酒者予以經濟上的獎賞。如保險公司降低那些保證不酒后開車人的保險費；一些餐館同意為不喝酒者提供免費食物，由他們在飯后將喝過酒的朋友送回家。④經濟懲罰。這一方法即對酒后開車者予以經濟上的懲罰。這種懲罰可以是直接的，如罰款、提高保險費率，也可以是間接的，如對酒類產品徵稅。除了以上手段，包括中國在內的很多國家將對酒后開車行為進行處罰納入法律規定。

4. 不系安全帶

目前，不系安全帶是造成道路交通死亡事故的第三大原因，僅次於超速行駛和酒后駕駛。汽車安全帶可以防止人在交通事故中受傷或在發生事故時減輕受傷程度。駕乘人員系好安全帶，在事故中存活的機會是不系安全帶的 2 倍，還可以將受傷的概率降低 50%。然而，現實中一些地方 90% 的駕乘人員沒有自覺系安全帶的意識。政府和社會組織試圖通過恐懼訴求喚起人們系安全帶的意識，但收效甚微。有人建議根據操作性條件反射理論對系安全帶的行為予以強化，據說可以使使用安全帶的人數增加一倍。目前來看，最有效的方式是法律規制，即強迫駕乘人員使用安全帶。《中華人民共和國道路交通安全法》第五十一條對此就有明確規定。中國主要採取宣傳教育和路面查糾相結合，全面提升駕乘人員的安全意識。

(二) 消費者的異常行為

日常生活中的消費者行為有些屬於不期望的或者是社會不允許的，我們稱之為消費者的異常行為。異常消費者行為的原因可能是生理或心理上的異常或非法的行為，異常行為可能發生在產品的購買或使用階段。

1. 強迫購買與成癮行為

在某些人身上會出現強迫性購買的現象，表現為購買過量的、不需要的產品，有時甚至超過自己的經濟能力進行購買。強迫性購買的個人主要從購買而不是擁有中獲得滿足。強迫性購買者在不購物的日子裡會非常焦慮。事實上，強迫性購買本身也可能是緊張或焦慮的反應。在商店裡，強迫性購買的消費者可能受到商店氣氛的感染引起很強烈的情感喚起。購買行為反過來會帶來消費者即刻的情感上升和無法控制的感受。然而，在消費者這樣的情感上升之后會有懊悔、負罪、羞恥和沮喪的感受。

為什麼會發生強迫性購買這個問題非常複雜。首先，強迫性購買者往往自尊水平較低。在購買時獲得的注意和社會性讚賞可能會暫時提升消費者的自尊，成為其繼續購買的強化因素。其次，強迫性購買者有一種幻想型的人格特質。再次，強迫性購買者傾向於表現出某程度的社會性異化，他們的朋友和社交接觸比絕大多數人要少，強迫性購買為他們獲得社會滿意提供了機會。還有證據顯示，強迫性購買可能有遺傳的因素。

成癮行為是指消費者對某種產品或活動產生極大的依賴，導致過度使用的行為。許多產品或服務都有可能令人上癮，例如菸草、毒品、酒精、互聯網、電視、游戲等。成癮行為對個人和周圍的人都可能造成危害。例如，菸草是美國排名第一的可預防的致死原因，也是癌症、心血管病和肺癌的主要原因，菸草的社會成本也是很高的，但是吸菸情況仍然很普遍。還有一些青少年沉迷於網路游戲，荒廢學業。

2. 盜竊行為

如果說強迫性購買反應了不可控制的購買慾望，消費者盜竊反應的則是盜竊的慾望。對於零售企業，商店裡的盜竊是普遍和嚴重的，而消費者也是受害人，因為零售商會將損失以提價的形式轉嫁給消費者。同時，一些防盜措施和設備也會讓消費者在購物時感到不舒服。

消費者盜竊同樣會影響非零售企業。例如，車輛保險詐欺造成的損失估計每年高達100億美元。酒店盜竊的問題也很嚴重，超過1億美元。假日酒店的管理者估計每11秒鐘就會有一條毛巾被盜。其他常見的消費者盜竊包括貸款詐欺，隱瞞收入避稅，信用卡詐欺，音樂、錄像和軟件的盜版，詐欺性退貨和更改或移動價籤等。

一般認為，消費者盜竊主要是受經濟因素驅使。但是研究發現，某些消費者盜竊類型與人口統計特徵群體有關：商店盜竊在少年群體中最常見，信用卡詐欺常見於受教育程度較高的消費者群體。而所有年齡段的消費者都可能發生盜竊。有兩個心理因素可以解釋盜竊：盜竊的誘惑、盜竊行為合理化的能力。

3. 黑市

如果說盜竊代表著消費者拒絕為有供應的產品付錢，那麼黑市（Black Markets）則是消費者為無供應的產品付錢（往往要付更多的錢）。黑市上銷售者的出售行為是違法的，買賣過程通常也是違法的。黑市上出售的產品類型多種多樣，如糖、鹽、地毯、火柴和電池等生活必需品滿足了功能性需要，毒品、娛樂和性服務滿足了體驗的需要，手錶和珠寶則滿足了符號性需要。

消費者通過黑市獲得的產品類型包括：

（1）供應不足的合法產品。黑市上出售的有些產品是合法的但供應不足。例如，有的消費者購買大量的演出票，然後再以更高的價格出售。如每年春運高峰時期「緊俏」的火車票倒賣。有些黑市交易的是非常基本的生活用品，例如監獄中的囚犯用錢和香菸來交換食品、書和衣服。

（2）品牌產品。在某些情況下，品牌產品也會成為黑市交易的對象。例如，美國黑市上會交易常客旅行票，有時經紀人可以獲得每1,000英里12～15美元的收入。

（3）非法產品。有些產品和服務無法合法地銷售給消費者，如武器、毒品和爆炸物，這些產品可能通過黑市進行交易。還有一些偽造的名牌產品也可能在黑市上出售。非法產品也包括走私香菸等。

本章小結

情境既不是客觀的社會環境，也不是可見的物質環境，而是與二者有關的獨立於消費者和商品本身屬性以外的一系列因素的組合。消費者情境的構成主要包括物質環境、社會環境、時間、購買任務和先前狀態。

在行銷領域，將消費者情境分為溝通情境、購買情境和使用情境三種類型是非常有益的。行銷信息的有效性，很大程度上取決於溝通時的具體情境。不同的購買情境對消費者的購買行為產生直接影響。在不同的使用情境下，消費者對同一種產品的選

擇標準和購買決策可能存在較大差異。

企業行銷倫理行為涉及的範圍十分廣泛，產品的質量問題、信息與標示問題、兒童行銷問題、環境保護問題以及消費者的疏忽行為和異常行為等是目前社會所共同關注的。在解決這些問題的過程中，消費者行為研究可以發揮重要的作用。

關鍵概念

消費者情境　溝通情境　購買情境　使用情境　行銷倫理　兒童行銷　疏忽行為　異常行為

復習題

1. 什麼是消費者情境？消費者情境的構成包括哪些方面？
2. 時間如何影響消費者行為？結合現實行銷活動舉例說明。
3. 分析消費者情境的類型對行銷有何意義？
4. 行銷者怎樣保證消費產品的安全問題？
5. 在行銷活動中，信息與標示應遵循哪些基本原則？
6. 關於詐欺性銷售行為，行銷者如何看待？
7. 在兒童行銷中，如何處理產品的銷售與兒童權益保障之間的關係？
8. 在環境保護問題上，政府、企業、消費者各自應該承擔哪些責任？
9. 行銷怎樣干涉消費者的疏忽行為？

實訓題

項目 13-1　消費者情境研究

針對選定產品類別，每組成員分析時間、購買任務對該產品類別購買的影響，並提出相應的建議。

項目 13-2　產品信息提示研究

針對選定產品類別，每組成員記錄每個品牌的主要產品信息，分析其信息提示與標示存在的問題，並提出相應的建議。

案例分析

麥當勞：觀星空點亮你的夜

快餐市場白天消費日趨飽和，快餐品牌們將增長點轉移到夜間消費。快餐企業如何通過創新體驗，吸引消費者夜間前往快餐店消費呢？麥當勞針對國人的星空情結，設計了一款有趣好玩的「夜亮了」手機 App，用神奇的觀星體驗點亮你的夜，號召人

們前往麥當勞用美食點亮你的胃，成功吸引吃貨們前往門店觀賞星空的同時品嘗美食，有效刺激了夏季消費。

中國人自古以來就有夜晚觀星的情結，特別是星座學、流星雨都是熱門的網路話題。麥當勞利用夜晚觀星的體驗，很容易激發受眾的好奇心，特別是女性消費者的參與興趣。

人們下載安裝麥當勞「夜亮了」App，利用定位、動力感應技術就可把手機變成了天文望遠鏡，上下左右移動手機，即可搜尋星空，發現隱藏在十二星座中的麥當勞星座。麥當勞「夜亮了」App設有不錯的獎勵機制。人們抓住隨機劃過的流星，就是一張電子優惠券，可以去附近的門店換取美食；隨手拍下璀璨的星空，分享到微博，也可得到優惠獎勵。

麥當勞「夜亮了」App也設計了社交功能：人們呼朋喚友，一起去麥當勞餐廳玩麥派對，現場搖亮星星，就能贏大獎，也可以進行分享。

晚上，在麥當勞各大門店，櫥窗和門頭都會利用照明技術營造星空氣圍，進一步吸引受眾參與圍觀，與線上呼應。

活動效果：「夜亮了」App當月下載36萬次，位列應用商店下載總榜第五，微博分享量為22萬條。

討論：

1. 麥當勞「夜亮了」App為什麼能吸引消費者？
2. 評價麥當勞在創設消費者溝通情境、購買情境、使用情境上的做法。

國家圖書館出版品預行編目(CIP)資料

消費者行為學 / 余禾 主編. -- 第二版.
-- 臺北市：崧博出版：崧燁文化發行, 2018.09
　面　；　公分

ISBN 978-957-735-491-4(平裝)

1.消費者行為

496.34　　　　107015372

書　名：消費者行為學
作　者：余禾 主編
發行人：黃振庭
出版者：崧博出版事業有限公司
發行者：崧燁文化事業有限公司
E-mail：sonbookservice@gmail.com
粉絲頁　　　　　網　址：
地　址：台北市中正區重慶南路一段六十一號八樓815室
8F.-815, No.61, Sec. 1, Chongqing S. Rd., Zhongzheng Dist., Taipei City 100, Taiwan (R.O.C.)
電　話：(02)2370-3310　傳　真：(02) 2370-3210
總經銷：紅螞蟻圖書有限公司
地　址：台北市內湖區舊宗路二段121巷19號
電　話：02-2795-3656　傳真：02-2795-4100　網址：
印　刷：京峯彩色印刷有限公司（京峰數位）

　　本書版權為西南財經大學出版社所有授權崧博出版事業有限公司獨家發行電子書及繁體書繁體版。若有其他相關權利及授權需求請與本公司聯繫。
定價：500 元
發行日期：2018 年 9 月第二版
◎ 本書以POD印製發行